ESP32 steuert Roboterauto

Open-Source-Code mit Arduino IDE und PlatformIO
Autonomes Fahren: GPS, Accelerometer, Gyroskop
PS3-Controller

www.elektor.de/20277

Udo Brandes

© 2022: Elektor Verlag GmbH, Aachen.
1. Auflage 2022

Alle Rechte vorbehalten.

Die in diesem Buch veröffentlichten Beiträge, insbesondere alle Aufsätze und Artikel sowie alle Entwürfe, Pläne, Zeichnungen und Illustrationen sind urheberrechtlich geschützt. Ihre auch auszugsweise Vervielfältigung und Verbreitung ist grundsätzlich nur mit vorheriger schriftlicher Zustimmung des Herausgebers gestattet.

Die Informationen im vorliegenden Buch werden ohne Rücksicht auf einen eventuellen Patentschutz veröffentlicht. Die in diesem Buch erwähnten Soft- und Hardwarebezeichnungen können auch dann eingetragene Warenzeichen sein, wenn darauf nicht besonders hingewiesen wird. Sie gehören dem jeweiligen Warenzeicheninhaber und unterliegen gesetzlichen Bestimmungen.

Bei der Zusammenstellung von Texten und Abbildungen wurde mit größter Sorgfalt vorgegangen. Trotzdem können Fehler nicht vollständig ausgeschlossen werden. Verlag, Herausgeber und Autor können für fehlerhafte Angaben und deren Folgen weder eine juristische Verantwortung noch irgendeine Haftung übernehmen.

Für die Mitteilung eventueller Fehler sind Verlag und Autor dankbar.

Erklärung

Autor, Übersetzer und Verlag haben sich nach besten Kräften bemüht, die Richtigkeit der in diesem Buch enthaltenen Informationen zu gewährleisten. Sie übernehmen keine Haftung für Verluste oder Schäden, die durch Fehler oder Auslassungen in diesem Buch verursacht werden, unabhängig davon, ob diese Fehler oder Auslassungen auf Fahrlässigkeit, Versehen oder eine andere Ursache zurückzuführen sind, und lehnen jegliche Haftung hiermit ab.

Umschlaggestaltung: Elektor, Aachen

Korrekturlesen: Andreas Riedenauer
Satz und Aufmachung: D-Vision, Julian van den Berg | Oss (NL)
Druck: Ipskamp Printing, Enschede, Niederlande

ISBN 978-3-89576-521-6
Ebook 978-3-89576-522-3

Elektor-Verlag GmbH, Aachen
www.elektor.de

Elektor ist Teil der Unternehmensgruppe Elektor International Media (EIM), der weltweit wichtigsten Quelle für technische Informationen und Elektronik-Produkte für Ingenieure und Elektronik-Entwickler und für Firmen, die diese Fachleute beschäftigen. Das internationale Team von Elektor entwickelt Tag für Tag hochwertige Inhalte für Entwickler und DIY-Elektroniker, die über verschiedene Medien (Magazine, Videos, digitale Medien sowie Social Media) in zahlreichen Sprachen verbreitet werden. **www.elektor.de**

Hinweis: Alle Angaben in diesem Buch wurden vom Autor mit größter Sorgfalt erarbeitet bzw. zusammengestellt. Trotzdem sind Fehler nicht gänzlich auszuschließen. Der Autor sieht sich deshalb in der Pflicht darauf hinzuweisen, dass er weder eine Garantie noch die juristische Verantwortung oder irgendeine Haftung für Folgen, die auf fehlerhafte Angaben zurückgehen, übernehmen kann.

Die in dem Buch angegebenen Gebrauchsnamen, Handelsnamen, Warenbezeichnungen usw. können auch ohne besondere Kennzeichnung Marken sein und als solche den gesetzlichen Regelungen unterliegen.

Für die Mitteilung etwaiger Fehler ist der Autor jedoch dankbar. Sie erreichen ihn über den Verlag. Internetadressen oder Versionsnummern stellen den bei Bucherstellung verfügbaren Informationsstand dar. Der Autor übernimmt keine Verantwortung oder Haftung für Veränderungen, die sich aus von ihm nicht zu vertretenden Umständen ergeben. Zum Download angebotene Dateien und Informationen dienen ausschließlich privaten Zwecken.

Alle Software finden Sie zum Download im Elektor Store.
Der Link ist www.elektor.de/20277.

Einleitung

Mikrocontroller haben sich zu einem erschwinglichen und weit verbreiteten Bauteil entwickelt. Die Vorreiterrolle fällt sicherlich Arduino zu. Dabei bezeichnet der Begriff nicht allein die Hardware, die aus einem einfachen Ein-/Ausgabe-Board mit einem Mikrocontroller sowie analogen und digitalen Ein- und Ausgängen besteht. Vielmehr bezieht sich der Name ebenso auf eine Entwicklungsumgebung, die auch technisch weniger Versierten den Zugang zur Programmierung und zu Mikrocontrollern erleichtert. Hard- und Software sind quelloffen.

Diese Pionierarbeit von Arduino haben sich andere Hersteller von Hardware zunutze gemacht und für ihre Produkte hinsichtlich der Softwareentwicklung einen Zugang zur Arduino-Plattform geöffnet. Hierzu zählt auch die Firma Espressif mit ihrer ***ESP32***-Serie. Mikrocontroller dieser Baureihe zeichnen sich durch eine Vielzahl implementierter Funktionen aus, die bei einem Arduino konventioneller Prägung mit einem Atmel-AVR-Mikrocontroller aus der megaAVR-Serie, erst mit s.g. ***Shields*** (das sind aufsteckbare Erweiterungen) nachgerüstet werden müssen. Prominentes Beispiel sind hier die WiFi-Funktionalitäten.

Nun sind in Büchern, auf Internetseiten oder in Foren sicherlich allgemeine Informationen für die Realisierung eines Projektes "Roboterautos mit dem ESP32" zu finden. In der Regel handelt es sich dabei aber nur um Ausführungen zu einem Teilaspekt, die denn inhaltlich oder funktional nicht aufeinander abgestimmt sind. So ist nicht nur die Beschaffung der benötigten Informationen mühselig und zeitaufwändig; sie ist vielmehr auch außerordentlich fehlerträchtig. Dies kann in der Folge der Freude am eigenen Projekt doch sehr abträglich sein und sogar dazu führen, dass es nach einem vielversprechenden Start frustriert aufgegeben wird.

Ansatzpunkt dieses Buches ist, diese Lücke zu schließen. Es geht auf verschiedene Möglichkeiten eines Chassis ein, vermittelt nötige technische und elektronische Kenntnisse und führt schrittweise von einer einfachen Motorsteuerung zu einem komplexen sensor- und sprachgesteuerten Roboterauto. Außerdem werden interessante Randbereiche aufgegriffen, die so in den meisten Internetdarstellungen nicht enthalten sind, so z.B. Einbindung von speziellen Funktionen der ESP-IDF API.

Dabei wird versucht, schrittweise vom Einfachen zum Schwierigen vorzugehen und komplexere Aufgaben in kleine Teile zu zerlegen, die sich dann zu einem größeren Ganzen fügen. Im Vordergrund stehen realisierbare und nachvollziehbare Lösungsvorschläge, die Sie in Teilen auch als optionales Modul übernehmen oder darauf verzichten können. Deshalb ist ist es sicherlich nicht notwendig, die Kapitel sequenziell abzuarbeiten. Aber vielleicht stockt der Umsetzungsfluss an der einen oder anderen Stelle, sodass die Projektarbeit wieder Fahrt aufnehmen kann, wenn Informationen aus vorhergehenden Abschnitten vor Augen sind.

Neben den textlichen Ausführungen spielen Abbildungen eine tragende Rolle. Getreu dem Motto, ein Bild sagt mehr als tausend Worte, lässt sich mit Bildern – trotz des Platzes die sie nun einmal einnehmen – die zu vermittelnde Botschaft einfach besser darstellen.

Für wen das Buch gedacht ist
Das Buch richtet sich an alle,

- die neugierig sind und sich gerne mit den Möglichkeiten von Mikrocontroller im Zusammenspiel mit dem Internet und dem PC,
- die zusammenhängenden Informationen zum Thema Robotautos suchen
- die mit einfachen Mitteln schnell loslegen möchten,
- die aber auch etwas weiterführende und vertiefende Anregungen, Vorschläge und praktische Anleitungen suchen
- die auf funktionierenden, aussagekräftigen und ausführlichen Schritt für Schritt Erläuterungen Wert legen
- die in komprimierter Form Tipps für eigene Entwicklungen suchen
- Freude am eigenen Entwickeln und Realisieren haben

Voraussetzungen
Im Prinzip reicht es für viele der im Buch dargestellten Beispiele aus, wenn man über ein Entwicklungs-Board mit dem ESP32, einem geeigneten Chassis, einen Internetzugang und einen PC verfügt. Programmierkenntnisse und Erfahrungen in der Installation von Software sind nicht erforderlich, da jeder einzelne Schritt zur Realisierung des Projektes detailliert beschrieben und mit Screenshots visuell unterlegt ist.

Der Inhalt dieses Buches
Bei der Reihenfolge der Kapitel wurde versucht beginnend bei der Darstellung von grundlegenden Informationen über die Lösung einfacher Aufgaben zu etwas anspruchsvolleren Techniken zu führen.

- der Mikrocontroller ESP32
  Hier wird der Mikrocontroller ESP32 beginnend bei den technischen Daten, dem Entwicklungsboard sowie der Inbetriebnahme vorgestellt.
- die Software erstellen
  In diesem Kapitel geht es um die Entwicklung der Software mit Hilfe vom Platform-IO
- die Stromversorgung
- Kern sind hier die Herausforderungen der Stromversorgung
- rund um die Hardware
  Thema ist das Chassis des Roboterautos und alles um Ihre Werkstatt.

- das Chassis
  Dieser Bereich befasst sich mit verschiedenen Möglichkeiten eines Chassis.

- der Gleichstrommotor
  Das Herz des Roboterautos ist Gegenstand dieses Kapitels.

- kabellose Steuerung über WiFi
  Hier werden verschiedene Szenarien des Einsatzes des WiFi-Moduls vorgestellt.

- mit Sensoren Hindernisse erkennen
  Dieses Kapitel befasst sich mit zwei Sensoren und Ausweichmanövern bei Hindernissen.

- eine eigene Roboterauto-App
  Gegenstand ist eine eigene App für Ihr Roboterauto.

- Servo und Lichtsensor
  Dieses Kapitel zeigt den Einsatz von Servo und Lichtsensor für autonomes Fahren.

- GPS
  Zeichnen Sie mit einem GPS-Empfänger GPS-Daten auf.

- Accelerometer / Gyroskop
  An dieser Stelle geht es um den Einstieg in die Lagebestimmung mit Accelerometer und Gyroskop.

- PS3-Controller
  Steuern Sie den ESP32 mit einer PS3-Konsole.

- Roboterauto-Kamera
  Hier geht es um den Einsatz einer Kamera für das Roboterauto.

Besondere Schriftarten
Verschiedene Objekte werden in von einer im üblichen Text abweichenden Schriftart dargestellt:

- ***Begriffe*** sind in blauer Kursivschrift fett hervorgehoben
- `Code-Zeilen` sind in nicht proportionaler Schrift dargestellt
- Dateipfade und -namen besitzen eine graue Schriftfarbe
- `Konsolenbefehle` sind rot
- Tastaturbefehle wie **Strg+V** sind grün
- unter einem ***Screenelement*** ist eine mit der Maus auswählbare Bildschirmschaltfläche zu verstehen

Noch zwei dringende Bitten vorab
Manche Dinge lassen sich mit englischen Begriffen besser beschreiben als mit deutschen. Sehen Sie mir bitte das Pendeln zwischen den beiden Sprachen und ein gewisses Denglisch nach.
Wichtiger noch ist, dass die Verhältnisse rund den Raspberry Pi und seine Software einer unglaublich rasanten Entwicklung unterliegen. Dinge, die gestern noch nicht möglich waren, bereiten heute vielleicht keine Schwierigkeiten mehr oder funktionieren morgen in einem völlig anderen Zusammenhang. Verdammen sie deshalb nicht den Autor, sondern geben Sie bitte entsprechende Hinweise. damit künftige Auflagen des Buches entsprechend aktualisiert werden können.

Vielen herzlichen Dank

Udo Brandes

Inhaltsverzeichnis

Kapitel 1 • Der Mikrocontroller ESP32

Dieses Kapitel ist dem elektronischen Herzstück des Roboterautos gewidmet, dem Mikrocontroller. Dabei geht es um einige wichtige Begriffsdefinitionen, die technischen Daten des ESP32 und die Erstinbetriebnahme an einem PC.

1.1 Einige Begriffe

Mikrocontroller, auch µController, µCs, MCUs (Microcontroller Units) sind Halbleiterbauteile (Chips), die einen Prozessor oder CPU (Central Processing Unit) und zusätzliche Speicher sowie Peripherie enthalten. Peripherie steht dabei für Funktionen wie z. B. I²C-Schnittstelle (Inter-Integrated Circuit), SPI-Schnittstelle (Serial Peripheral Interface), PWM-Ausgänge (Puls-Weiten-Modulation) u.v.a.m., die früher eigene Bauteile auf einer Platine waren. Der historische Vorläufer waren die Einplatinenrechner.

Ein Mikrocontroller ist also ein Ein-Chip-Computersystem. Falls zusätzliche Komponenten auf demselben Chip enthalten sind, wird es als SoC (System-on-Chip) bezeichnet. Espressif selbst nennt diese Bausteine auch wireless-SoCs.

Ein oder mehrere Halbleiterchips, ggf. mit zusätzlichen Komponenten, bilden ein Modul. Module gibt es in Form kleiner bestückter Platinen, verkapselter Minibaugruppen auf Keramikträger o.ä. als "Hybridbausteine", manchmal in Kunststoff vergossen oder in Metallgehäusen zur Abschirmung. Ist das Modul so weit komplett, dass es nur noch mit Strom versorgt und ggf. über Schnittstellen angeschlossen werden muss, nennt man es auch ein *SoP* (System -on-Package).

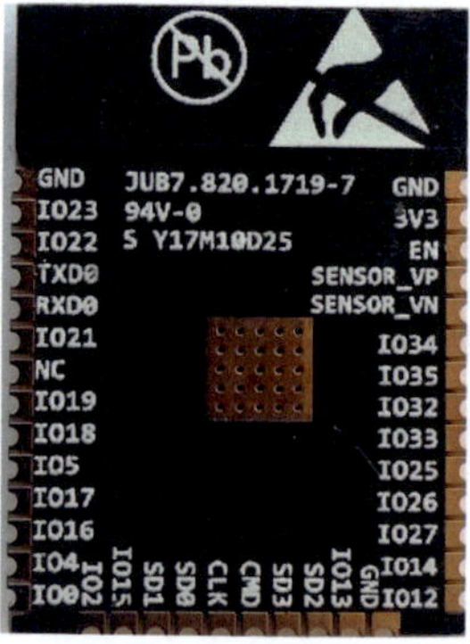

Abb. 1: ein ESP-WROOM-32-Modul

1.2 Module und Boards im Vergleich

1.2.1 Die Module der ESP32-Serie

Hersteller der ESP32-Module ist die 2008 in China gegründete Firma Espressif Systems (www.espressif.com), deren erstes Produkt der Mikrocontroller ESP8266 war. Der ESP32 folgte 2016 und glänzt im Vergleich mit einem Arduino und einem ESP8266 mit einem deutlichen Mehr an Leistung und Funktionen (vgl. Tabelle 1).

Eigenschaft	ATmega328P	ESP8266	ESP32
MCU	ATmega328P 8-Bit	Xtensa Single-Core 32-bit L-106	Xtensa Dual-Core (oder Single-Core) 32-bit LX6 Mikroprozessor
802.11 b/g/n WiFi / Bluetooth	nein / nein	ja - HT20 / nein	ja / ja
Typische Frequenz	16 MHz	80 MHz	160 MHz
SRAM	2 kB	160 kB	520 kB
Flash	32 kB	SPI Flash bis zu 16 MB	4 MB integriert
GPIOs	23	17	42
Hardware / Software PWM	- / 6 Kanäle	- / 8 Kanäle	4 / 16 Kanäle
SPI / I²C / I2S / UART	1 / 1 / - / 1	2 / 1 / 2 / 2	4 / 2 / 2 / 3
ADC	10-bit	10-bit	12-bit
Arbeitstemperatur	- 40 °C – 105 °C	- 40 °C – 125 °C	- 40 °C – 125 °C
Spannung	1,8 V - 5,5 V	2,3 V - 3,6 V	2,3 V - 3,6 V

Tabelle 1: Eigenschaften Arduino / ESP8266 vs. ESP32

Aktuell verfügt die ESP32-Familie über drei Serien mit verschiedenen Modulen (vgl. Tabelle 2).

Eigenschaft	ESP32-C3	ESP32-S2	ESP32
MCU	32-bit RISC-V single-core Prozessor	Xtensa® single-core 32-bit LX7	ein oder zwei Xtensa® 32-bit LX6 Mikroprozessor(en)
802.11 b/g/n WiFi	2.4 GHz Wi-Fi & Bluetooth LE 5.0	2.4 GHz Wi-Fi	2.4 GHz Wi-Fi & Bluetooth/Bluetooth LE
Frequenz	bis zu 160 MHz	bis zu 240 MHz	80 – 240 MHz

Tabelle 2: Eigenschaften ESP32-Modul-Familie

Einen ausführlichen Beitrag zu ESP32-C3 finden Sie auf YouTube (www.youtube.com/watch?v=VdPsJW6AHqc).

ESP32-S2 verzichtet – anders als die Module der Kernserie ESP32 – auf den zweiten Xtensa LX7-Kern, den Bluetooth-Controller, den CAN-Bus Controller (Car Area Network) und das SD-Karten Interface (SDIO). Dafür hat er einen Controller für USB On-The-Go (USB OTG) eingebaut. Espressif hebt hervor, auch die Controller für kryptografische Funktionen verbessert zu haben. Der Xtensa LX7 läuft weiterhin mit maximal 240 MHz.

Die weiteste Verbreitung und die beste Unterstützung durch Foren hat wohl die ESP32-Serie.

1.2.2 ESP32-Boards

Der ESP32-Chip wird auf einer Vielzahl von Boards verwendet. Der Hersteller Espressif führt selbst einige Module in seinem Programm.

- ESP32-PICO-KIT
- ESP-WROVER-KIT
- ESP32-Dev-KitC
- ESP32-LyraTD-MSC

Einen Überblick über die aktuellen Module und Boards von Espressif finden Sie auf https://docs.espressif.com/projects/esp-idf/en/latest/hw-reference/modules-and-boards.html.

Darüber hinaus wird der ESP32 auch von anderen Herstellern und Distributoren für eigene Boards eingesetzt:

- LoLin32 ESP32 Development Board
- ESP32-OLED Development Board: Dieses Board hat bereits ein OLED-Display.
- ESP32NodeMCU-Board
- u.v.a.m.

1.3 Der ESP32-NodeMCU

Momentan zählt der ESP32-NodeMCU (vgl. Abbildung 2) neben dem ESP32-Dev-KitC V4 zu den gängigsten Entwicklungsboards auf Basis des ESP32. Er ist als Entwicklungsplattform für Einsteiger bestens geeignet; alle ESP32-Pins, die nicht mit besonderen Funktionen belegt sind, wurden herausgeführt und können einfach angeschlossen bzw. verwendet werden. Aus diesem Grund soll es auch Basis für das Roboterauto sein. Selbstverständlich können Sie auch jedes andere Board verwenden. Achten Sie dann auf die Pin-Bezeichnungen.

Abb. 2: ESP32-NodeMCU Baugruppen mit elektronischen Komponenten

Der ESP32-NodeMCU kann auf jedes Breadboard gesteckt werden. Mit den Maßen von ca. 53 mm × 25 mm lassen sich komfortabel sehr kompakte Schaltungen realisieren. Nur in den seltensten Fällen werden Sie auf das nackte Modul ausweichen müssen.

ESP32-WROOM-32 Modul

- Antenne
- Header-Pins: Die meisten Pins des ESP-Moduls sind auf die Pin-Header auf der Platine herausgeführt. Es gibt zwei Reihen zu je 19 Pins.
- Reset-Taste: Bei manchen Boards ist diese Taste auch als EN bezeichnet.
- USB-Anschluss: Stromversorgung für das Board und Kommunikationsschnittstelle zwischen einem Computer und dem ESP32-Modul.
- Boot-Taste (Download-Taste): Je nach gewählter Flash-Methode bzw. Entwicklungsumgebung ist die Taste für das Aufspielen der Firmware zu betätigen.
- Häufig beginnt der Flash-Vorgang nach der Programm-Übersetzung selbsttätig. Ist dies nicht der Fall, halten Sie die Boot-Taste gedrückt, bis der Flash-Vorgang eingeleitet ist.
- LED: Sie leuchtet kurz auf, wenn an das Board Spannung angelegt wird. Bei manchen alternativen Boards (z.B. dem ESP32NodeMCU) ist die LED auch mit GPIO02 verbunden.
- USB-UART-Bridge: Verbaut ist eine CP2102 USB to UART Bridge, die Transferraten bis zu 3 Mbps unterstützt.

1.3.1 Die Stromversorgung des ESP32

Das Modul arbeitet mit einer Spannung von typischerweise +3,3 V. Die einzelnen Möglichkeiten für die Stromversorgung sind:

- Micro-USB-Port: Dies wird als hauptsächliche Stromversorgungsoption gesehen, ist aber im Rahmen dieses Projektes nur in der Entwicklungsphase relevant. Da USB normalerweise mit +5 V arbeitet, wird die Spannung durch einen On-Board-Chip auf +3,3 V reduziert. Warnung: Periphere Geräte können nicht ausnahmslos und unbesehen an den 3V3-Ausgang angeschlossen werden, da der On-Board-Chip nur begrenzt belastbar ist.
- 5V/GND-Header-Pins: Dies ist die Stromversorgung im Echtbetrieb des Roboterautos.
- 3V3/GND-Header-Pins

Je nach Einsatz (z. B. intensive WLAN-Nutzung) kann der ESP32 viel Strom ziehen. Laut Datenblatt können dies bis zu 500 mA sein.

Näheres zur Stromversorgung des Roboterautos finden Sie in Kapitel 3.

1.3.2 Das Pinout

In Abbildung 3 sehen Sie das Pinout des ESP32-Dev-KitC V4, soweit es in diesem Buch von Bedeutung ist.

Abb. 3: ESP32-NodeMCU, Pinout

Die einzelnen Pins sind auf dem Board entsprechend bezeichnet. Dabei kann die aufgedruckte Beschriftung je nach Hersteller unterschiedlich sein. So bezeichnen manche Hersteller z. B. den Pin GPIO14 mit G14, manche mit D14 oder auch nur 14.

Darüber hinaus ist das Pinout der verschiedenen Boards nicht normiert. Jeder Hersteller gönnt sich da Freiheiten. Im Extremfall kann sogar bei besonders einfach gehaltenen Klonen der Aufdruck bei einzelnen Pins gänzlich unzutreffend sein, obwohl die eigentliche Zuordnung richtig ist. Deshalb ist es gut investierte Zeit, sich vor jeder Inbetriebnahme mit dem Pinout zu befassen, und grundsätzlich ist natürlich etwas Vorsicht beim Anschluss geboten.

Die GPIO-Pins sind spannungssensitiv. Es kann also zu Schädigungen oder Totalausfall des Mikrocontrollers führen, wenn die an einen Pin angelegte Spannung den Wert von 3,3 V überschreitet.

Abhilfe können Spannungsteiler oder Pegelwandler schaffen. Im einfachsten Fall reichen hierzu zwei Widerstände (vgl. Abbildung 4).

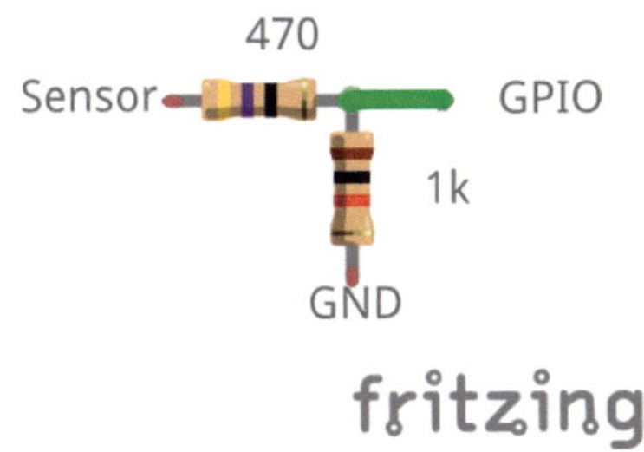

Abb. 4: Spannungsteiler mit zwei Widerständen

Eleganter sind integrierte Pegelwandler (level shifter), die auch bidirektional ausgelegt sein können (vgl. Abbildung 5).

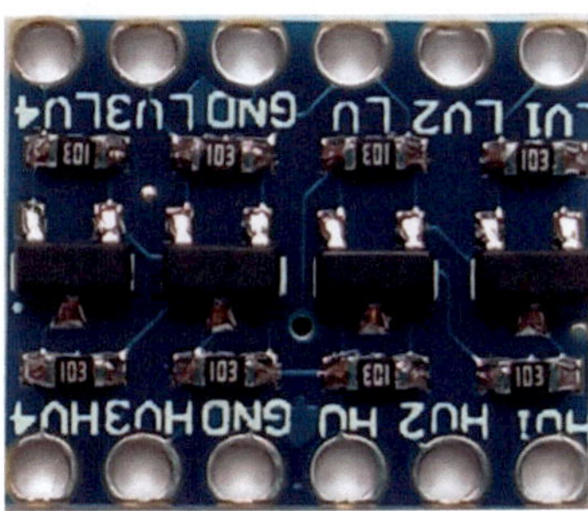

Abb. 5: Levelshifter

Weiter können manche aber nicht alle Pins nur mit maximal 40 mA belastet werden. Eine höhere Belastung kann ebenfalls zur Zerstörung des Boards führen.

1.4 Erste Inbetriebnahme

Verbinden Sie das ESP32-NodeMCU über ein Micro-USB-B-Kabel mit einem PC. Die Betriebszustands-LED sollte einige Male deutlich rot blinken. Es liegt also Spannung an und der On-Board-Spannungsregler arbeitet einwandfrei.

Windows

Windows sollte das Board selbständig erkennen. Dies lässt sich einfach im Geräte-Manager (**Windows → Systemsteuerung → Hardware und Sound → Geräte Manager**) überprüfen (vgl. Abbildung 6).

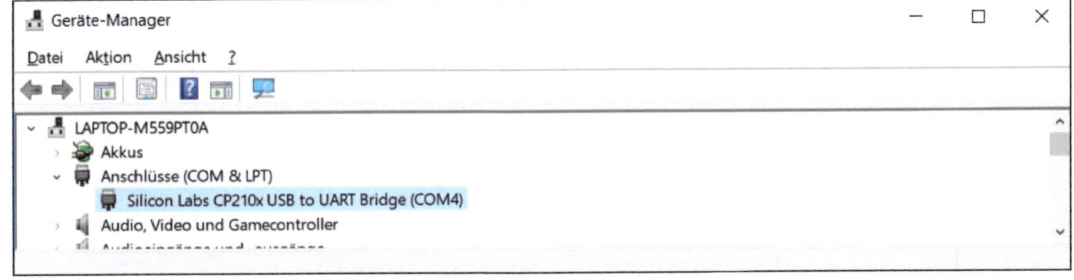

Abb. 6: Windows-Geräte-Manager

Hier ist das Modul an Port COM4 angeschlossen. Die USB zu UART Brücke CP210 wurde erkannt und der nötige Treiber installiert.

Linux

Auch Linux erkennt das Board üblicherweise eigenständig. Die Überprüfung erfolgt in einem Terminal-Fenster mit dem Befehl `lsusb` (vgl. Abbildung 7).

```
Datei Bearbeiten Ansicht Suchen Terminal Hilfe
@UB-PC-LINUX:~$ lsusb
Bus 002 Device 003: ID 046d:c534 Logitech, Inc. Unifying Receiver
Bus 002 Device 002: ID 8087:0024 Intel Corp. Integrated Rate Matching Hub
Bus 002 Device 001: ID 1d6b:0002 Linux Foundation 2.0 root hub
Bus 001 Device 003: ID 04f2:b354 Chicony Electronics Co., Ltd UVC 1.00 device HD UVC WebCam
Bus 001 Device 002: ID 8087:0024 Intel Corp. Integrated Rate Matching Hub
Bus 001 Device 001: ID 1d6b:0002 Linux Foundation 2.0 root hub
Bus 004 Device 001: ID 1d6b:0003 Linux Foundation 3.0 root hub
Bus 003 Device 014: ID 10c4:ea60 Cygnal Integrated Products, Inc. CP210x UART Bridge / myAVR mySmartUSB light
Bus 003 Device 001: ID 1d6b:0002 Linux Foundation 2.0 root hub
@UB-PC-LINUX:~$
```

Abb. 7: Linux Terminal lsusb

Kapitel 2 • Die Software entwickeln

Ganz klar, ohne Software kein Roboterauto. Für die Entwicklung der Software sind jedoch einige Dinge nötig. Zu Beginn steht die Entscheidung zugunsten einer Programmiersprache. Für den ESP32 reichen sie von ***MicroPython*** (Python für Mikrocontroller) über ***LUA*** (einer Skriptsprache) bis zu C / C++. Auf letzterem basieren die Beispiele dieses Buchs.

Nun muss aber in C / C++ entwickelter Code übersetzt und mit anderen Modulen zu einem ablauffähigen Programm zusammengesetzt werden. Dies besorgen ***Compiler*** (Übersetzen in einen Maschinen lesbaren Code) und ***Linker*** (Binden der Module zu einem ablauffähigen Programm). Erst danach ist es möglich, den s.g. Maschinencode auf den Mikrocontroller zu flashen.

Die "Umgebung" für all diese Tätigkeiten trägt die Bezeichnung ***Entwicklungsumgebung***. Sie umfasst einen Editor, um den Code zu schreiben, Compiler und Linker sowie Werkzeuge für den Zugriff auf den Programmspeicher des Mikrocontrollers. Wenn diese einzelnen Elemente unter einer einheitlichen Oberfläche zusammengefasst sind, spricht man von einer ***integrierten Entwicklungsumgebung*** (***IDE***, engl. Integrated Development Environment).

Für die Programmierung des ESP32 stehen verschiedene Entwicklungsumgebungen bereit. Die Espressif eigene IDE nennt sich ***ESP-IDF -*** ESP Integrated Development Facicility, vgl. docs.espressif.com/projects/esp-idf/en/latest/esp32/get-started/

Hier erfolgt die Programmierung in ***C***. Die Entwicklungsumgebung entfaltet jedoch nur für professionelle und spezielle Anwendungen ihre wahre Leistungsfähigkeit.

Wesentlich eingängiger ist da die ***Arduino-IDE*** (vgl. www.arduino.cc/de). Sie bietet für den Einsteiger beste Möglichkeiten, sich mit der Programmierung von Mikrocontrollern vertraut zu machen. Die Arduino-IDE hat allerdings auch ihre Nachteile. Bösartige Zungen behaupten, sie sei lediglich ein besserer Texteditor und setzen lieber auf Alternative. ***PlatformIO*** (platformio.org/) ist eine solche.

PlatformIO liefert eine Erweiterung für die Open-Source-IDE ***Visual Studio Code*** (VSC); für die Entwicklung zeichnet Microsoft verantwortlich. VSC richtet sich an Entwickler aller Programmiersprachen auf allen Betriebssystemen und erfreut sich vor allem wegen der offenen Architektur seit einigen Jahren immer größerer Beliebtheit. So lassen sich über Erweiterungen Funktionen für unterschiedlichste Programmieraufgaben nachrüsten. Verwechseln Sie jedoch VSC nicht mit Microsoft Visual Studio; dies ist eine proprietäre Software für die Entwicklung von Windows-Software. PlatformIO soll die Grundlage für die Entwicklung der Programme dieses Buchs sein. In einigen Fällen erfolgt jedoch ein Rückgriff auf Bespiele der Arduino-IDE.

Dieses Kapitel stellt Ihnen nach einem Seitenblick auf die Installation von Arduino PlatformIO als mächtige IDE näher vor und geht auf ein paar wesentliche Elemente der Programmierung ein.

2.1 Installation der Arduino-IDE

Diejenigen, die schnell loslegen möchten und einen etwas höheren Installationsaufwand scheuen, beginnen vielleicht mit der Arduino-IDE. Installieren Sie sie wie folgt:

- Wechseln Sie zur Arduino-Download-Seite:

  (www.arduino.cc/en/Main/Software)

- Laden Sie z.B. den Installer für Windows herunter. Führen Sie anschließend den Installer aus.

- Für den ESP32 benötigt auch die Arduino-IDE Boardinformationen bzw. -bibliotheken. Geben Sie zunächst unter

  Einstellungen → zusätzliche Bordverwalter URLs

  raw.githubusercontent.com/espressif/arduino-esp32/gh-pages/package_esp32_index.json

  ein. Wechseln Sie nach ***Werkzeuge → Board → Bordverwalter***, suchen Sie dort nach ESP32 und installieren Sie das angebotene Paket.

2.2 PlatformIO

In diesem Abschnitt geht es darum, PlatformIO zu installieren und als Werkzeug der Programmentwicklung zu nutzen.

2.2.1 VSC Installation

Die folgenden Abschnitte beschreiben die Installation von PlatformIO unter Windows und Linux.

Windows

Folgen Sie für eine Installation unter Windows folgenden Schritten:

Schritt 1: VSC -Installer herunterladen

Laden Sie sich den VSC-Installer von code.visualstudio.com/download herunter.

Schritt 2: VSC-Installer ausführen

Führen Sie den VSC-Installer aus.

Akzeptieren Sie die Lizenzvereinbarung und gehen Sie auf ***weiter***.

Wählen Sie den gewünschten Zielordner aus und dann ***weiter***.

Wählen Sie den gewünschten Startmenü-Ordner aus und klicken Sie auf ***Weiter***. Das Setup erlaubt Ihnen nun, zusätzliche Aufgaben auszuwählen (vgl. Abbildung 1).

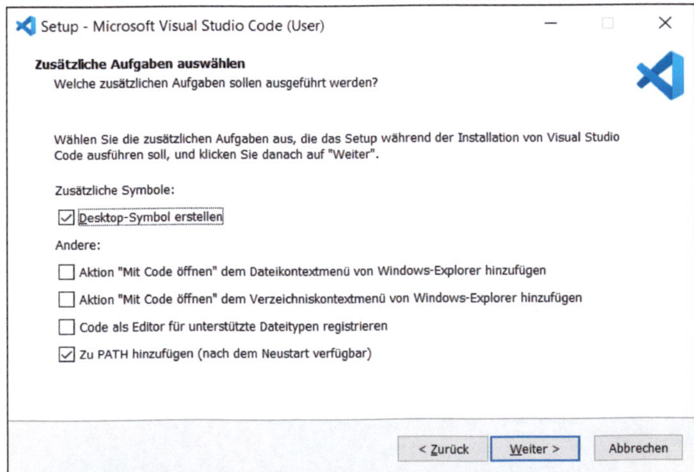

Abb. 1: VSC installieren Windows zusätzliche Aufgaben

Wählen Sie diese Ihren Wünschen entsprechend aus und gehen Sie auf **Weiter**. Es folgen noch ein paar Bildschirme, die Sie mit ***installieren*** und ***fertigstellen*** quittieren. Bei automatischem Start gelangen Sie zum Startbildschirm von Visual Studio Code (vgl. Abbildung 2).

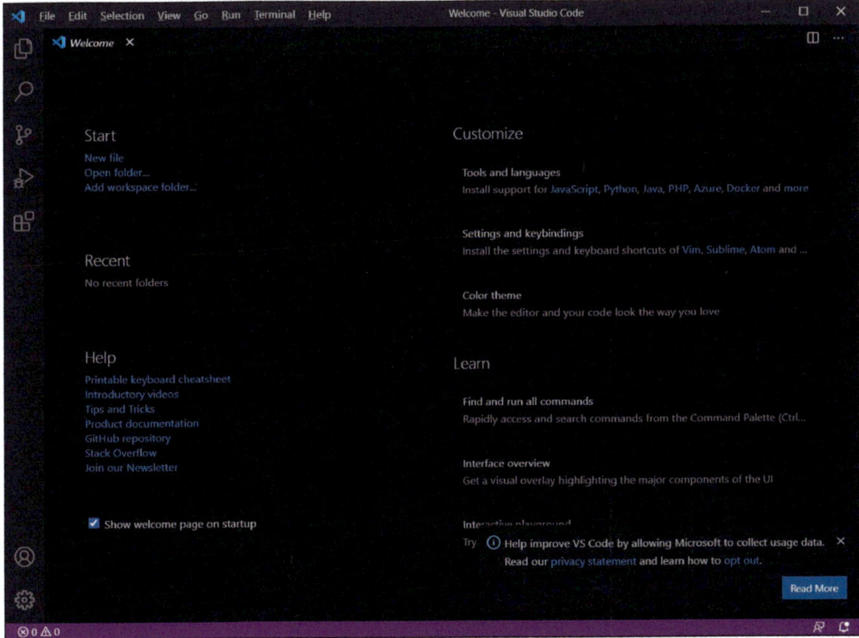

Abb. 2: VSC-Startbildschirm

Schritt 3: Python installieren

Espressif nutzt für Flash- und Ausleseprozesse beim ESP32 ***Python***-Skripte. Die Pakete einer ESP-IDF- oder Arduino-Installation bringen alles Erforderliche mit. Bei einer PlatformIO-Installation müssen Sie selbst für eine Python-Umgebung Sorge tragen.

Besuchen Sie die Python-Download-Seite www.python.org/downloads/ (vgl. Abbildung 3).

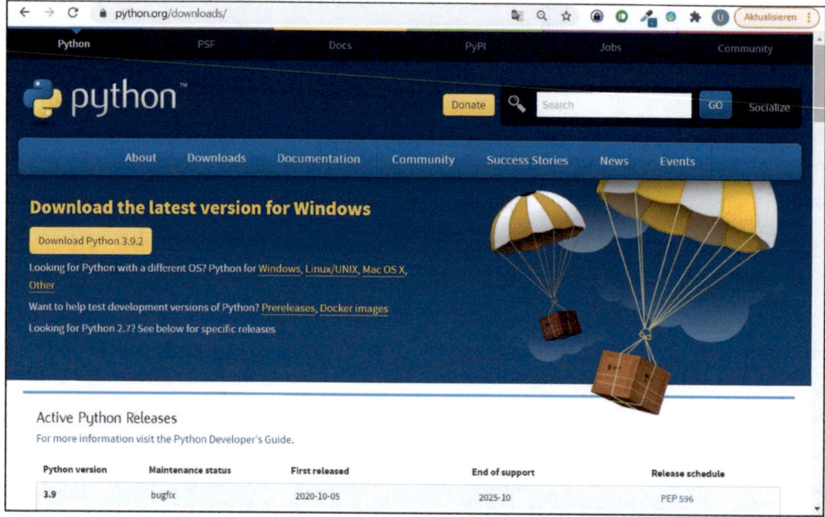

Abb. 3: Python Installer Download-Seite

Klicken Sie auf die Schaltfläche ***DOWNLOAD PYTHON 3.9.2*** (dies ist zurzeit die aktuelle stabile Version), um den Installer für Windows herunter zu laden. Nach einem Doppelklick auf den Installer erscheint das Startfenster für den Installationsvorgang (vgl. Abbildung 4).

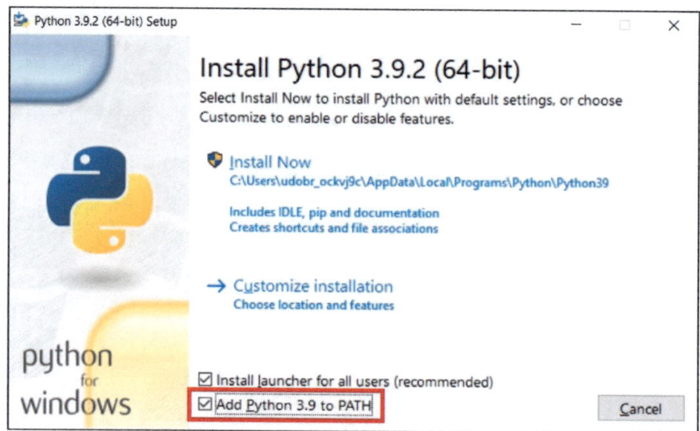

Abb. 4: Python Installer Startfenster

Achten Sie darauf, dass Kontrollkästchen für das Hinzufügen von Python zur Path-Variable zu aktivieren! Klicken Sie dann auf ***Install Now***. Es sollte eine Erfolgsmeldung erscheinen (vgl. Abbildung 5).

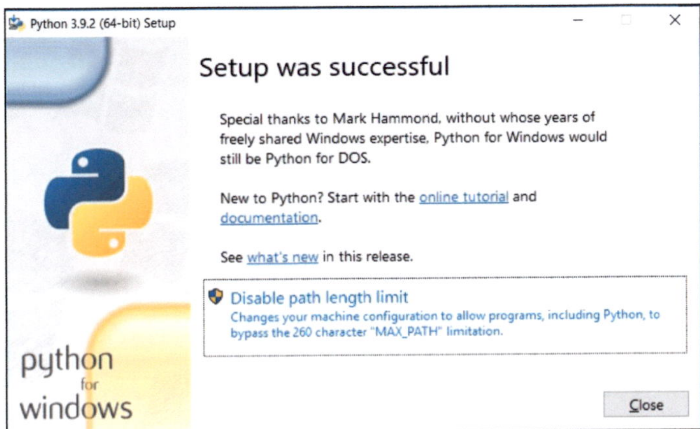

Abb. 5: Python Installer Abschlussmeldung

Der Python-Installer bietet Ihnen unter Windows direkt an, die Beschränkung der PATH-Länge aufzuheben. Das macht die Arbeit mit langen Pfadnamen komfortabler und vermeidet umständliche Abkürzungen. Anschließend können Sie mit ***Close*** den Installer verlassen.

In Ihrem Startmenu haben Sie nun einen Eintrag IDLE (Python-3.10 64bit); mit einem Klick gelangen Sie in die Python-Shell, in der Sie die Programme entwickeln.

Linux

Die Installation unter Linux verläuft prinzipiell ähnlich wie unter Windows. Das Einrichten von Python ist entbehrlich, da auf Linux die Pakete üblicherweise bereits vorhanden sind.

Schritt 1: Pakete herunterladen

Laden Sie die Pakete von code.visualstudio.com/download entsprechend Ihrer Linux-Distribution herunter.

Schritt 2: Pakete installieren

Wechseln Sie in das Download-Verzeichnis. Dort befindet sich z.B. für Ubuntu eine .deb-Datei (z.B. code-1.53.2-1613044664_amd64.deb). Installieren Sie die Pakete mit (vgl. Abbildung 6):

```
sudo apt install code-1.53.2-1613044664_amd64.deb
```

```
ub@UB: ~/Downloads
Datei  Bearbeiten  Ansicht  Suchen  Terminal  Hilfe
ub@UB:~/Downloads$ sudo apt install ./code_1.53.2-1613044664_amd64.deb
Paketlisten werden gelesen... Fertig
Abhängigkeitsbaum wird aufgebaut.
Statusinformationen werden eingelesen.... Fertig
Hinweis: »code« wird an Stelle von »./code_1.53.2-1613044664_amd64.deb« gewählt.
Die folgenden NEUEN Pakete werden installiert:
  code
0 aktualisiert, 1 neu installiert, 0 zu entfernen und 286 nicht aktualisiert.
Es müssen noch 0 B von 69,1 MB an Archiven heruntergeladen werden.
Nach dieser Operation werden 273 MB Plattenplatz zusätzlich benutzt.
Holen:1 /home/ub/Downloads/code_1.53.2-1613044664_amd64.deb code amd64 1.53.2-1613044664 [69,1 MB]
Vormals nicht ausgewähltes Paket code wird gewählt.
(Lese Datenbank ... 211806 Dateien und Verzeichnisse sind derzeit installiert.)
Vorbereitung zum Entpacken von .../code_1.53.2-1613044664_amd64.deb ...
Entpacken von code (1.53.2-1613044664) ...
code (1.53.2-1613044664) wird eingerichtet ...
gpg: WARNUNG: Unsicheres Besitzverhältnis des Home-Verzeichnis `/home/ub/.gnupg'
Trigger für gnome-menus (3.13.3-11ubuntu1.1) werden verarbeitet ...
Trigger für mime-support (3.60ubuntu1) werden verarbeitet ...
Trigger für desktop-file-utils (0.23-1ubuntu3.18.04.2) werden verarbeitet ...
Trigger für shared-mime-info (1.9-2) werden verarbeitet ...
ub@UB:~/Downloads$
```

Abb. 6: VSC installieren Linux

In der Aktivitäten-Übersicht von Ubuntu finden Sie ein Icon, um Visual Studio Code zu starten und zum Startbildschirm (vgl. Abbildung 9) zu gelangen.

Jetzt fehlt noch die Erweiterung PlatformIO.

2.2.2 Erweiterung PlatformIO hinzufügen

Hier geht es darum, die Erweiterung PlatformIO VSC hinzuzufügen. Klicken Sie auf das Puzzle-Symbol in der linken Seitenleiste (vgl. Abbildung 7).

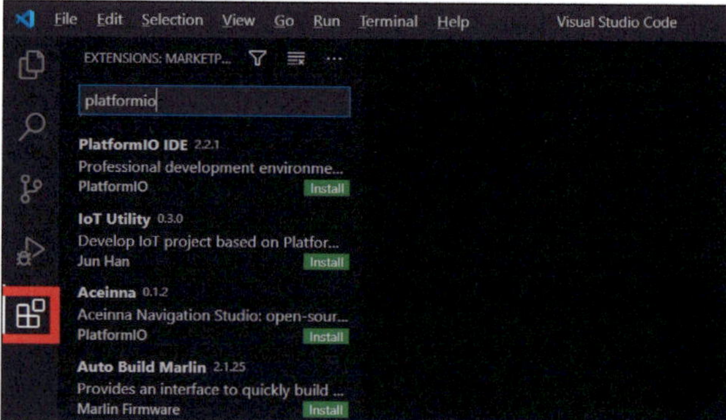

Abb. 7: VSC PlatformIO hinzufügen

Tragen Sie in das Suchfeld *PlatformIO* ein, damit die Erweiterung in der angebotenen Liste erscheint. Klicken Sie auf ***Install***. Der Prozess dauert eine Weile und verlangt nach dem Abschluss einen Restart von VSC. Die Erweiterungen sind nun aufgeführt (vgl. Abbildung 8).

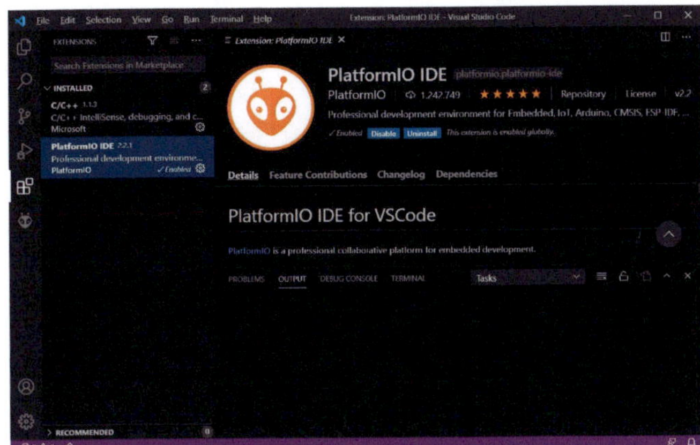

Abb. 8: VSC PlatformIO Erweiterungen aufgeführt

Achten Sie darauf, dass *PlatformIO* auf *Enabled* steht. Auf der linken Bildlaufleiste finden Sie nun auch unter dem Puzzle-Symbol ein Symbol für PlatformIO.

2.2.3 Der VSC-Bildschirm mit der PlatformIO-Erweiterung

Das VSC-Fenster mit der PlatformIO-Erweiterung präsentiert sich auf den ersten Blick recht komplex und mit vielen Funktionen versehen (vgl. Abbildung 9).

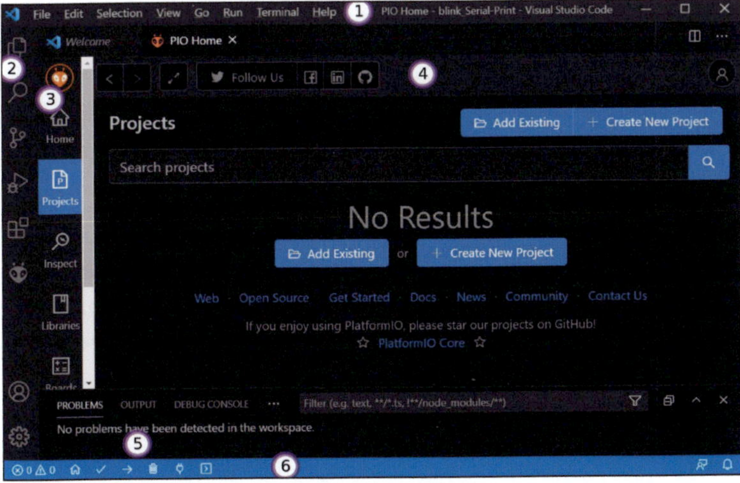

Abb. 9: VSC-Fenster mit der PlatformIO-Erweiterung

Der anfänglich verwirrende Eindruck relativiert sich jedoch mit zunehmender Praxis.

- Die Menuleiste (1)
  Die Menuleiste enthält verschiedene Reiter, die wiederum den Zugang zu weiteren Kommandos zusammenfassen. Sie gibt auch Auskunft über die zuletzt bearbeitete Datei.

- Die Seitenleiste (2)
  Die Seitenleiste bietet Zugang zu verschiedenen Verwaltungstools:
  - Dateiexplorer
  - Suche
  - Zugang zu Git-Repositories
  - Debug von Programmen
  - Verwaltung von Extensions
  - Account-Pflege (sofern angelegt)
  - Zugang zu diversen Einstellungen

- Die PlatformIO-Seitenleiste (3)
  Die PlatformIO-Seitenleiste beinhaltet Icons für die Verwaltung und Nutzung von PlatformIO
  - Projektmanagement
  - Projektanalyse
  - Bibliotheksverwalter
  - unterstützte Boards
  - Boardverwalter
  - Management angeschlossener Geräte

- Der Editorbereich (4)
  Im Editorbereich erfolgt die Erstellung eines Programms. Er enthält aber auch in Abhängigkeit verschiedener Bearbeitungsszenarien differenzierte Inhalte.

- Das Test-Panel (5)
  Das Test-Panel enthält verschiedene Reiter für z.B. die Ausgabe von Fehlern oder Debug-Informationen. Reiter lassen sich über ***View*** und die entsprechende Auswahl hinzufügen (z.B. ***View → Terminal*** oder **Ctrl+ö**).

- Die Fußzeile (6)
  Die Fußzeile ist gewissermaßen zweigeteilt. Links befinden sich Icons mit zugehörigen Zählern, die über diverse Probleme informieren. Rechts schließen sich Icons an, die bei Klick eine Übersetzung, ein Build oder ein Upload des Programms einleiten.

Drücken Sie **Ctrl+Shift+P** oder gehen Sie zu ***View → Command Palette*** und geben Sie den Suchbegriff ein, wenn Ihnen ein Kommando entfallen ist oder Sie einen bestimmten Befehl suchen.

Tipp: deutsches Sprachpaket
Stellen Sie bei Bedarf die Standardsprache der Benutzeroberfläche auf Deutsch. Drücken Sie **STRG+UMSCHALT+P**, um die Befehlspalette aufzurufen, und beginnen Sie mit der Eingabe von "display", um den Befehl "configure display language" zu filtern und anzuzeigen. Wählen Sie dann ein anderes Gebietsschema aus.

Mit PlatformIO ein Programm erstellen
Hier geht es um einen Einstieg in die Programmerstellung mit PlatformIO. Ziel ist ein einfaches Blink-Programm mit Ausgaben auf die Konsole. Verbinden Sie GPIO02 (Pin G2) des Boards über eine LED und einen 470 Ω Widerstand mit GND.

Schritt 1: ein neues Projekt erstellen
Gehen Sie auf das PlatformIO-Home-Fenster (vgl. Abbildung 17). Erstellen Sie mit Klick auf ***+ Create New Project*** ein neues Projekt. Es erscheint der PlatformIO-Project-Wizard (vgl. Abbildung 10).

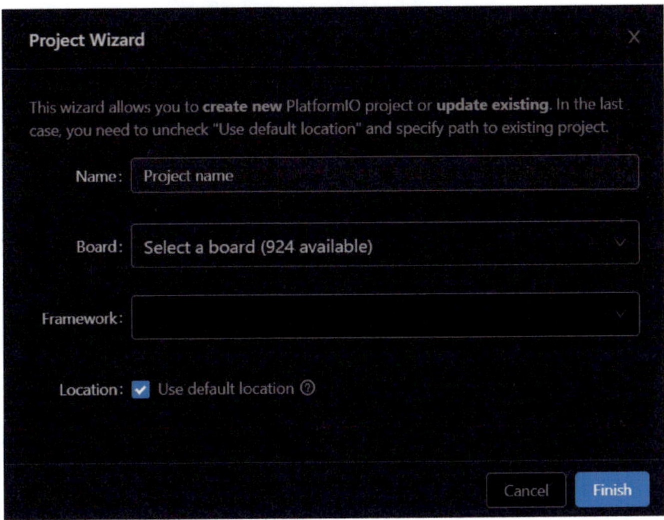

Abb. 10: VSC PlatformIO Project Wizard

Geben Sie Ihrem Projekt einen Namen (z.B. *blink_Serial-Print*), wählen Sie ein Board (z.B. *Espressif ESP32 Dev Module*) sowie ein Framework (*Arduino*) aus. Lassen Sie das Häkchen bei "Use default location" stehen (dieser ist /Documents/PlatformIO/Projects).

Klicken Sie auf ***Finish***.

Die erste Initialisierung erfordert eine Internetverbindung und kann eine Weile dauern, da Toolchains, Frameworks, SDKs installiert werden müssen. Bitte haben Sie etwas Geduld und lassen Sie die Initialisierung abschließen.

Bei Erfolg taucht im Explorer das neue Projekt auf (vgl. Abbildung 11).

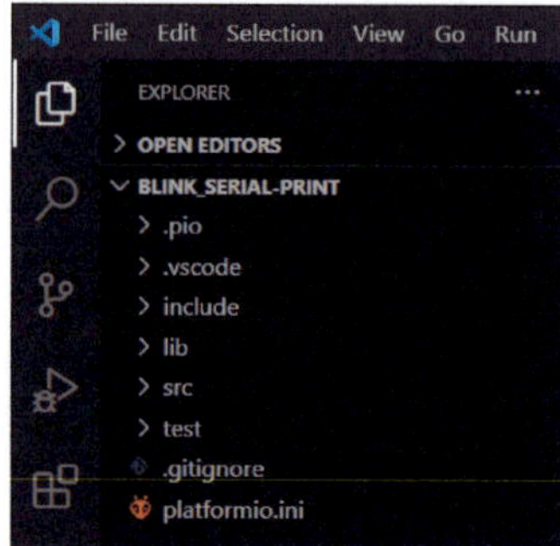

Abb. 11: VSC PlatformIO Project im VSC-Datei-Explorer

Schritt 2: plattformio.ini-Datei überprüfen
Die Datei platformio.ini ist die PlatformIO-Konfigurationsdatei für Ihr Projekt. Es zeigt die Plattform, das Board und das Framework. Sie können auch andere Konfigurationen hinzufügen, z. B. einzuschließende Bibliotheken, Upload-Optionen, die Baudrate des seriellen Monitors und andere Konfigurationen.

Ergänzen Sie `monitor_speed = 115200`, damit Sie Zugriff auf dem seriellen Monitor erhalten.

Schritt 3: Den Sketch erstellen
Der src-Ordner ist Ihr Arbeitsordner. In diesem Ordner befindet sich eine Datei main.cpp. Hier schreiben Sie Ihren Code. Klicken Sie auf diese Datei. Die Struktur eines Arduino-Sketches mit den Funktionen `setup()` und `loop()` sollte nun auf eine weitere Bearbeitung warten.

Ergänzen Sie den Sketch (vgl. Listing 1):

```
#include <Arduino.h>
void setup() {
 Serial.begin (115200);
 pinMode(2, OUTPUT);
 digitalWrite(2, LOW);
 Serial.println ("Start");
}
void loop() {
 digitalWrite(2, HIGH);
 Serial.println ("high");
 delay(500);
 digitalWrite(2, LOW);
 Serial.println ("low");
 delay(500);
}
```

Listing 1: Blink-Sketch

Sichern Sie den Sketch (vgl. Abbildung 12) mit **Strg+S** bzw. ***File → Save***.

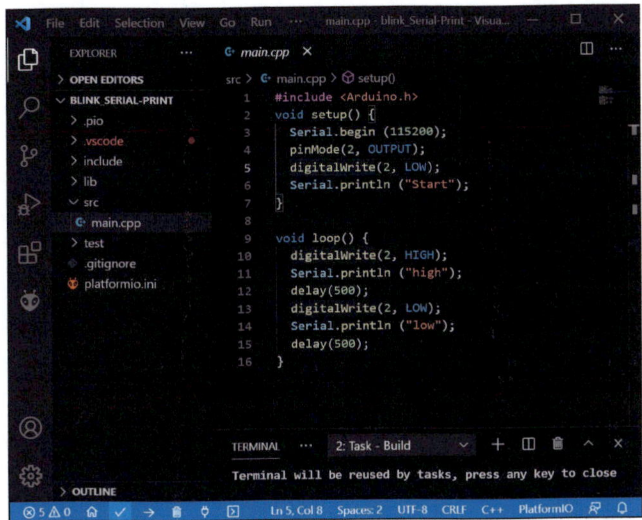

Abb. 12:VSC PlatformIO Project im Editor-Bereich

Schritt 4: Flashen des Mikrocontrollers

Klicken Sie auf ***Upload***, um den Sketch zu kompilieren und hochzuladen. Verfolgen Sie im Terminal die einzelnen Compile- und Upload-Schritte. Die LED sollte nun blinken.

Klicken Sie nun auf das Serielle-Monitor-Icon in der Leiste mit den PlatformIO-Kommandos, um auch die Ausgaben von `Serial.Print` zu sehen. PlatformIO erkennt üblicherweise selbständig den Port, an den das Board angeschlossen ist. Sie können dies überprüfen mit: ***PIO-Home → Devices***.

> **Tipp: der Blink-Sketch als Rettungsanker**
> Der LED-Blink-Sketch ist so einfach, dass er an sich immer funktionieren sollte. Genau aus diesem Grund eignet er sich hervorragend, in "ausweglosen" Situationen zumindest die Elementarfunktionen zu testen.

2.2.4 Bibliotheken einbinden

Der Umgang mit Bibliotheken, die fertige Programmbausteine enthalten, ist das tägliche Brot eines Programmierers. Bei PlatformIO müssen jedem Projekt die benötigten Bibliotheken eigens zugewiesen werden. Dies ist anders als bei der Arduino-IDE, wo einmal installierte Bibliotheken für alle Projekte verfügbar sind. Verfahren Sie wie folgt:

Schritt 1. Bibliothek suchen

Gehen Sie zu PlatformIO-Home (Klick auf das Home-Icon in der Fußzeile). Klicken Sie dann auf das Libraries-Icon in der PlatformIO-Seitenleiste. Geben Sie im Suchfeld den Bibliotheksnamen an (z.B. *servo*), sodass Sie eine Liste thematisch passender Bibliotheken erhalten (vgl. Abbildung 13).

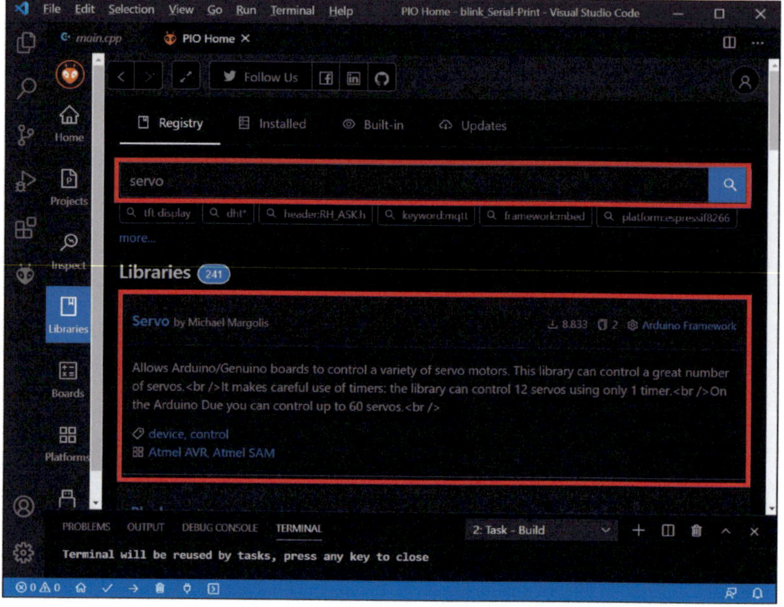

Abb. 13: VSC PlatformIO Bibliothek hinzufügen

Schritt 2. Bibliothek auswählen

Wählen Sie die gewünschte Bibliothek per Klick aus (vgl. Abbildung 14).

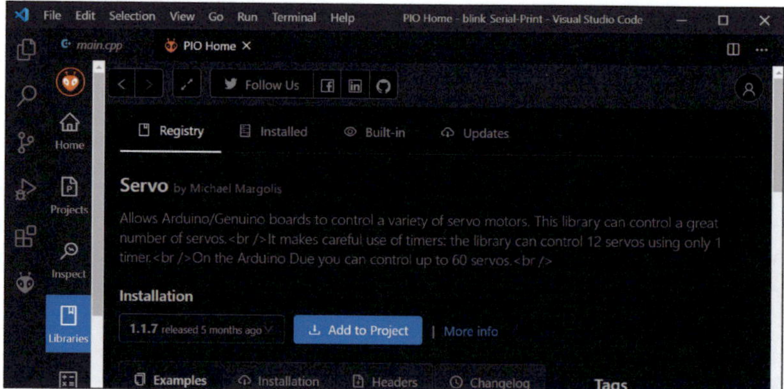

Abb. 14: VSC PlatformIO Bibliothek auswählen

Klicken Sie auf ***Add to Project***.

Schritt 3. Bibliothek zuordnen

Die Projektauswahl treffen Sie im Folgebildschirm anhand einer Projektliste (vgl. Abbildung 15).

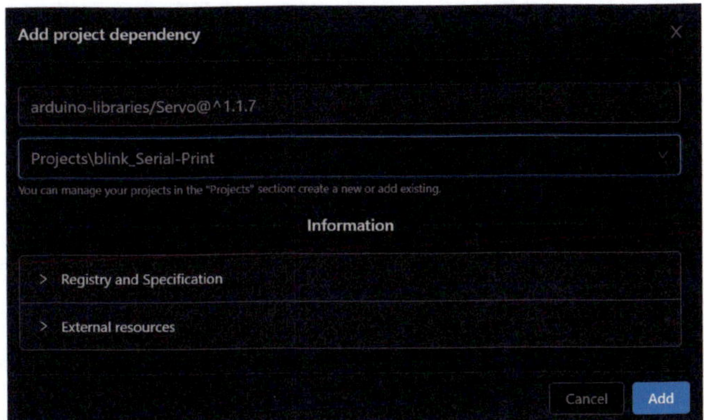

Abb. 15: VSC PlatformIO Bibliothek Projekt zuordnen

Klicken Sie nun auf ***Add***. Dadurch wird der Library-Identifier mit Hilfe der `lib_deps`-Directive in der platformio.ini-Datei hinzugefügt. Sie können dies bei Bedarf überprüfen (vgl. Abbildung 16).

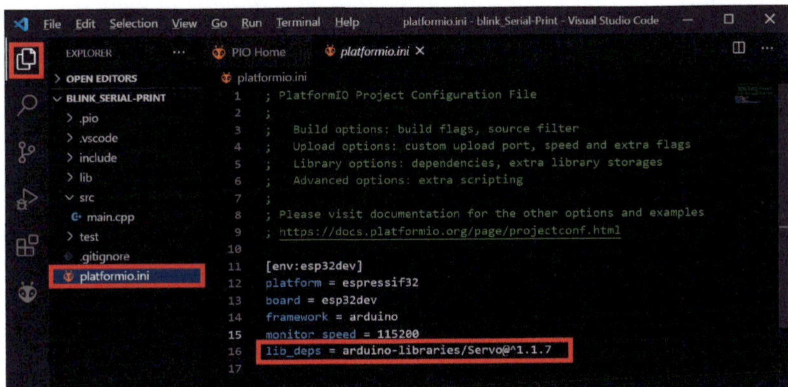

Abb. 16: VSC PlatformIO Bibliothek in .ini-Datei

Alternativ können Sie die Bibliothek auch manuell in die platformio.ini-Datei einpflegen. Wählen Sie anstelle von ***Add to Projekt*** (s.o.) ***Installation*** (vgl. Abbildung 17).

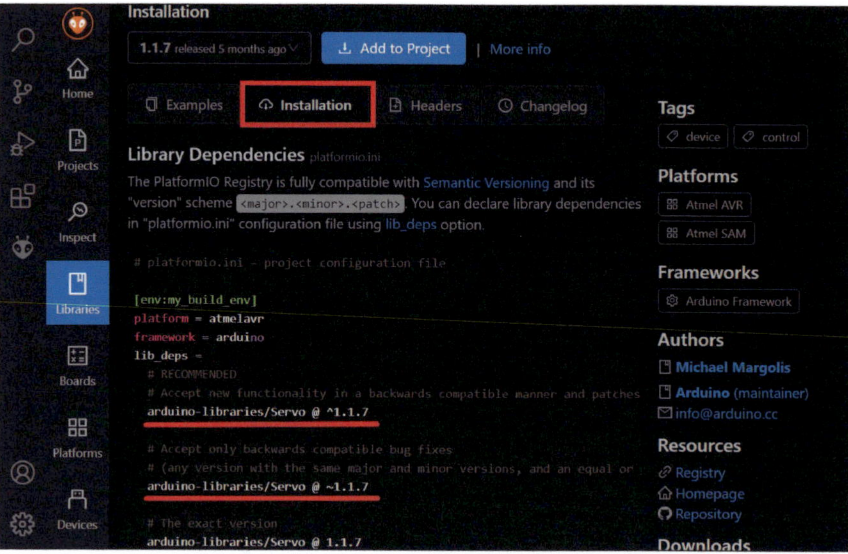

Abb. 17: *VSC PlatformIO Bibliothek in manuell einpflegen*

Kopieren Sie die Library-Identifier (rot unterstrichen) und fügen Sie eine Zeile folgenden Inhalts in die platformio.ini-Datei Ihres Projektes ein:

```
lib_deps = arduino-libraries/Servo@^1.1.7
```

Mehrere Dateien trennen Sie durch ein Komma oder indem Sie sie in eine neue Zeile schreiben:

```
lib_deps =
  arduino-libraries/Servo@^1.1.7
  adafruit/Adafruit BME280 Library @ ^2.1.0
  adafruit/Adafruit Unified Sensor @ ^1.1.4
```

Auf diese Weise erlaubt der mächtige Library-Manager von PlatformIO einen maßgeschneiderten Zuschnitt der Projektabhängigkeiten in der projektbezogenen Konfigurationsdatei platformio.ini mit Hilfe von `lib_deps`. PlatformIO bindet auf diese Wiese automatisch die benötigten Bibliotheken mit ihren Abhängigkeiten ein, sobald Sie die Konfiguration sichern oder Ihr Projekt kompilieren.

Hinweis: Bibliotheksverwaltung mit der Arduino-IDE
Die ArduinoIDE kennt für das Einbinden von Bibliotheken drei Möglichkeiten - davon ist das Einbinden mit dem Bibliotheks-Verwalter die komfortabelste. Rufen Sie den Bibliotheksverwalter über ***Sketch → Bibliothek einbinden → Bibliotheken verwalten*** oder **Strg+Umschalt+I** auf. Der Bibliotheks-Verwalter zeigt sowohl installierte als auch mit seiner Hilfe zu installierende Bibliotheken an. Geben Sie im Suchfeld einen Begriff (z.B. servo) ein. Eine Drop-Down-Liste zeigt die Bibliotheken, die dem Suchbegriff entsprechen. Bei Klick mit dem Mauszeiger auf den gewünschten Listeneintrag erscheint

eine Box für die Auswahl einer Version und eine Schaltfläche ***Installieren***. Ein Klick auf diese Schaltfläche installiert die Bibliothek. Installationsziel ist der Unterordner libraries des Sketchbooks (vgl. Voreinstellungen). Installierte Bibliotheken sind mit "INSTALLED" vermerkt.

Tipp: Beispielsketche
Die allermeisten Bibliotheken verfügen über Beispielsketche. Während diese bei der Arduino-IDE vergleichsweise leicht zugänglich sind (***Datei → Beispiele → <Bibliothelsname>***) gestaltet sich der Zugriff unter PlatformIO etwas umständlicher. Die Beispiele sind auch jedoch hier verfügbar. Sie befinden sich in dem Bibliotheksordner. Da Sie Bibliotheken projektbezogen zuordnen, ist der Pfad dann auch <pfadZumPlatformioProArbeitsordner>/Projects/<projektName>/.pio/libdeps/esp32dev/<bibliotheksnName>/examples. Näheres finden Sie unter 2.2.6 .

2.2.5 Arduino Projekte importieren

Die Arduino-IDE beinhaltet bereits mit ihrer Installation eine Vielzahl von Beispielsketchen. Jedes Hinzufügen, sowohl eines Boardverwalters als auch (in den meisten Fällen) einer Bibliothek ergänzt das Portfolio. Alle diese Muster sind innerhalb der Arduino-IDE bequem zugänglich (***Sketch → Beispiele***). Dies gilt so leider nicht für PlatformIO. Aber auch hier gibt es einen Weg, sich angebotene Beispiele zu nutze zu machen.

Schritt 1: Quell-Dateien besorgen
Besorgen Sie sich die Beispiel-Quelldateien. Hier haben Sie die einige Optionen:

- PlatformIO-ESP32 Beispiele: Ein paar wenige Beispiele finden Sie in dem PlatformIO-Installationsordner. Dieser ist üblicherweise in Ihrem Homeverzeichnis. Unter Windows stellt sich der Dateipfad beispielsweise wie folgt dar: C:/ihrBenutzerName>/.platformio/platforms/espressif32/examples.

- Beispiele der Arduino-IDE: Laden Sie die Dateien von github.com/espressif/arduino-esp32.git. Entpacken Sie die herunter geladene .zip-Datei. Dort sollte sich ein Ordner arduino-esp32-master befinden.

- Beispiele aus installierten Bibliotheken: Haben Sie u.U. bereits ein Projekt mit einer bestimmten Bibliothek aufgesetzt, können Sie sich auch dort bedienen. Die Beispiele finden Sie unter <pfadZuIhremProjektOrdner/<derProjektName/.pio/libdeps/esp32dev/<BibliotheksName>/examples.

Schritt 2: Beispiel importieren
Exemplarisch ist Ziel, das CameraWebserver-Beispiel der Arduino-IDE zu importieren. Öffnen Sie das Home-Fenster von PlatfomIO und wählen Sie ***Import Arduino Projekt***. Wählen Sie das zutreffende Board (hier: ***AI-Thinker ESP32-CAM***). Navigieren Sie dann zu dem Ort, an dem sich die entpackten Dateien befinden (hier: arduino-esp32-master) und dort über verschiedene Stationen in den Unterordner CameraWebServer (arduino-esp32-master/libraries/ESP32/examples/Camera/CameraWebServer, vgl. Abbildung 18).

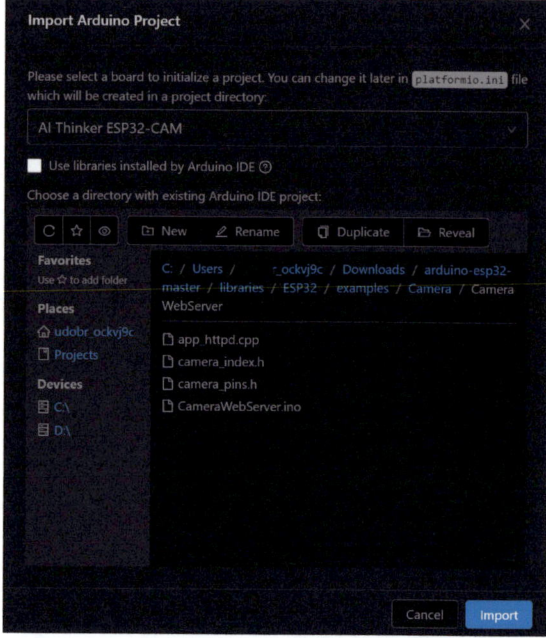

Abb. 18: Import CameraWebserver-Beispiel

Klicken Sie auf ***Import***.

Hinweis: Projektname
Leider vergibt PlatformIO beim Import einen anderen Projektnamen, der aus Datums- und Zeitangabe sowie einer weiteren Bezeichnung besteht. Ist dies so möglicherweise nicht gewünscht, entfernen Sie das Projekt aus dem Arbeitsbereich und benennen Sie es im Datei-Explorer um. Anschließend öffnen Sie es wieder.

2.3 Mit PlatformIO programmieren

VSC / PlatformIO ist ein recht mächtiges Programmierwerkzeug. Gegenstand dieses Abschnitts sind schlaglichtartig einige kurze Hinweise, die Ihnen das Programmieren erleichtern sollen.

2.3.1 Die Programmiersprachen C / C++

Sie schreiben die Sketche in der Programmiersprache C bzw. C++. Das heißt, dass Ihnen zunächst einmal alle Sprachelemente der beiden Programmiersprachen zur Verfügung stehen. Nutzen Sie sie in dem Sinne, dass insbesondere die Verständlichkeit und Wartbarkeit von Software Vorrang vor schnellen Ergebnissen haben (Programmierstil).

Variablen- und Funktionsnamen

Bei der Wahl von Variablen- und Funktionsnamen haben Sie weitgehend freie Hand. Gestalten Sie die Bezeichnungen jedoch selbsterklärend (z.B. nicht `p` sondern `ledPin`). Zudem hat sich gewissermaßen als nicht offiziell festgelegte Sprachkonvention eingebürgert, zusammengesetzte Namen im Programmteil klein zu schreiben und das zweite und jedes weitere Wort mit einem Großbuchstaben zu beginnen (z.B. `ledPinAusgabe`) während Angaben in `#define-Präcompilerdirektiven` in Großbuchstaben geschrieben sind (z.B. `LED_PIN`).

Gültigkeitsbereich von Variablen

Der Gültigkeitsbereich und die Lebensdauer von Variablen sind häufig übersehene Stolpersteine bei der Programmierung. Ihr Geltungsbereiche ist abhängig davon, an welcher Stelle sie in einem Programm deklariert ist,

- Block: Erfolgt die Deklaration einer Variablen in einem Anweisungsblock (`{}`, z.B. `if`-Block), ist deren Geltungsbereich und die Lebensdauer auf diesen Anweisungsblock beschränkt. Gibt es außerhalb und innerhalb des Anweisungsblocks Variablen gleichen Namens, kommt der Variablenwert zum Tragen, der die Variable innerhalb des Anweisungsblocks hat.

- Funktion: Wird eine Variable in einer Funktion deklariert, reichen Geltungsbereich und Lebensdauer von Funktionsblock-Anfang bis Funktionsblock-Ende.

- Datei: Eine außerhalb von Funktionen und Anweisungsblöcken deklarierte Variable reicht für das gesamte Programm (globale Variablen) mit der Einschränkung, dass Block- oder Funktionsvariablen vorgehen.

Kommentare

Kommentare sind aus Compilersicht optional, aus Programmiersicht aber zwingend. Eine umfangreiche und aussagekräftige Kommentierung entfaltet ihren Wert, wenn nach längerer Zeit wieder an einem Programmteil gearbeitet werden soll. Dabei gilt: lieber mehr als zu wenig. Kommentare können Sie auf zweierlei Weise einleiten:

- ein doppelter Schrägstrich (//)
  Der Compiler betrachtet alles als Kommentar, was in der Zeile nach den Kommentarzeichen steht. Achtung: Sketches mit langen Kommentarzeilen ohne // führen zu Kompilierfehler.

- ein Schrägstrich gefolgt von einem Stern (/*)
  Diese beiden Zeichen beginnen einen Kommentar-Bereich; dieser endet mit der umgekehrten Zeichenfolge (*/). Der Bereich kann über mehrere Zeilen gehen, die mit einem Stern (*) beginnen.

Besondere Sprachelemente

Die Ardunio-IDE genauer das Arduino-Framework bietet einige Sprachelemente, die u.a. das Arbeiten mit Zeichenketten (***Strings***) und die Ein-/Ausgabe am seriellen Monitor erleichtern sowie die Mikrocontroller spezifische Besonderheiten abfangen. Eine kurze Erläuterung der In diesem Buch verwendeten Befehle erfolgt in direktem Zusammenhang mit dem jeweiligen Sketch. Eine Liste aller Befehle der Arduino-IDE finden Sie in der Arduino-Sprach-Referenz (www.arduino.cc/reference/de/).

Programmstruktur

Hinsichtlich des Ablaufs weichen Mikrocontrollerprogramme in einem entscheidenden Teil von "klassischen" Programmen ab. Bei beiden stehen zu Programmbeginn vorbereitende Arbeiten wie z.B. das Öffnen von Dateien oder GPIO-Pins. In der Arduino-IDE findet sich der entsprechende Code in der Funktion `setup()`. Während aber "klassische" Programme die anstehenden Aufgaben abarbeiten und dann terminieren, laufen Mikrocontrollerprogramme in einer Endlosschleife. Die Arduino-IDE sieht hierfür bezeichnenderweise die Funktion `loop()` vor.

Unabhängig von dieser systemimmanenten Notwendigkeit gilt aber, dass der Code im Hinblick auf eine verbesserte Lesbarkeit hinreichend strukturiert sein sollte. Das bedeutet, Code-Blöcke einzurücken, wie sie z.B. durch `if`-Abfragen oder `while`-Schleifen entstehen.

Ebenso wichtig ist es logisch zusammenhängende Code-Abschnitte in eigene Funktionen auszulagern. Im Eifer der Programmentwicklung oder durch nachträgliche Änderungen besteht, die latente Gefahr s.g. Spaghetti-Code zu generieren: in eine Funktion wird alle Ideen gepackt und das Ganze irgendwie zum Laufen gebracht. Treten Fehler auf oder soll nach einer Weile Neues hinzugefügt werden, fällt es schwer die richtige Stelle für die Änderung zu finden. Besser ist es, Aufgaben in überschaubare Teilaufgaben zu gliedern und diesen eigenen Funktionen zu spendieren. Diese Herangehensweise bietet zudem den Vorteil, derart aufgeteilte Codeblöcke auch von anderen Programmteilen zu nutzen.

2.3.2 Vom Quelltext zum ausführbaren Programm

Der Quelltext eines Programms, das sich womöglich über mehrere Dateien erstreckt, enthält für einen Mikrocontroller in der Form keine ausführbaren Instruktionen. Dieser benötigt eine Binärdatei, in der das Programm in Maschinensprache abgespeichert ist. Die Umwandlung von Quelltext in Maschinensprache erfolgt in mehreren Schritten.

Der Präprozessor

Der ***Präprozessor*** verändert den Quelltext nach bestimmten im Quelltext vorhandenen Eintragungen. Diese Eintragungen tragen die Bezeichnung ***Präprozessordirektiven***. Im Grunde verhält sich der Präprozessor wie ein Texteditor, der durch Bedingungen gesteuert werden kann. Präprozessordirektiven beginnen mit einem #. Präprozessordirektiven erlauben es, den Code auf einfache Weise variabel zu gestalten und finden sich daher auch verbreitet in den Codebeispielen. Die Wichtigsten an dieser Stelle sind:

Die Direktive #define

Mit Hilfe der `#define`-Direktive lassen sich alle Vorkommen einer Variablen weiteren Quelltext (hier z.B.: `BLINK_GPIO`) durch den nachfolgenden Text (hier z.B.: `2`) ersetzen.

```
#define  BLINK_GPIO  2
pinMode(BLINK_GPIO, OUTPUT);
digitalWrite(BLINK_GPIO, LOW);
```

Die Direktive #include

Die `#include`-Anweisung bewirkt, dass der Inhalt der hinter der Anweisung aufgeführten Datei an die Stelle kopiert wird, an der sich die `#include`-Direktive befindet. Üblicherweise verwenden Entwickler diese Direktive, um Headerdateien (.h-Dateien) einzufügen. Möglich ist aber auch, ganze Quellcodedateien (.c-/.cpp-Dateien) einzuflechten.

Dabei gibt es zwei Formen:

- `#include <dateiA.h>`
- `#include "dateiB.h"`

Der Unterschied zwischen beiden Formen besteht im Suchpfad, den der Präprozessor benutzt, um die Datei zu finden. Die erste Anweisung sucht die Datei im Standard-Include-Verzeichnis des Compilers, die zweite Anweisung sucht die Datei zuerst im Verzeichnis, in der sich die aktuelle Quelldatei befindet; sollte dort keine Datei mit diesem Namen vorhanden sein, sucht sie ebenfalls im Standard-Include-Verzeichnis. Da es sich um einen Dateinamen handelt, gilt hier die für das jeweilige Betriebssystem anzuwendende Notation.

Beispiele:

```
#include <stdio.h>          // Include-Verzeichnis
#include "projekt.h"        // aktuelles Verzeichnis
#include "upro/upro.h"      // Unterverzeichnis des aktuelles Verzeichnisses
```

Die Direktiven #ifdef / #endif

Die `#ifdef`-Direktive prüft, ob ein entsprechendes Symbol definiert wurde. Dies kann durch eine `#define`-Direktive oder innerhalb des Übersetzungsskripts sein. Ist die Prüfung positiv, wird der Code nach der Direktive an den Compiler weitergegeben, anderenfalls wird er ignoriert. Die Übersetzungsskripte der Arduino-IDE setzen entsprechende Symbole für den aktuellen Mikrocontroller (z.B. `ESP32`), sodass im Quelltext Bauteil spezifische Besonderheiten Eingang finden können.

Beispiel:

```
#ifdef ESP8266
#include <ESP8266WiFi.h>
#elif ESP32
#include <WiFi.h>
#endif
```

Eine `#endif`-Direktive schließt eine `#ifdef`-Direktive ab.

Das Kompilieren

Der zweite Schritt ist das Kompilieren der Quelltextdateien. Das Ergebnis ist für jede Quelldatei eine Objektdatei. Dieser Prozess läuft, soweit bei den Vorsteinstellungen nicht die Option "Ausführliche Information während Kompilierung" gesetzt ist, im Hintergrund ab.

Das Linken
Das Linken besorgt den Zusammenbau der verschiedenen Objektdateien zu einer Datei mit ausführbarem Maschinencode, der Binärdatei.

2.3.3 Den Mikrocontroller flashen

Mit dem Flashen gelangt der Maschinencode auf den Mikrocontroller. Auch hier nimmt Ihnen die PlatformIO viel und vor allem fehlerträchtige Arbeit ab, weil sie mit den hinterlegten Skripten den Inhalt der Binärdatei genau an der Speicheradresse ablädt, an der der Bootloader des Mikrocontrollers den Programmstart erwartet.

2.4 Fehlersuche

Üblicherweise ist keine Software von Beginn an perfekt. Dies gilt nicht minder für das Zusammenspiel mit den verbundenen Geräten und Sensoren. Nehmen Sie sich Zeit und gehen Sie bei der Fehlersuche systematisch vor.

Fehler in der Hardware

- Sind alle Kontakte zuverlässig und richtig verbunden?
- Arbeitet jedes Bauteil einwandfrei?

Fehler in der Software

- Ist der Gültigkeitsbereich von Variablen beachtet worden?
- Ist der Operand bei der if-Abfrage richtig gesetzt, insbesondere == bei Abfragen auf Gleichheit?
- Werden Schleifenzähler und -endkriterien zutreffend ausgewertet?
- Wird der Tabellenraum bei Arbeiten mit einer Tabelle eingehalten?
- Ist die Pin-Belegung richtig und den Konventionen entsprechend?

Es gibt aber Fehlerquellen, die trotz intensiver Suche im Verborgenen liegen:

- Unzureichende Stromversorgung

  Der ESP32 setzt Wert auf eine störungsfreie Stromversorgung. Manches Billignetzteil leistet dies nicht. Auch kann eine zu kurze oder mangelhafte Kabelverbindung zwischen Stromquelle und ESP32 die Funktionalität beeinträchtigen.

- Selbstverwaltungsprozesse des ESP32

  Zuweilen benötigt der ESP32 Zeit für s.g. interne Selbstverwaltungsprozesse, die sich anders als das Warten auf das Ergebnis von Anfragen z.B. bei einer WiFi-Verbindung nicht von selbst erschließt. Auch hier kann ein kurzer delay() Abhilfe schaffen.

Kreisen Sie die Fehlerquelle ein, indem Sie

- über den seriellen Monitor entsprechende Ausgaben protokollieren (Inhalte von Variablen, durchlaufene Anweisungsblöcke)
- einzelne Funktionsblöcke abschalten oder wieder aktivieren

Als weiteres Mittel bei der Fehlersuche kann ein Blick in das Datenblatt des ESP32 helfen. Dieses gibt es zwar nur in englisch; im Allgemeinen lässt es sich dennoch recht gut lesen und verstehen. Ein weiterer Weg der Hilfestellung ist eine Anfrage in den einschlägigen Foren. Sowohl bei Espressif (bbs.espressif.com/viewforum.php?f=64) als auch Arduino (forum.arduino.cc/index.php?board=31.0) bzw. PlatformIO (community.platformio.org/) gibt es aufmerksame und erfahrene Nutzer, die gerne weiter helfen.

2.5 JTAG-Debugging

Im Gegensatz zur Arduino-IDE bietet PlatformIO die Debug-Möglichkeit über die JTAG-Debugging des ESP32. JTAG (Joint Test Action Group) steht für eine standardisierte Methodik für das Testen und Debuggen integrierter Schaltungen (also Mikrocontroller) in ihrer Arbeitsumgebung. Das Schema ist wie folgt (vgl. Abbildung 19).

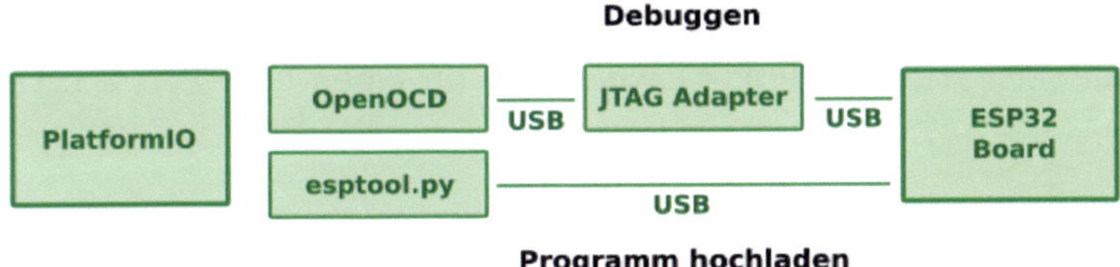

Abb. 19: Schema JTAG-Debugging

Sie benötigen hierzu jedoch zusätzliche Hardware, z.B.:

- einen ESP-Prog Downloader
- einen Jlink-Debugger
- einen Olimex-Debugger
- einen Raspeberry Pi

(siehe: blog.wokwi.com/gdb-debugging-esp32-using-raspberry-pi/)

Der ESP-Prog Downloader (vgl. Abbildung 20) ist mit ca. 25 € recht erschwinglich und soll Basis für das Folgende sein.

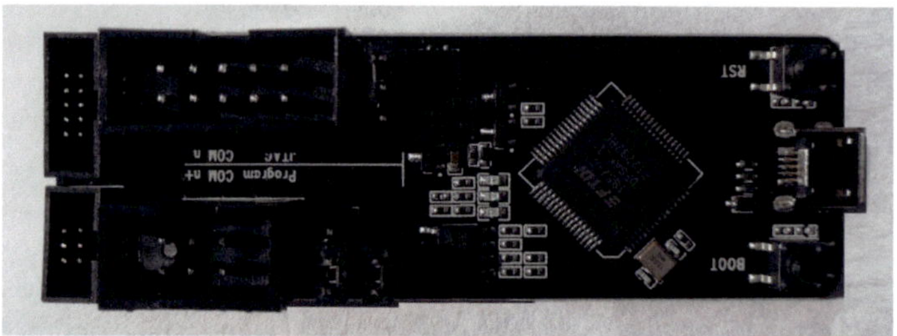

Abb. 20: ESP-Prog Downloader

Neben der Funktionalität JTAG-Adapter hat der ESP-Prog auch:

- RX/TX-Pins für eine serielle Verbindung (Einsatz z.B. anstelle eines FT2232HL),
- eine geregelte Spannung von 3,3 V

2.5.1 Die Voraussetzungen für den JTAG-Debugger schaffen

Richten Sie die JTAG-Debugging Funktion schrittweise ein.

Schritt 1: den Treiber für den JTAG-Debugger einrichten

Richten Sie als erstes den richtigen Treiber für Ihren JTAG-Debugger ein. Schließen Sie Ihren Debugger (hier den ESP-Prog-Downloader) an einen USB-Port an. Öffnen Sie den Gerätemanager (Windows: ***Systemsteuerung → Hardware und Sound → Geräte und Drucker → Gerätemanager***, vgl. Abbildung 13).

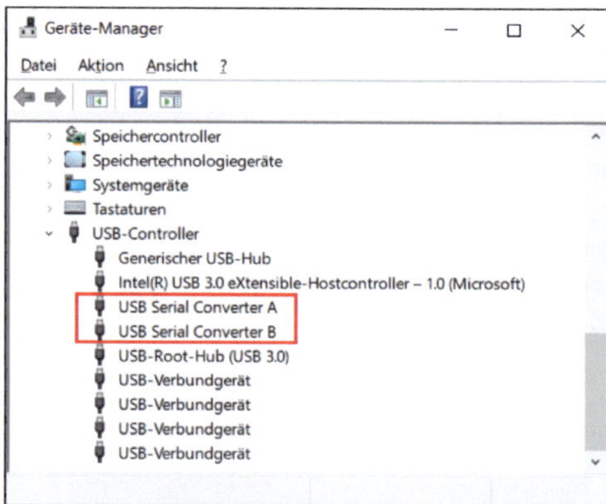

Abb. 21: Windows, USB-Controller im Gerätemanager

Sie finden zwei neue USB Geräte. Sie benötigen jedoch andere Treiber, die sich am Einfachsten mit einem Installations-Tool installieren lassen. Laden Sie das ***Zadig USB-Treiber Installations-Tool*** herunter (zadig.akeo.ie/, vgl. Abbildung 14).

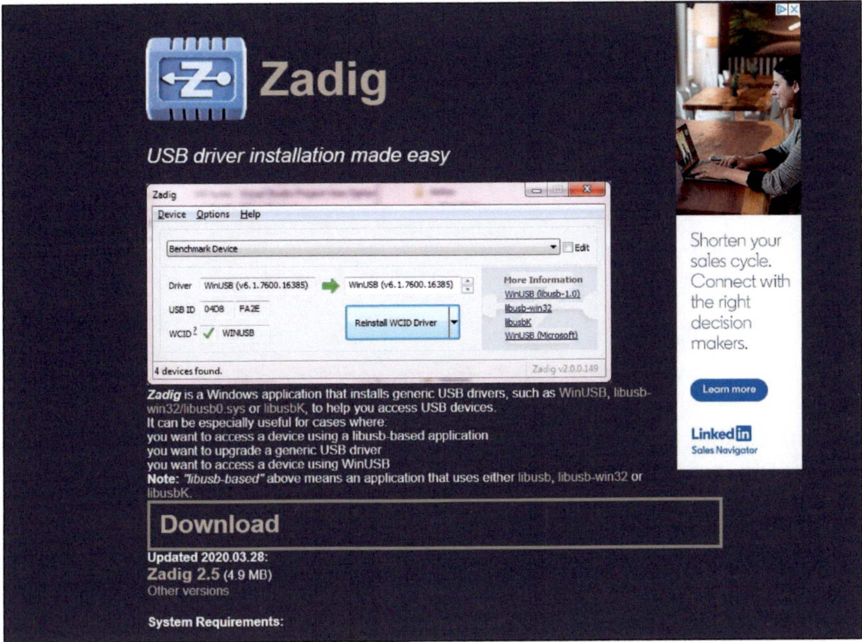

Abb. 22: Download Zadig USB-Treiber Installations-Tool

Führen Sie das Tool aus (hier: zadig.2.5.exe, Anwendungsfenster vgl. Abbildung 15).

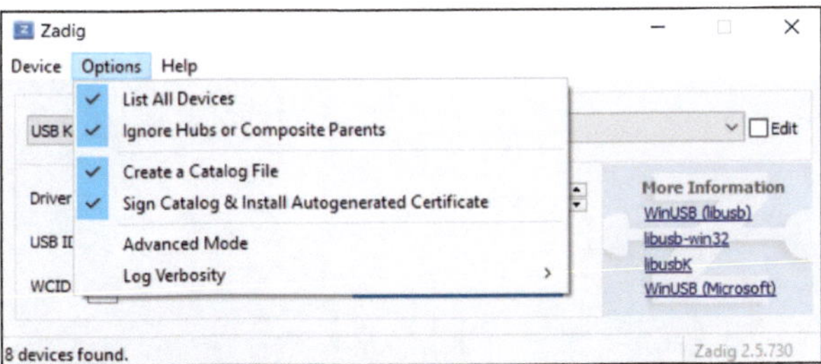

Abb. 23: Zadig USB-Treiber Installations-Tool

Aktivieren Sie das Kontrollkästchen ***List all Devices*** im Reiter ***Options***, um eine Übersicht über alle Geräte zu erhalten (vgl. Abbildung 16).

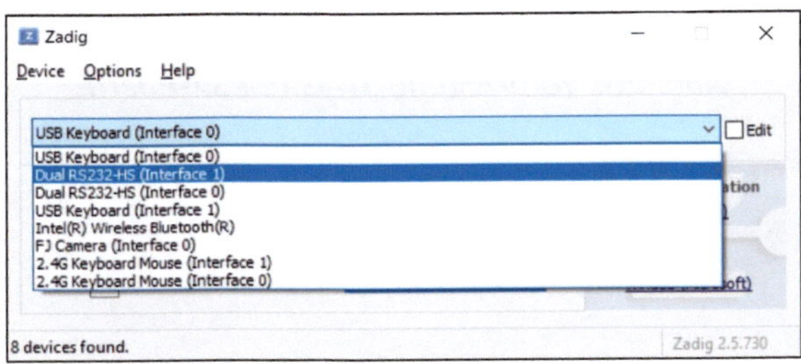

Abb. 24: Zadig Auswahl Geräteliste

Wählen Sie aus der Geräteliste ***DualRS232-HS (Interface 1)*** aus. Sie sehen nun den zu diesem Gerät installierten Treiber (vgl. Abbildung 17).

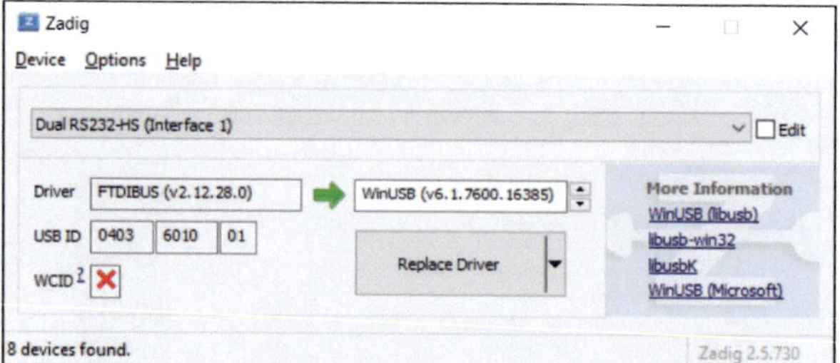

Abb. 25: Zadig Treiberauswahl für ein Gerät

Stellen Sie anstelle des Treibers *FTDIBUS* den Treiber ***WinUSB*** ein und klicken Sie auf ***Replace Driver***. Die Installation kann eine Weile dauern und muss bei Fehler gegebenenfalls wiederholt werden.

Am besten ändern Sie den Treiber für beide Ports.

Schritt 2: Komponenten verdrahten
Abbildung 18 zeigt die Schalung.

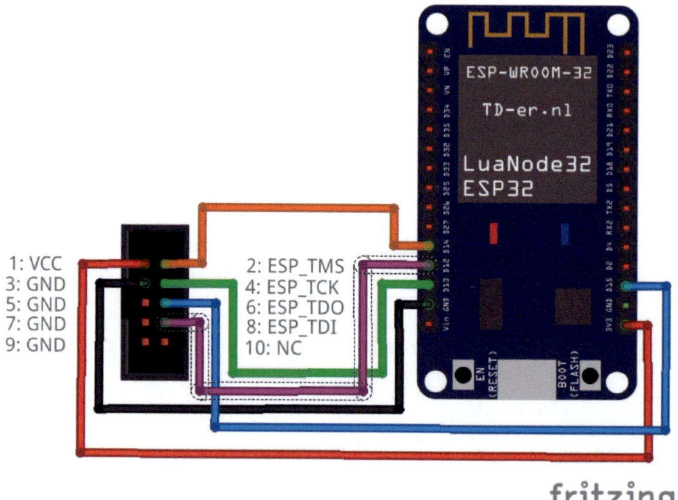

Abb. 26: Verdrahtung JTAG ESP32-Board

Tabelle 1 verdeutlicht das Schema.

		ESP Prog	ESP32
GND		3	GND
ESP_TMS	Test Data Mode Select	2	GPIO14
ESP_TCK	Test Data Clock	4	GPIO13
ESP_TDO	Test Data Out	6	GPIO15
ESP_TDI	Test Data In	8	GPIO12

Tabelle 1: JTAG-Verdrahtung

Die Verbindung von *VCC* ist lediglich der Vollständigkeit eingezeichnet. **Verzichten Sie auf die Verbindung**, wenn Sie beide Komponenten getrennt jeweils über USB an Ihren PC anschließen; anderenfalls führt dies unvermeidlich zur Zerstörung der Komponenten.

Achtung: Sorgfalt gefordert
Bei der Verdrahtung ist erhöhte Sorgfalt gefordert. Denken Sie bereits jetzt daran, dass die GPIOs GPIO12 bis GPIO15 nicht für Programmzwecke zur Verfügung stehen.

Schritt 3: platformio.ini ergänzen
Ergänzen Sie die Datei `platformio.ini` um zwei Einträge.

```
debug-tool = esp-prog
debug_init_break = tbreak setup
```

Der erste Eintrag bestimmt den eingesetzten JTAG-Debugger (alternativ: `olimex-arm-usb-ocd`). Der zweite Eintrag bewirkt, dass der Debugger beim Start am Beginn der Funktion `setup()` anhält.

Schritt 4: Projekt erstellen
Nehmetn Sie ein vorhandenes Projekt oder erstellen Sie ein neues. Der Code von Listing 2 soll hier die Grundlage sein.

```
#include <Arduino.h>
int ledPin = 2;
int delayPeriod = 1000;
bool ledStatus = false;
int globalLoopCounter = 0;
void toggleLED (int pin, int delPe) {
  int functionCounter = 0;
  if (ledStatus)  digitalWrite(pin, HIGH);
  else            digitalWrite(pin, LOW);
  delay(delPe);
  functionCounter++;
  Serial.print   ("functionCounter:    ");
```

```
    Serial.println (functionCounter);
  }
  void setup() {
    Serial.begin (115200);
    pinMode(ledPin, OUTPUT);
    digitalWrite(ledPin, LOW);
    Serial.println ("Start");
  }
  void loop() {
    int localLoopCounter = 0;
    toggleLED (ledPin, delayPeriod);
    ledStatus =! ledStatus;
    localLoopCounter++;
    globalLoopCounter++;
    Serial.print   ("localLoopCounter:  ");
    Serial.println (localLoopCounter);
    Serial.print   ("globalLoopCounter: ");
    Serial.println (globalLoopCounter);
  }
```

Listing 2: Blink-Sketch JTAG-Debug

Schritt 5: Projekt übersetzen

Übersetzen Sie das Projekt, um vorab Syntaxfehler auszuschließen. Laden es ggf. wie gewohnt hoch, um den Ablauf zu prüfen. Die LED sollte blinken und die Ausgaben im seriellen Monitor erscheinen.

Schritt 6: den Debugger starten

Starten Sie den Debugger entweder über ***Run → Start Debugging***, ***PlatformIO → QUICK ACCESS → Debug → Start Debugging*** oder **F5** (vgl. Abbildung 19.

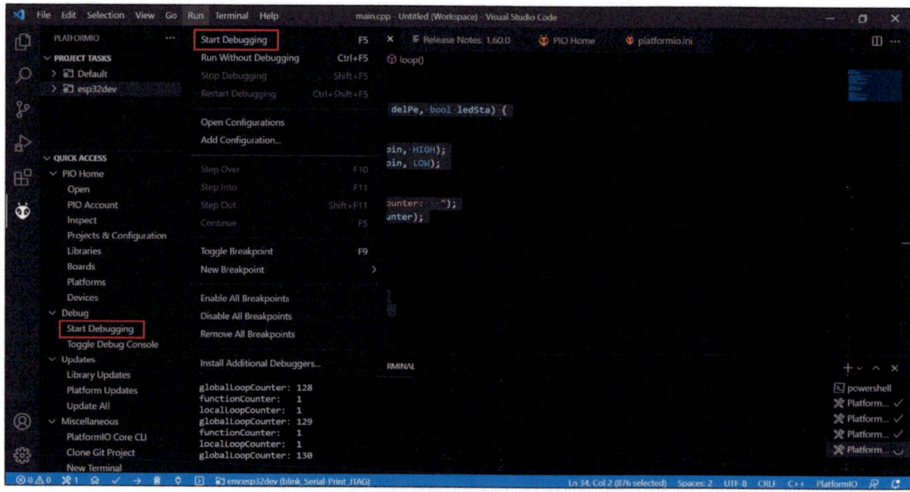

Abb. 27: PlatformIO Start Debugging

Der Sketch wird neu übersetzt und die Komponenten für das Debugging hinzugefügt. Anschließend wird der Sketch hochgeladen und das Debugging gestartet. Es dauert eine Weile, bis sich das Fenster in der Debug-Ansicht präsentiert. Der erste Debug-Stop ist direkt zu Beginn des Sketches bei der `setup`-Funktion (vgl. Abbildung 20).

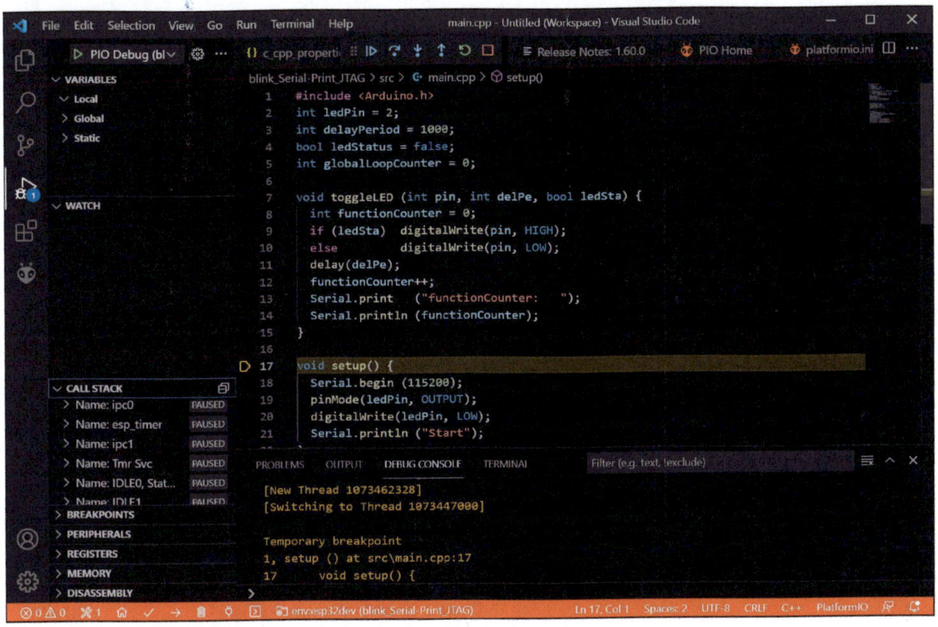

Abb. 28: PlatformIO Debugging, erster Halt

2.5.2 Den Debugger einsetzen

Jetzt können Sie den Code befehlsweise erkunden, indem Sie Haltepunkte setzen, die Steuerungs-Icons verwenden oder Variablen ansehen und verändern.

Haltepunkte setzen

Ein ***Haltepunkt*** (Breakpoint) ist ein Punkt in Ihrem Code, an dem der Debugger anhalten soll. Um einen Breakpoint zu erstellen, klicken Sie links neben die Zeilennummer. Ein erneuter Klick entfernt den Breakpoint. Abbildung 29 zeigt Breakpoints an den Zeilen 9, 27 und 28.

Abb. 29: *PlatformIO Debugging, Breakpoints*

Sie finden die Breakpoints auch im Bereich **Breakpoints** der Debugging-Leiste auf der linken Seite des Fensters.

Die Steuerungs-Icons

Unterhalb der Menu-Leiste finden Sie verschiedene Icons zur Steuerung des Debuggings (vgl. Abbildung 30).

Abb. 30: PlatformIO Debugging, Debug-Steuerung

Die Bedeutungen sind:

- Continue (**F5**): Setzt den Programmlauf fort.
  Beispiel: Das Programm ist geladen und hat bei der `setup`-Funktion angehalten. **F5** führt zum nächsten Halt beim Breakpoint in Zeile 9 (vgl. Abbildung 31).

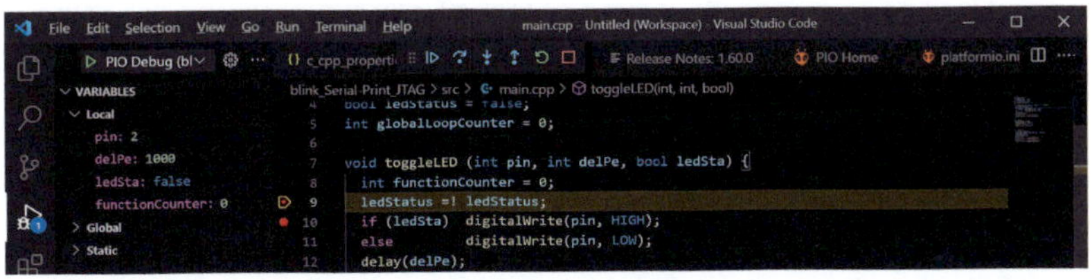

Abb. 31: PlatformIO Debugging, Stop bei einem Breakpoint

- Step Over (**F10**): Führt die aktuelle Anweisung und alle von ihr aufgerufenen Funktionen aus und stoppt dann vor der nächsten Anweisung (oder am ersten Haltepunkt unterwegs, falls vorhanden).

- Step Into (**F11**): Stoppt bei der ersten Anweisung der ersten Funktion, die aus der aktuellen Zeile aufgerufen wird. Dies ist vor allem für einen Blick auf die im Hintergrund hinzugefügten ESP-IDF-Funktionen interessant.

  Beispiel: Das Programm ist geladen und hat bei der `delay`-Funktion in Zeile1 angehalten. **F11** zeigt dann den ESP-IDF-Code (vgl. Abbildung 32).

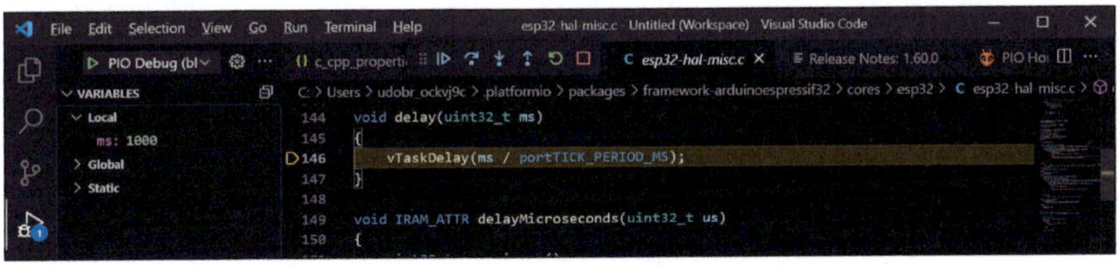

Abb. 32: PlatformIO Debugging, ESP-IDF-Code

- Step Out (**Shift+F11**): führt die aktuelle Funktion bis zum Ende aus und stoppt bei der Anweisung, die dem Funktionsaufruf im Kontext des Aufrufers folgt (oder am ersten Breakpoint unterwegs, falls vorhanden).

- Restart (**Ctrl+Shift+F5**): Startet den Sketch erneut.

- Stop (**Shift+F5**): Beendet den Sketch.

Variablen ansehen und verändern

Die Variablen finden Sie im Bereich Variables der Debugging-Leiste auf der linken Seite des Fensters. Der Bereich ist unterteilt in Sektionen für lokale, globale und statische Variablen. Abbildung 33 zeigt den Halt beim Breakpoint in Zeile 28.

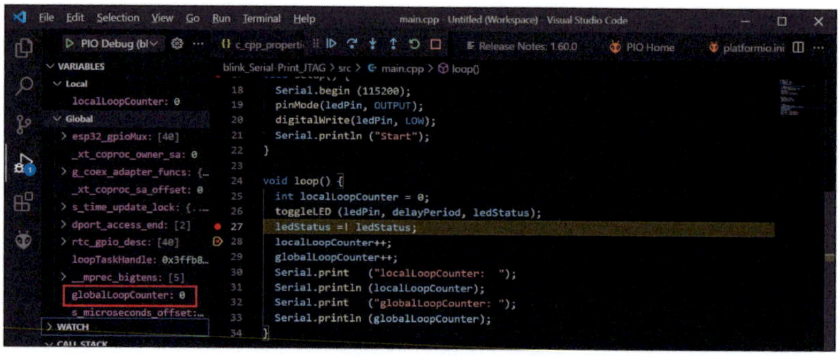

Abb. 33: PlatformIO Debugging, Variablen

Klicken Sie beispielsweise auf die ***Variable*** `globalLoopCouter`, um den Wert vor der Addition durch das Programm zu ändern. Manipulieren Sie in ähnlicher Weise ggf. die Variable `ledStatus`.

2.6 Die API des ESP-IDF nutzen

Der ESP32 benötigt Instruktionen, damit er überhaupt "läuft" – soweit die Binsenweisheit. Diese Befehle sind jedoch nicht die Anweisungen, die Sie über die Arduino-IDE oder PlatformIO programmieren. Compiler und Prozeduren sorgen im Hintergrund dafür, dass das von Ihnen erstellte Programm in die Maschinensprache des Mikrocontrollers überführt wird.

Professionelle Softwareentwickler verzichten häufig auf die o.g. Programmiertools und entwickeln die Programme unmittelbar mit der API (Application Programming Interface) des ESP-IDF. Da jedoch das Arduino-Framework innerhalb von PlatformIO oder auch bei der Arduino-IDE ein Überbau über die "Original-API" ist, haben auch Sie den Zugriff auf den vollständigen Originalsatz von Befehlen, Funktionen und Objekten für die Softwareerstellung. Sie finden die API-Referenz unter

docs.espressif.com/projects/esp-idf/en/latest/esp32/api-reference/index.html.

Was das bedeutet, möchte ich Ihnen im Folgenden kurz erläutern.

2.6.1 LED-Blink mit FreeRTOS-Befehlen

Nehmen Sie als Beispiel den Code aus Listing 3, der ebenfalls eine LED mit FreeRTOS-Befehlen zum Blinken bringt.

```
#include <stdio.h>
#include "freertos/FreeRTOS.h"
#include "freertos/task.h"
#include "driver/gpio.h"
#include "sdkconfig.h"
#define LED_PIN         GPIO_NUM_2
void setup() {
  // LED-GPIO aus GPIO-Matrix auswählen
  gpio_pad_select_gpio(LED_PIN);
```

```
    // LED-GPIO als Ouput öffnen
    gpio_set_direction(LED_PIN, GPIO_MODE_OUTPUT);
}
void loop() {
    // GPIO auf LOW setzen
    gpio_set_level(LED_PIN, 0);
    // 1000 mSek warten
    vTaskDelay(1000 / portTICK_PERIOD_MS);
    // GPIO auf HIGH setzen
    gpio_set_level(LED_PIN, 1);
    vTaskDelay(1000 / portTICK_PERIOD_MS);
}
```

Listing 3: LED-Blink mit der ESP-API

Blick auf den Sketch und seinen Einsatz

Die Programmstruktur mit `setup()` und `loop()` ist erhalten geblieben. Allerdings binden die `#include`-Anweisungen die notwendigen FreeRTOS- bzw. ESP-Bibliotheken ein. Das Öffnen des LED-GPIO erfolgt nun in zwei Schritten: Auswahl des GPIOs und eigentliches Öffnen. In der loop() finden Sie jetzt für das Schalten des GPIOs und die Verzögerung des Programm-Ablaufs ebenfalls andere Befehle. Nutzer des Arduino-Frameworks (Arduino-IDE, PlatformIO) finden in der Datei `sdkconfig.h` per Voreinstellung eine Tickrate von 1000 Hz (`portTICK_PERIOD_MS`). Somit ergibt sich eine Verzögerung von 1 Sekunde.

2.6.2 Beide Kerne des ESP32 nutzen

Der ESP32-WROOM verfügt über zwei Kerne. Was liegt also näher, als bei komplexeren Aufgaben auch die Ressourcen komplett zu nutzen? Beispiele sind die Ansteuerung von Servos, das Auslesen von Sensordaten o.ä. Das geht mit den Funktionen der API ganz hervorragend; es ist allerdings etwas Aufwand. Die Vorschläge dieses Buchs machen der Übersichtlichkeit halber von dieser Option keinen Gebrauch. Überspringen Sie die nachstehenden Abschnitte und kehren Sie vielleicht später wieder zurück, um die Beispielsketche ggf. dahin gehend zu modifizieren.

Betrachten Sie als Einstieg den Code aus Listing 4. Ziel ist es, einen neuen Task für jeden Kern zu kreieren.

```
#include <Arduino.h>
TaskHandle_t task_handle_1;
TaskHandle_t task_handle_2;
// Task Codes
void task_code_1 ( void * pvParameters ){
  Serial.print  ("Task1 ausgeführt in Kern ");
  Serial.println(xPortGetCoreID());

  for(;;){
    Serial.println("Meldung von Task1");
    delay(2000);
```

```
    }
  }
  void task_code_2( void * pvParameters ){
    Serial.print  ("Task2 ausgeführt in Kern ");
    Serial.println(xPortGetCoreID());
    for(;;){
      Serial.println("Meldung von Task2");
      delay(1000);
    }
  }
  void setup() {
    Serial.begin(115200);
    delay (100);
    Serial.print  ("Anzahl Tasks vor Create Tasks  ");
    Serial.println(uxTaskGetNumberOfTasks());
    xTaskCreatePinnedToCore(
                      task_code_1,
                      "Task1",
                      10000,
                      NULL,
                      1,
                      &task_handle_1,
                      0);
    delay(500);
    xTaskCreatePinnedToCore(
                      task_code_2,
                      "Task2",
                      10000,
                      NULL,
                      1,
                      &task_handle_2,
                      1);
    delay(500);
    Serial.print  ("Anzahl Tasks nach Create Tasks  ");
    Serial.println(uxTaskGetNumberOfTasks());
  }
  void loop() {
    delay(10000);
  }
```

Listing 4: beide Kerne nutzen mit der ESP-API

Blick auf den Sketch und seinen Einsatz

Als globale Variablen finden Sie zwei Variablen vom Typ `TaskHandle_t`. Dabei handelt sich Strukturen, die Daten des Task-Control-Blocks enthalten. Die dort abgelegten Daten sind für dieses Beispiel nur insoweit von Belang, als die Variablen Bestandteil der Parameterliste zum Erzeugen eines Tasks ist.

Es folgen die zwei Funktionen `task_code_1()` und `task_code_2()`, die den auszuführenden Code enthalten. Er besteht einmal darin, den mit dem Task beauftragten Prozessorkern (`xPortGetCoreID()`) und anschließend in einer Endlosschleife weitere Meldungen auszugeben.

Das `setup()` beginnt und endet mit der Ausgabe der Anzahl laufender Tasks (`uxTaskGetNumberOfTasks()`). Das Anlegen der Tasks erfolgt mit `xTaskCreatePinnedToCore()`. Die Parameter sind in richtiger Reihenfolge:

- Name der Task-Funktion; hier task_code_1 bzw. task_code_2
- Name des Tasks; hier Task1 bzw. "Task2
- Stackgröße des Tasks
- Taskparameter; hier NULL – keine Parameter
- Taskpriorität
- Verweis auf den Task-Control-Block
- Kern (hier 0 bzw. 1)

Nach dem Hochladen zeigt der Serielle Monitor nachstehende Meldungen (siehe Abbildung 34).

```
Anzahl Tasks vor Create Tasks  6
Task1 ausgeführt in Kern 0
Meldung von Task1
Task2 ausgeführt in Kern 1
Meldung von Task2
Anzahl Tasks nach Create Tasks  8
Meldung von Task2
Meldung von Task1
Meldung von Task2
Meldung von Task2
Meldung von Task1
Meldung von Task2
```

Abb. 34: ESP32-WROOM beide Kerne nutzen

Jetzt wundern Sie sich sicherlich, dass vor dem Anlegen der neuen Tasks bereits 6 Tasks laufen. Das hat damit zu tun, dass neben Sketches auch ESP32-Selbstverwaltungsprozesse in Betrieb sind.

2.6.3 Kommunikation zwischen den Tasks

Mit dem Erstellen mehrerer Tasks haben Sie u.U. das Problem einer guten Verteilung der Last auf bestehende Ressourcen gelöst. Da taucht aber schon eine neue Fragestellung auf: wie können die Prozesse störungsfrei und sicher miteinander kommunizieren? Hierzu bietet die ESP32-Welt mehrere Ansätze:

- RTOS ***Task-Notification***
  Task-Notifications sind zwischen zwei Tasks ausgetauschte Nachrichten. Ein Beispiel finden Sie als Exkurs im Zusammenhang mit der Erkennung von Hindernissen (siehe Kapitel 8).

- ***MUTEXes***
  MUTEX (engl. mutual exclusion) bedeutet wechselseitiger Ausschluss. Der MUTEX ist im Unterschied zum Semaphor (s.u.) ein Sperrmechanismus. Die Idee ist, dass er in einer "kritischen Phase" den Zugriff auf eine Ressource sperrt und sie anschließend wieder frei gibt. Die Erkennung von Hindernissen durch einen Stoßstangenkontakt (siehe Kapitel 8) beruht darauf.

- Semaphore (binary / counting)

- Queues

- Stream und Message Buffers

Nachfolgend möchte ich Ihnen einige dieser Optionen näher vorstellen.

Semaphores (binary / counting)

Semaphore (von altgriechisch Signalgeber) erfüllen eine ähnliche Funktion wie MUTEXe. Semaphore sind aber Signalmechanismen. Der fundamentale Unterschied besteht darin, dass Prozesse Warte- und Signal-Operationen ausführen. Sie zeigen damit an, ob sie die Ressource belegen oder freigeben. Tabelle 2 gibt eine Übersicht über die Unterschiede.

	Semaphor	**MUTEX**
Typ	Signalisierungsmechanismus	Sperrmechanismus
Implementierung	Ganzzahlvariable	Objekt
Funktion	Ermöglicht mehreren Tasks den Zugriff auf eine begrenzte Instanz von Ressourcen.	Ermöglicht mehreren Tasks den Zugriff auf eine einzelne Ressource, jedoch nicht gleichzeitig.
Ressourcen belegt	Sind alle Ressourcen belegt, führt der anfordernde Prozess eine Warte-Operation aus (Selbstblockade), bis die Anzahl der Semaphore größer als eins wird.	Ist ein MUTEX-Objekt bereits gesperrt, wartet der anfordernde Prozess in der Warteschlange auf die Aufhebung der Sperre

Tabelle 2: MUTEX versus Semaphor

Die Informatik unterscheidet Binary (binäre) und Counting (zählende) Semaphore. Binary-Semaphore weisen einen Wert von 0 oder 1 auf und wirken ähnlich wie ein MUTEX-Lock. Bei Counting-Semaphoren beinhaltet der Semaphor die Anzahl der im System vorhandenen Ressourcen.

Listing 5 zeigt ein ausführliches Beispiel für die Semaphor-Anwendung (create, take, give).

```
#include <Arduino.h>
#include "freertos/FreeRTOS.h"
#include "freertos/task.h"
static SemaphoreHandle_t binSemaphore = NULL;
void testSemaphore() {
  if (binSemaphore != NULL) {
    Serial.println("     binSemaphore != NULL / Semaphore vorhanden");
    if (xSemaphoreTake (binSemaphore, ( TickType_t ) 10 ) == pdTRUE ) {
      Serial.println("     Take");
      xSemaphoreGive (binSemaphore);
      Serial.println("     Give");
    } else {
       Serial.println("     Take fehlgeschlagen");
    }
  } else {
    Serial.println("     binSemaphore == NULL / keine Semaphore");
  }
  Serial.println();
}
void setup() {
  Serial.begin(115200);
  delay (100);
  Serial.println("setup");
  // Step 1: Semaphore noch nicht erstellt
  Serial.println("Semaphore noch nicht erstellt");
  testSemaphore();
  // Step 2: Semaphore erstellen
  Serial.println("Semaphore erstellen");
  binSemaphore = xSemaphoreCreateBinary();
  if (binSemaphore != NULL) {
    Serial.println("     Semaphore erstellt");
  } else {
    Serial.println("     Semaphore erstellen fehlgeschlagen");
    while(1);
  }
  Serial.println();
  // Step 3: Testzugriff (Take) auf erstellte Semaphore
  Serial.println("Testzugriff (Take) auf erstellte Semaphore");
  testSemaphore();
  // Step 4: Semaphore auslösen
  Serial.println("erstellte Semaphore auslösen (Give)");
  if (xSemaphoreGive(binSemaphore) != pdTRUE )      {
    Serial.println("     xSemaphoreGive fehlgeschlagen (!= pdTRUE)");
  } else {
```

```
    Serial.println("     xSemaphoreGive erfolgreich     (== pdTRUE)");
  }
  Serial.println();
  // Step 5: Zugriff (Take) auf ausgelöste Semaphore
  Serial.println("Zugriff (Take) auf ausgelöste Semaphore");
  testSemaphore();
}
void loop() {
  delay(10000);
}
```

Listing 5: Semaphor-Ablauf create, give, take

Blick auf den Sketch und seinen Einsatz

Im Prinzip spricht der Code weitgehend für sich. Im seriellen Monitor lassen sich die einzelnen Schritte am besten nachverfolgen (vgl. Abbildung 35).

```
setup
Semaphore noch nicht erstellt
     binSemaphore == NULL / keine Semaphore

Semaphore erstellen
     Semaphore erstellt

Testzugriff (Take) auf erstellte Semaphore
     binSemaphore != NULL / Semaphore vorhanden
     Take fehlgeschlagen

erstellte Semaphore auslösen (Give)
     xSemaphoreGive erfolgreich     (== pdTRUE)

Zugriff (Take) auf ausgelöste Semaphore
     binSemaphore != NULL / Semaphore vorhanden
     Take
     Give
```

Abb. 35: Semaphor-Ablauf create, give, take im seriellen Monitor

Vom Grundsatz her gilt also: erst den Semaphor erstellen und dann in das Wechselspiel zwischen `give` und `take` eintreten.

Nun geht es um ein praktisches Beispiel: Die Situation ist die, dass zwei Tasks auf eine Ressource zugreifen sollen - hier eine LED, z.B. um bei einem Roboterauto verschiedene Betriebszustände anzuzeigen (vgl. Listing 6). Denkbar ist jedoch jeder andere Sensor oder Aktor.

```
#include <Arduino.h>
#include "freertos/FreeRTOS.h"
#include "freertos/task.h"
#define  LED  2
static SemaphoreHandle_t binSemaphore;
```

```
// LedFastTask
void LedFast_task_code (void *parameters) {
  while (1) {
    Serial.println("LedFastTask  Wait");
    xSemaphoreTake(binSemaphore,portMAX_DELAY);
    Serial.println("LedFastTask  Take");
    for (int i = 1; i < 10; i++) {
      digitalWrite(LED,HIGH);
      delay(100);
      digitalWrite(LED,LOW);
      delay(100);
    }
    xSemaphoreGive(binSemaphore);
    Serial.println("LedFastTask  Give\n");
    delay(2000);
  }
}
// LedSlowTask
void LedSlow_task_code (void *parameters) {
  while (1) {
    Serial.println("                LedSlowTask   Wait");
    xSemaphoreTake(binSemaphore,portMAX_DELAY);
    Serial.println("                LedSlowTask   Take");
    for (int i = 1; i < 8; i++) {
      digitalWrite(LED,HIGH);
      delay(300);
      digitalWrite(LED,LOW);
      delay(300);
    }
    xSemaphoreGive(binSemaphore);
    Serial.println("                LedSlowTask   Give\n");
    delay(1000);
  }
}
void setup() {
  Serial.begin(115200);
  delay (1000);                // warten auf Bereitschaft Serial Port
  Serial.println("setup");
  pinMode(LED ,OUTPUT);

  // Create semaphores before starting tasks
  binSemaphore = xSemaphoreCreateBinary();
 if (binSemaphore != NULL) {
   Serial.println("Semaphore erstellt");
 } else {
   while(1);
```

```
  }
   // Start LedFast task
   xTaskCreatePinnedToCore (
                   LedFast_task_code,
                   "LedFstTask",
                   1024,
                   NULL,
                   1,
                   NULL,
                   1);
   delay (100);
   // Start LedSlow task
   xTaskCreatePinnedToCore (
                   LedSlow_task_code,
                   "LedSlowTask",
                   1024,
                   NULL,
                   1,
                   NULL,
                   1);
   delay (100);
   // Semaphore auslösen
   xSemaphoreGive(binSemaphore);
 }
 void loop() {
   delay(10000);
 }
```

Listing 6: binär Semaphor

Blick auf den Sketch und seinen Einsatz

Auch hier kann der Code für sich alleine stehen. Der serielle Monitor zeigt besser noch als die blinkende LED den koordinierten Programmablauf (vgl. Abbildung 36).

```
LedFastTask  Give

                 LedSlowTask   Take
LedFastTask  Wait
                 LedSlowTask   Give

LedFastTask  Take
                 LedSlowTask   Wait
LedFastTask  Give

                 LedSlowTask   Take
LedFastTask  Wait
```

Abb. 36: Binär-Semaphor seriellen Monitor

Kommentieren Sie übungshalber die Anweisungen aus, die die Semaphore betreffen. Nun herrscht "Chaos": der Programmablauf ist nicht vorhersehbar.

Queues

Queue (dt.: Warteschlange) bezeichnet eine Datenstruktur, die in einem Puffer Daten vor ihrer Weiterverarbeitung zwischenspeichert. Die Freigabe der Daten erfolgt nach dem ***FiFo-Prinzip*** (first in, first out; d.h. das "älteste" Objekt steht als nächstes zur Verarbeitung an; Gegenteil: LiFo). Abbildung 37 veranschaulicht das Schema.

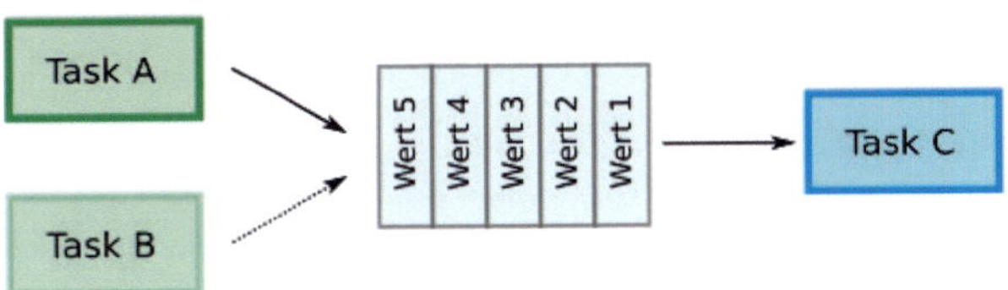

Abb. 37: Ablauf Queues

Eine Anwendung im Zusammenhang mit einem Roboterauto könnte das Ansteuern von Servos sein. Der Code-Schnipsel nach Listing 7 soll an dieser Stelle lediglich das Prinzip demonstrieren. Er geht auch auf ein in der Informatik verbreitetes Prinzip von ***Producer***- (engl.: Erzeuger) und ***Consumer***-Task (engl. Verbraucher) ein.

```
#include <Arduino.h>
#include "freertos/FreeRTOS.h"
#include "freertos/task.h"
#include "freertos/queue.h"
QueueHandle_t  q = NULL;
void producer_task_code(void *pvParameter){
  unsigned long counter=1;
  if (q == NULL){
    Serial.println("Producer_task: Queue steht nicht bereit");
    return;
  }
  delay(50);
  Serial.print  ("start producer_task-Task in Kern ");
  Serial.println(xPortGetCoreID());
  delay(50);
  while(1){
    Serial.print  ("von Producer an Queue gesendeter Wert :     ");
    Serial.println(counter);
    xQueueSend(q,(void *)&counter,(TickType_t )0); // add the counter value
to the queue
    counter++;
    delay(1000);
  }
}
```

```
void consumer_task_code(void *pvParameter) {
  unsigned long counter;
  if (q == NULL){
    Serial.println("Consumer_task: Queue steht nicht bereit");
    return;
  }
  delay(50);
  Serial.print  ("start consumer_task-Task in Kern ");
  Serial.println(xPortGetCoreID());
  delay(50);
  while(1){
    xQueueReceive(q,&counter,(TickType_t )(1000/portTICK_PERIOD_MS));
    Serial.print  ("von Consumer über Queue empfangener Wert :  ");
    Serial.println(counter);
    delay(500);
  }
}
void setup() {
  Serial.begin(115200);
  Serial.println("setup");
  q=xQueueCreate(20,sizeof(unsigned long));
  if(q != NULL){
    Serial.println("Queue erstellt");
    delay(1000);
    xTaskCreate(&producer_task_code,"producer_task",2048,NULL,5,NULL);
    Serial.println("producer task  gestartet");
    delay(10);
    xTaskCreate(&consumer_task_code,"consumer_task",2048,NULL,5,NULL);
    Serial.println("consumer task  gestartet");
  } else {
    Serial.println("Queue creation fehlgeschlagen");
  }
  Serial.println();
}
void loop() {
  delay(10000);
}
```

Listing 7: queue

Blick auf den Sketch und seinen Einsatz

Als einzige globale Variable finden Sie einen Queue-Handler `q`. Der Erzeuger-Task (`producer_task_code()`) stellt in einer Endlosschleife jede Sekunde einen Zählwert in die Warteschleife `q`. Dies könnte auch die Position eines Servos sein.

Ein Verbraucher-Task (`consumer_task_code()`) empfängt die gesendeten Werte. Der Trick ist, dass `xQueueReceive()` den Prozess anhält, bis ein neuer Wert in der Warteschlange vorhanden ist. Dies schont - anders als beim ***Polling*** (permanentes Abrufen von Daten) - die Ressource CPU-Zeit.

Das `setup()` erstellt mit `xQueueCreate()` die Warteschleife `q`. Die Funktion `xTaskCreate()` - sie beinhaltet nicht die Option, den Task einem bestimmten Kern zuzuordnen - erstellt Erzeuger- und Verbraucher-Task. Die Ausgaben im seriellen Monitor veranschaulichen den Ablauf (vgl. Abbildung 38).

```
setup
Queue erstellt
producer task  gestartet
consumer task  gestartet

start producer_task-Task in Kern 0
start consumer_task-Task in Kern 0
von Producer an Queue gesendeter Wert :     1
von Consumer über Queue empfangener Wert :  1
von Producer an Queue gesendeter Wert :     2
von Consumer über Queue empfangener Wert :  2
von Producer an Queue gesendeter Wert :     3
von Consumer über Queue empfangener Wert :  3
von Producer an Queue gesendeter Wert :     4
von Consumer über Queue empfangener Wert :  4
```

Abb. 38: Queue im seriellen Monitor

Kapitel 3 • Die Stromversorgung des Roboterautos

Bei der Wahl der ***Stromversorgung*** des Roboterautos sind drei Eckpunkte zu berücksichtigen:

- Das ESP32-Board
  Sowohl des ESP32NodeMCU als auch das ESP32-CAM AI-Thinker (vgl. Kapitel 13) können mit einer Versorgungsspannung von 3,3 V als auch mit 5 V betrieben werden. Voraussetzung ist allerdings, dass die Spannungsquelle relativ stabil ist und genügend Strom für den WiFi-Betrieb zur Verfügung stellen kann.

- Die Motoren
  Hier hängt es ganz von den von Ihnen eingesetzten Komponenten ab. Die in diesem Buch verwendeten Motoren vertragen 5 V.

- Die Sensoren

Manche Sensoren lassen sich nur mit 3,3 V betreiben, manche Komponenten benötigen 5 V (z.B. der US-Sensor HC-SR04 aus Kapitel 8) und manche gestatten sogar beide Betriebsspannungen.

Jede für sich ist hinsichtlich der Stromversorgung relativ unproblematisch. Die Krux liegt im Zusammenspiel der Komponenten und der verfügbaren Stromquellen. Die Verwirrung steigt, wenn man den internen Spannungsregler des Motortreiber-Moduls L298N (vgl. Kapitel 5) ins Kalkül miteinbezieht.

Die folgenden Abschnitte zeigen ohne den Anspruch auf Vollständigkeit ein paar Optionen auf.

3.1 Batteriebetrieb

Sensoren und Motoren sind vergleichsweise anspruchslos und lassen sich gut mit handelsüblichen Zink-Kohle- bzw. Alkali-Mangan-Batterien (AA-Zelle, ***IEC-Größe R6***) betreiben. Sie liefern 1,5 V und die Bauteile sind i.d.R. robust oder tolerant genug, diese Spannung unbeschadet zu überstehen.

Hürde sind hier die ESP32-Module. Zum Einen sind diese Batterien häufig nicht in der Lage, die Stromspitzen des ESP32 zu befriedigen. Des weiteren ist ihr früh einsetzender Spannungs-Abfall problematisch, sodass ca. 50-70 % der Energie ungenutzt bleiben würden. Abgesehen davon, gibt es das weitere Problem, dass die Batterie-Spannungen nicht denen entsprechen, die die ESP32-Boards vertragen.

Die Kalamität lässt sich mit einer separaten Stromversorgung für den ESP32 mit einer ***CR123A-Batterie*** (vgl. Abbildung 39) lösen. Hierbei handelt sich um eine Lithium-3V-Batterie - bei Lithium Batterien ist der Spannungsabfall sehr gering - die üblicherweise über 1550 mAh verfügt.

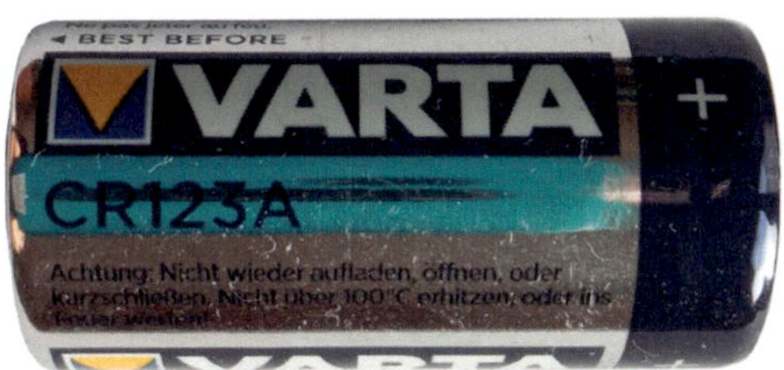

Abb. 39: CR123A-Batterie

Batterien sind zwar billig, aber auf Dauer und bei entsprechender Nutzung steigen die Kosten dann u.U. doch.

3.2 Eine Powerbank

Eine ***Powerbank*** (vgl. Abbildung 40) ist im Grunde nichts anderes als ein großer Akku mit intern verbauten Akkuzellen und einem Regler, der die Akkuspannung auf 5 V regelt. Sie ist relativ erschwinglich und i.d.R. leicht über einen USB-Anschluss zu laden.

Abb. 40: 5 V Powerbank

Das macht sie zu einer willkommenen Option für die Stromversorgung eines Roboterautos. Die ESP32-Boards wie auch Sensoren und Motoren lassen sich einfach und ohne zusätzliche Komponenten anschließen.

Nachteilig kann die Bauform sein; aber der clevere Maker wird da sicherlich eine respektable Lösung finden.

3.3 Akkubetrieb

Der Akkubetrieb lässt eine passgenaue Stromversorgung zu. Er ist unvermeidlich, wenn die Motoren mit einer anderen Spannung, als der von einer Batterie oder einer Powerbank zur Verfügung gestellten, betrieben werden soll. Allerdings birgt diese Art der Stromversorgung auch ein paar Herausforderungen in sich und ist mit höheren Kosten verbunden.

3.3.1 Akkumulatortypen

Akkumulatortypen unterscheiden sich nach dem verwendeten Material.

Nickel-Metalhydrid (NiMH) Akkus

NiMH-Akkus sind zwischenzeitlich vergleichsweise preiswert erhältlich. Sie haben eine Nennspannung von 1,2 V. Für den Betrieb der ESP32-Boards reichen rein rechnerisch 3 Akkus mit einer Nennspannung von zusammen 3,6 V.

Leider liegt das aber über der empfohlenen ESP32-Spannung von 3,3 V und genau im tolerierten Maximum von 3,6 V. Diese Schwelle kann jedoch bei neuen und frisch aufgeladenen Akkus durchaus überschritten werden. Beeinträchtigend kommt hinzu, dass sich dieser Akkutyp selbst bei Modellen mit geringer Selbstentladung recht schnell entlädt.

Lithium-Polymer (LiPo) Akkus

LiPo-Akkus (vgl. Abbildung 41) haben eine Nennspannung von 3,7 V (oder einem Vielfachen davon). Sie sind recht leistungsstark, sodass sie auch größere Spitzen des Strombedarfs problemlos bedienen können und haben nicht mit der hohen Selbstentladung eines NiMH-Akkus zu kämpfen.

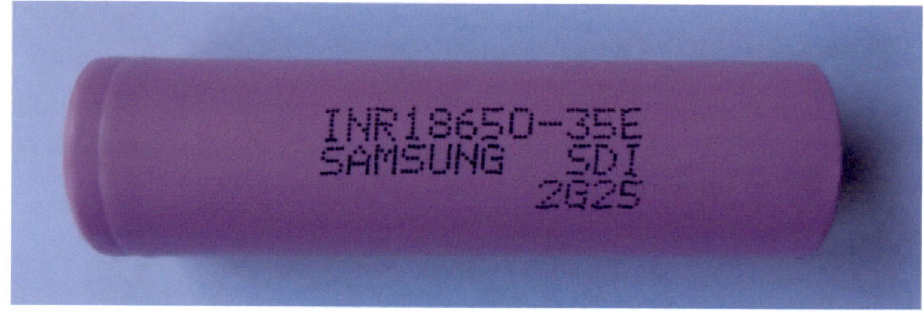

Abb. 41: LiPo-Akku

Die Kenndaten eines INR18650 35E von Samsung sind beispielsweise (vgl. Tabelle 3)

Merkmal	Wert
Kapazität	3500mAh
Minimale Kapazität	3350mAh
Nennspannung	3,6V - 3,7V
Ladeschlussspannung	4,2V
Entladestrom (konstant)	8A
max. Entladestrom (konstant)	13A
Ladestrom	0,6C = 2000mA
Entladeschlussspannung	2,65V
Schutzschaltung PCB	nicht vorhanden
Pluspol	flach (Flat Top)
Chemie	LiNiCoAlO2
Durchmesser	18,55 mm ± 0,1 mm
Höhe	65,25 mm ± 0,15 mm
Gewicht	48 g ± 1 g

Tabelle 3: GPIO-Nutzung ESP32-CAM AI-Thinker SD-Karte

Üblicherweise haben LiPo-Akkus einen Aufdruck mit den wichtigsten Kenndaten. Beispiele sind:

- 11,1V * 3S/1P * 2200mAh * 20C
- 14,8V * 4S/1P * 5000mAh * 20C * 4C charge

Die Angaben bedeuten im Einzelnen:

- V (Volt)
  Spannung des LiPo. Da jede Zelle eine Nennspannung von 3,7V hat, besitzt ein LiPo mit 4 Zellen 11,1V (4 * 3,7V = 14,8V).

- ***S-Wert***
  Er gibt an, wie viele Zellen in Serie geschaltet sind (4S bedeutet, dass 4 Zellen in Reihe geschaltet sind).

- ***P-Wert***
  Dieser Wert bezieht sich darauf, wie viele Zellen parallel geschaltet sind (1P bedeutet, dass keine anderen Zellen parallel geschaltet sind).

- mAh
  Dies ist die Kapazität des Akkus in mAh.

- ***C-Wert***
  Der Wert C bezieht sich auf die LiPo-Kapazität und zeigt an, wie viel Strom der LiPo maximal liefern kann.
  Beispiel: Ein LiPo wird mit 2200mAh und 20C angegeben. Die maximale Stromstärke wird nun wie folgt errechnet:
  (2200 mAh / 1000) * 20 C = 44 Ampere
  Ein solcher LiPo kann also 44 A abgeben.

- C-Charge / C-Rate
  C-Charge beschreibt gleichermaßen den Lade- oder Entladestrom einer Batterie im Verhältnis zu deren Gesamtkapazität. "3C CHARGE" bedeuten z.B., dass ein LiPo mit der dreifachen Menge der angegebenen Kapazität geladen / entladen werden kann. Es kann durchaus sein, dass unterschiedliche C-Raten für Be- und Entladung gelten.
  Beispiel: Auf dem LiPo steht 5000 mAh. Bei "3C CHARGE" ist das Dreifache zulässig:
  5000 mAh * 3 = 15000 mA = 15 A
  Dieser LiPo darf also mit max. 15 A geladen werden.

  ACHTUNG:
  Steht solch eine Angabe (C CHARGE) nicht auf dem LiPo, ist der Ladestrom auf max. 1C begrenzt!

Beachten Sie, dass LiPo-Akkus nicht über eine Schutzschaltung verfügen, Das heißt: laden Sie LiPos **IMMER** in geeigneter Umgebung (auf feuerfester Unterlage) und **NIEMALS** unbeaufsichtigt!!

Weitere Hinweise finden Sie in der Anlage unter Punkt II.

Lithium-Eisenphosphat (LiFePo4) Akkus
LiFePo4-Akkus haben eine Nennspannung von 3,2 V. Das passt gut. Allerdings sind auch diese recht teuer und benötigen ebenfalls ein spezielles Ladegerät.

3.3.2 Das Ladegerät

Für das Laden von LiPo- und LiFePo4-Akkus benötigen Sie ein spezielles Ladegerät (vgl. Abbildung 42).

Abb. 42: Akku-Ladegerät

Die meisten dieser Ladegeräte sind universell einsetzbar, d.h. sie können i.d.R. alle gängigen Akkutypen bedienen und verfügen auch über einen s.g. Balancer.

Ein ***Balancer*** ist nötig, wenn ein LiPo-Akku über mehrere Zellen verfügt. So besteht z.B. ein 7,4-V-Akku aus zwei Zellen je 3,7 V. Der Balancer regelt dann den Ladezustand der einzelnen Zellen im LiPo-Akku so, dass keine zu großen Differenzen zwischen ihnen entstehen können. Dies ist wichtig für die Sicherheit während des Ladevorganges und die Lebensdauer des Akkus.

Laden Sie also LiPo Akkus ausschließlich mit Balancer!

3.4 Unverträgliche Nennspannungen anpassen

Unverträgliche Nennspannungen (z.B. bei LiPo-Akkus mit 7,4 V) müssen für die den ESP32 herunter geregelt werden. Dies besorgen s.g. ***Spannungskonverter*** (***Buck-Boost-Converter***). Eine Schaltung finden Sie in Abbildung 43.

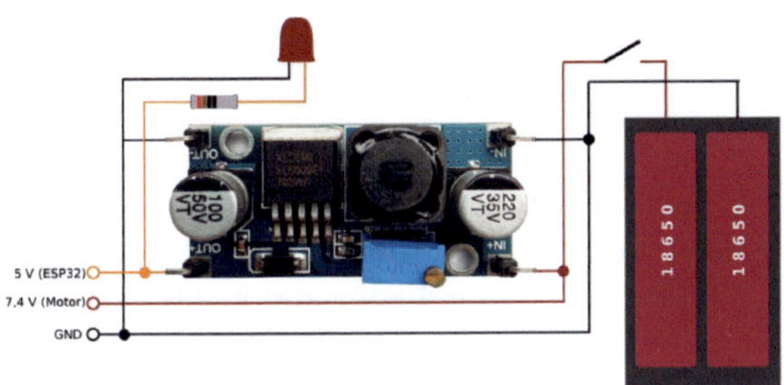

Abb. 43: Zum Einsatz kommt hier ein LM2596.

Kapitel 4 • Rund um die Hardware

Ein Roboterauto kommt ohne ein gerüttelt Maß an Hardware nicht aus. Dies beginnt bei dem Chassis führt aber über einige hilfreiche Werkzeuge für Ihre Werkstatt hin zu Überlegungen, die elektrischen Komponenten und Module in einem dauerhaften Aufbau zu vereinen. Dieses Kapitel befasst sich mit verschiedenen Aspekten rund um die Hardware. Es versteht sich als Ideengeber nicht jedoch als allumfassendes und erschöpfendes Nachschlagewerk.

4.1 Das Chassis

Das Chassis hat im wahrsten Sinne des Wortes eine tragende Rolle inne. Es ist die Basis zur Befestigung von Motor und Getriebe und gemeinsame Montageeinheit für die verschiedenen elektrischen bzw. elektronischen Komponenten und Module. Ihrer Fantasie und Kreativität bei der Auswahl des Chassis sind prinzipiell keinerlei Grenzen gesetzt. In den meisten Fällen orientiert sich die Auswahl jedoch an einigen Eckpunkten:

Das Chassis muss eine stabile Verbindung mit dem Antriebssystem gewährleisten:

- Es muss groß genug sein, die elektrischen Komponenten sinnvoll und funktional anzuordnen.

- Es muss tragfähig genug sein, das Batterie- oder Akkufach aufzunehmen.

Nachfolgend möchte ich Ihnen ein paar Ideen vorstellen.

4.1.1 Der Acrylglas-Bausatz

sind bei den einschlägigen Online-Händlern in einer Vielzahl von Variationen erhältlich (vgl. Abbildung 44).

Abb. 44: Roboterauto Acrylglas-Bausatz

Die preislichen Konditionen sind überschaubar. Je nach Angebot umfasst der Bausatz nicht nur Chassis, Motoren und Batteriefach sondern auch einige Module und elektrische Komponenten, was dann als Paketpreis wiederum häufig günstiger ist als ein Einzelerwerb. Der Vorteil dieser Bausätze ist, dass - abgesehen von wenigen Ausnahmen - Antrieb, Motor und Chassis konstruktiv aufeinander abgestimmt sind. Der Zusammenbau ist meistens nach einer halben Stunde erledigt. Das Acrylglas macht einen wertigen Eindruck und verfügt über genügend Bohrungen für die Befestigung weiterer Komponenten. Sollten die Befestigungsmöglichkeiten nicht reichen, lässt es sich leicht bearbeiten oder durch ein maßgeschneidertes Sperrholzchassis ersetzen.

4.1.2 Ein fertiges Fahrzeug umwidmen

In einem preislich annehmbaren Rahmen bewegen sich auch ferngesteuerte Fahrzeugmodelle, wie sie in den meisten Fachabteilungen für Spielwaren zu finden sind. Sie verfügen über ein gutes Chassis, zwei Motoren und eine Vorrichtung für die Lenkung. Ohne den Fahrzeugaufbau und die Fernsteuerung eignen sie sich ebenfalls bestens für ein Roboterauto (vgl. Abbildung 45).

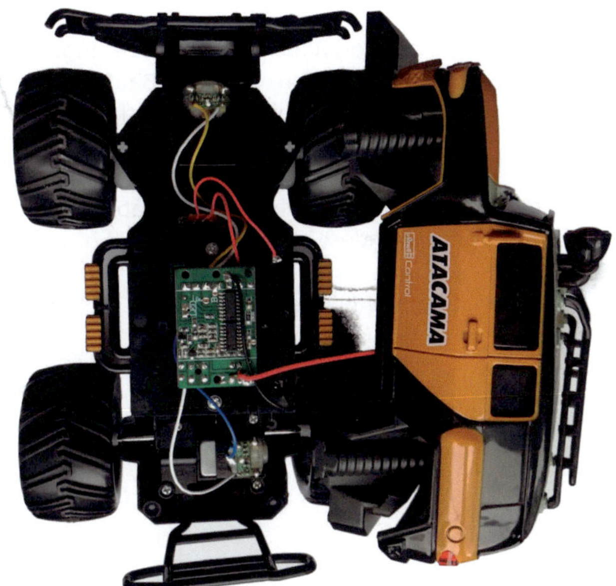

Abb. 45: Umzuwidmendes Spielwarenauto

Diese Autos sind etwas robuster als die aus dem Acrylglas-Bausatz. Auf der anderen Seite müssen Vorrichtungen für die Befestigung weiterer Komponenten und Module noch geschaffen werden.

4.1.3 Ein LEGO®-Auto

LEGO®-Steine eignen sich hervorragend, der eigenen Kreativität freien Lauf zu lassen. Trägerplatten und Klötzchen gibt es in nahezu allen denkbaren Formen, Farben und Größen. LEGO® selbst bietet Motoren und vieles Weitere an, um ein Roboterauto zum Leben zu erwecken. All dies hat jedoch seinen Preis. Sparen lässt sich durch das Ausweichen auf günstigere Motoren. Hier liegt die Herausforderung dann darin, die Komponenten mechanisch aufeinander abzustimmen.

4.1.4 Ein Auto aus Pappe

Selbst aus Pappe lässt sich das Chassis eines Roboterautos bauen. Allerdings erfordert es schon ein wenig mehr an handwerklichem Geschick und Geduld, Ausgangsmaterial und elektrische Module zu einer mechanisch stabilen und funktionierenden Einheit zusammen zu bauen.

Hinweis: Steuerung von Antrieb und Lenkung
Die Steuerung von Antrieb und Lenkung sind abhängig von der gewählten Bauart. Während beim Acrylglas-Bausatz jeder Motor gewissermaßen ein Doppelfunktion hat und für Antrieb wie Richtung verantwortlich ist, ist die Aufgabenstellung der Motoren bei dem umgewidmeten Spielzeugauto getrennt; der eine sorgt für den Antrieb vor oder zurück, der andere bestimmt die Richtung. Die Codebeispiele zeigen Lösungen für beide Varianten.

Auch sind Lösungen mit vier angetriebenen Rädern anzutreffen. S.g. ***Mecanum-Räder*** für Roboter nehmen dabei eine Sonderrolle ein. Ihre spezielle Bauform mit "walzenförmigem" Radkranz erlaubt ein Drehen des Roboters um die eigene Hochachse.

4.2 Werkstatt

Der Begriff "Werkstatt" ist vielleicht etwas hoch gegriffen, aber ein paar Werkzeuge und Geräte sind denn doch nötig oder zumindest hilfreich. Dies sind u.a.:

- ein Seitenschneider und eine Abisolierzange
- eine Pinzette
- ein Satz Präzisions-Schraubendreher
- ein Cutter
- ein Multimeter
  Ein Multimeter ist im Hinblick auf Widerstands- und Spannungsmessungen nahezu unverzichtbar, wenn Schaltungen auf Platinen aufgebaut werden sollen.
- Löt-Equipment
  Für Lötarbeiten sollte bevorzugt ein Lötkolben mit einstellbarer Temperatur zum Einsatz kommen. Diese gibt es in den unterschiedlichsten Ausführungen als komplette Lötstation. Wertvoll sind austauschbare Lötspitzen, um das Gerät optimal an die anstehenden Lötarbeiten anpassen zu können.

  Eine Entlötpumpe (Vakuumpumpe) entfernt flüssiges Lötzinn von der Lötstelle. Dies erleichtert den Ausbau von Bauteilen. Alternativ bietet sich Entlötlitze an.

Lötzinn gibt es in unterschiedlichen Drahtstärken, mit und ohne Flussmittel-Seele. Dabei gilt: je kleiner die Lötstelle, desto dünner sollte der verwendete Draht sein.

- eine Dritte Hand
  Wärmstens empfehlen möchte ich eine s.g. Dritte Hand (vgl. Abbildung 46). Eine Lupe verbessert bei kleinen und kniffligen Tätigkeiten die Sicht auf das Detail. Wichtiger noch ist die Unterstützung bei Lötarbeiten, wenn beide Hände durch Lötkolben und Lötdraht "belegt" sind.

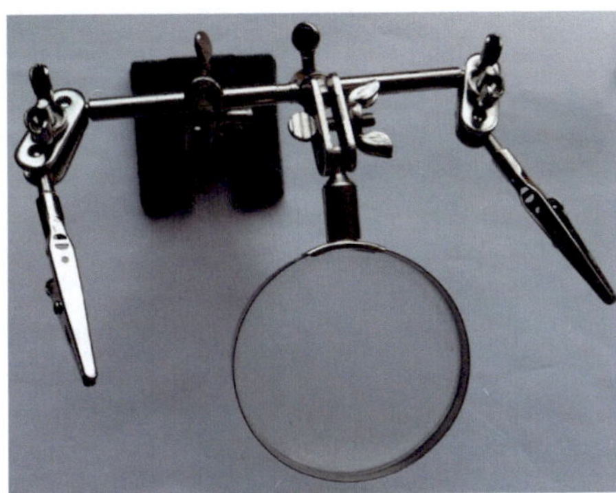

Abb. 46: eine Dritte Hand

- eine Heißklebepistole
  Mit einer Heißklebepistole lassen sich leicht Einzelteile dauerhaft verbinden und fixieren.

Wie in anderen Bereichen auch, ist Werkzeug in den unterschiedlichsten Qualitätsstufen erhältlich. Häufig lassen sich bereits mit Werkzeug aus dem unteren Preissegment gute Ergebnisse erzielen. Erfahrungsgemäß sind Leistungsvermögen und Standzeit eher begrenzt, sodass sich wertigere und damit teurere Geräte über die Zeit doch auszahlen. Ob es in jedem Fall das Top-Profigerät sein muss, ist eine andere Frage, deren Beantwortung sich an Ihren Vorlieben orientiert.

4.3 In der Entwicklungsphase

Für die Entwicklungsphase empfiehlt sich ein s.g. ***Steckbrett***. nd (vgl. Abbildung 47). Hier lassen sich Schaltungen schnell und unkompliziert ausprobieren. Reihen und Spalten sind nummeriert und bieten dadurch die Möglichkeit, Steckverbindungen abseits von grafischen Darstellungen eindeutig zu bezeichnen.

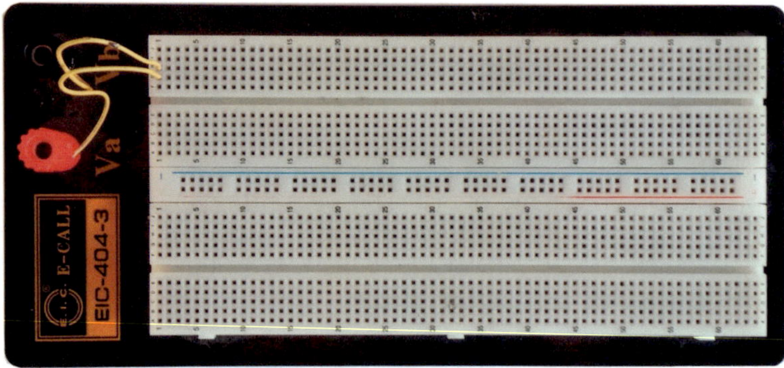

Abb. 47: eine Steckbrett

Um die einzelnen Module zu verbinden, benötigen Sie Kabel: s.g. ***Jumper-Wire***. Diese gibt es in unterschiedlichen Längen (10 cm, 20 cm und 30 cm) und Farben (vgl. Abbildung 48).

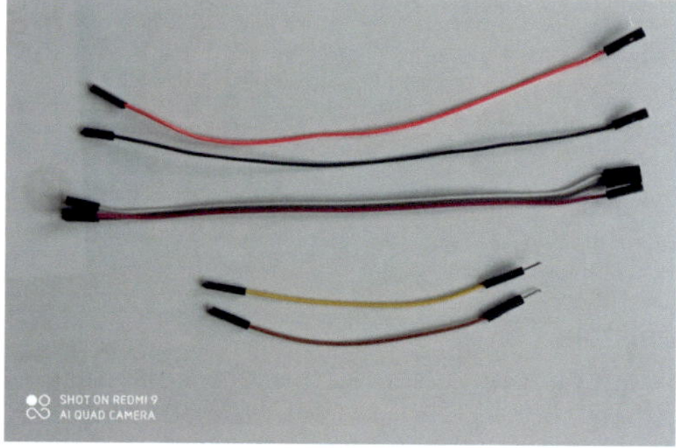

Abb. 48: Jumper-Wire

Auch die Kabelenden unterscheiden sich; manche haben einen Pin (***male***) andere eine Buchse (***female***). Die Kabel sind nicht zu kostspielig, sodass es sich lohnt eine größere Auswahl griffbereit zu haben.

Tipp: "Prioritäten" oder Ordnung ist das halbe Leben
Verwenden Sie bevorzugt die kürzeren Kabel, um Verbindungen auf der Steckplatine herzustellen. Längere Kabel bieten sich zu externen Modulen an.

Wichtiger aber ist es, eine farbliche Funktionszuordnung zu treffen. Darunter ist zu verstehen, dass z.B. alle GND-Verbindungen schwarz sind, alle VCC-Verbindungen rot. Reichen die verfügbaren Kabel einer Farbe nicht aus, hilft es vielleicht Ersatzfarben zu definieren (orange ersetzt rot, braun ersetzt schwarz). Das Farbschema lässt sich natürlich auf andere Funktionen ausweiten (grün alle TX-Verbindungen, blau alle RX-Verbindungen, u.s.w.).

Die meisten Module haben mehrere Anschlüsse. Anstelle jeden Anschluss mit einem Kabel zu bedienen, ist es einfacher und z.T. sicherer Dupont Mehrfach-Buchsenstecker zu verwenden (vgl. Abbildung 49).

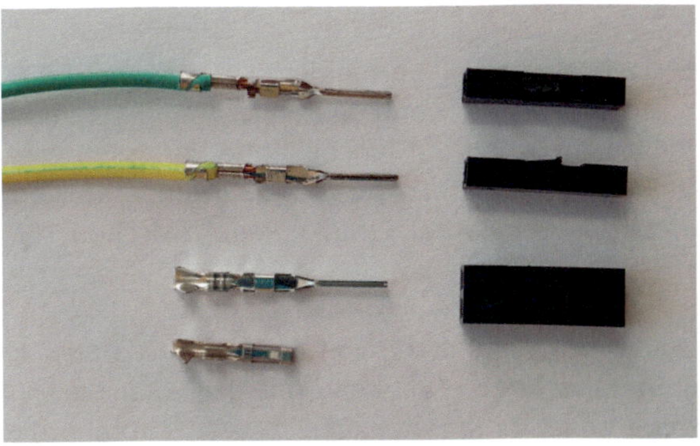

Abb. 49: Dupont-Stecker / -Gehäuse

Es ist in der Regel unnötig, vorhandene Einzelstecker mit dem Seitenschneider abzutrennen und neu zu crimpen. Einfacher ist es, das metallische Innenleben eines Einzelsteckers bzw. einer Einzelbuchse aus dem Plastikgehäuse herauszuschieben und in das neue passende Mehrfachgehäuse zu stecken.

4.4 Der endgültige Aufbau

Solange sich das Projekt in der Entwicklungsphase befindet, ist der Schaltungsaufbau auf einem Steckbrett ideal. Für ein ausgereiftes Vorhaben bietet sich als dauerhafte Lösung eine ***Leiterplatte*** an. Selbstverständlich ist hier eine maßgeschneiderte selbst geätzte Leiterplatte das Optimum. Aber auch Lösungen auf Basis einer Lochraster- oder Lochstreifenplatte (vgl. Abbildung 50) sind eine komfortable und brauchbare Alternative.

Abb. 50: eine Lochstreifenplatine

Tipp: Buchsenleiste

Sehen Sie anstelle einer festen Lötverbindung eine Buchsenleiste für Module vor, die Sie möglicherweise schnell austauschen möchten. Vermeiden Sie insbesondere Lötverbindungen an den Pins der Boards oder der Module, da sich solchermaßen "verunreinigte" Lötstifte nur mit Schwierigkeiten wieder auf einem Steckbrett platzieren oder mit Jumper-Kabeln verbinden lassen.

4.5 Löttechnik

Lötarbeiten sind beim Bau eines Roboterautos kaum zu vermeiden. Dies beginnt i.d.R. bereits bei den Anschlüssen für die Motoren und endet, wenn das Experimentierstadium auf dem Steckbrett zugunsten einer endgültigen Lösung auf einer Platine verlassen wird. Im Bereich der Elektrotechnik kommt das Weichlöten zum Einsatz. Die Löttemperatur bewegt sich zum Schutz vor thermischer Überlastung der Bauteile in der Regel zwischen 180 und 250 Grad.

Sorgen Sie dafür, dass die Lötstelle selbst sauber und frei von Oxidschichten oder Flussmittelresten ist. Erhitzen Sie zum Löten zunächst die Lötstelle mit der Lötspitze. Führen Sie das Lötzinn zu, wenn eine genügend hohe Temperatur erreicht ist. Stimmen die Bedingungen, verflüssigt sich das Lötzinn und umfließt Lötstelle und Bauteil und bildet einen schönen, gleichmäßig geformten Kegel (vgl. Abbildung 51). Begrenzen Sie den Lötvorgang aus Schutz vor thermischer Überlastung der Bauteile möglichst auf 5 Sekunden.

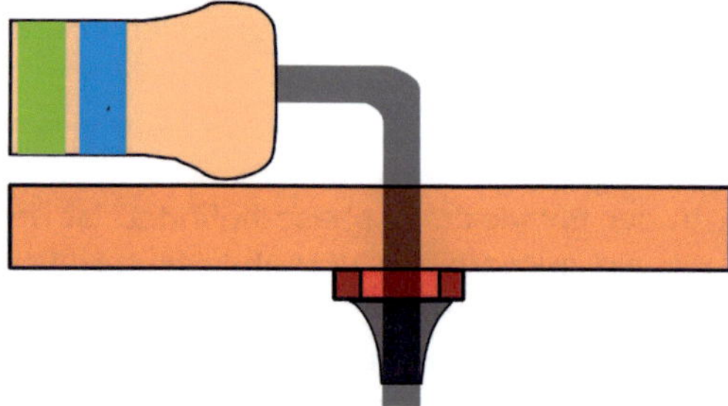

Abb. 51: eine "saubere" Lötstelle

Auch Kabel können miteinander verlötet werden. Isolieren Sie hierzu die Kabelenden ab, und verzinnen Sie sie mit etwas Lötzinn. Anschließend verdrillen Sie die Enden leicht und verlöten Sie sie. Zum Schutz gegen Kurzschlüsse und als mechanische Stütze ziehen Sie am besten noch einen Schrumpfschlauch über die blanke Lötstelle.

Kapitel 5 • Der Gleichstrommotor und die Steuerung

Der motor ist das Herz eines jeden Autos. Ohne ihn gibt es kein Fortbewegen. Dieses Kapitel befasst sich mit den elektrischen Grundformen von Gleichstrommotoren. Sie erfahren, welche Komponenten einen solchen Gleichstrommotor auf einfache Weise komfortabel ansteuern und wie Ihr Mikrocontroller in diesem Szenario in die Rolle des denkenden und die Geschehnisse kontrollierenden "Gehirns" hineinwächst.

5.1 Der Gleichstrommotor

Der ***Gleichstrommotor*** gehört zu den Klassikern im Bau von Robotern. Er besteht im wesentlichen aus vier Bestandteilen (vgl. Abbildung 52):

- einem ***Permanentmagneten***
- einem drehbaren Eisenteil (***Rotor***)
- einer Spule aus isoliertem Kupferdraht
- einem Schleifring

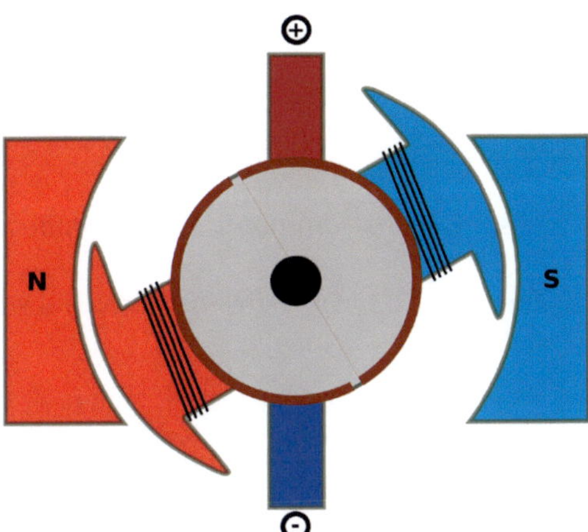

Abb. 52: die wesentlichen Bestandteile des Gleichstrommotors

Der Permanentmagnet umfasst den Rotor und erzeugt zwischen den beiden Polen (N (Nord) / S (Süd)) ein Magnetfeld. Ein Stromfluss durch den Kupferdraht baut in der Spule ein Magnetfeld auf und der Eisenkern wird zum Elektromagneten. Da der Elektromagnet drehbar gelagert ist, richtet er sich nun so aus, dass immer die ungleichen Pole der beiden Magnete gegenüberstehen.

Bei dauerhaft eingeschaltetem Strom bleibt der Elektromagnet in dieser Stellung stehen, da er von den magnetischen Kräften in dieser Position festgehalten wird. Um eine Drehbewegung zu erzeugen, ist es nötig, den Strom umzupolen. Dies übernimmt der Schleifring. Er ist sowohl mit der Spule als auch über s.g. Bürsten (Schleifkohle, Motorkohle) mit den beiden Polen der Versorgungsspannung verbunden. Kurz bevor der Elektromagnet die optimale Ausrichtung erreicht hat, wird der Strom über den Schleifring abgeschaltet und unmittelbar darauf mit umgekehrter Polung wieder eingeschaltet. Dadurch polt sich auch das Magnetfeld des Elektromagneten um, sodass sich nun wieder jeweils gleiche Magnetpole gegenüberstehen und sich mit aller Kraft abstoßen. Der Rotor dreht sich weiter, nach einer Viertel-Umdrehung ziehen sich die ungleichen Magnetpole wieder an und kurz vor der optimalen Ausrichtung wird der Strom wieder umgepolt; eine Drehbewegung entsteht, da sich der Ablauf immer wiederholt.

Dabei ist die Drehrichtung des Motors von der Polung der Schleifkontakte bzw. der beiden Stromversorgungsanschlüsse abhängig. Ändert sich die Polung der Spannung, wechselt auch die Drehrichtung. Die Drehgeschwindigkeit ist von der Höhe der Betriebsspannung abhängig. Je höher die Spannung, desto schneller dreht der Motor. Grenze ist die maximale Betriebsspannung des Motors, die nicht überschritten werden darf.

Motoren für das Roboterauto gibt es in allen erdenklichen Variationen. Eine sehr preiswerte Ausführung mit integriertem Getriebe zeigt Abbildung 53.

Abb. 53: ein Gleichstrommotor für den Modellbau

Hierbei handelt es sich um einen CYT1037 DC Getriebemotor. Tabelle 4 zeigt ein paar Kenndaten.

Merkmal	Wert
Arbeitsspannung	3 V - 6 V
Laststrom	70 mA (250 mA max.)
Geschwindigkeit (unbeladen)	1.48 (3 V)

Tabelle 4: Kenndaten Motor CYT1037

Der Motor ist Bestandteil vieler Bausätze. Gut zu erkennen sind die beiden Bohrungen für die Befestigung auf dem Chassis. Die Motorachse ist auf beiden Seiten nach außen geführt und ermöglicht so eine hohe Flexibilität, Räder und ggf. eine Codierscheibe anzubringen.

5.2 Die H-Brückenschaltung

Die beiden Anschlüsse für die Versorgungsspannung sind auch der Ansatzpunkt, den Motor zu steuern. Soll der Motor nur in eine Richtung laufen, reicht ein Schalter (bzw. ein Relais, ein Transistor) für die Motorsteuerung aus. Mit ihm wird die Stromzufuhr entweder zugelassen oder unterbrochen Dies reicht jedoch nicht für einen bidirektionalen Betrieb, denn hier muss neben der Stromzufuhr als solcher auch die Stromrichtung durch den Motor geändert werden. Diesen Zweck erfüllt eine kleine Baugruppe mit vier Schaltern und dem Motor als zentralem Element (***Brückenschaltung***, vgl. Abbildung 54).

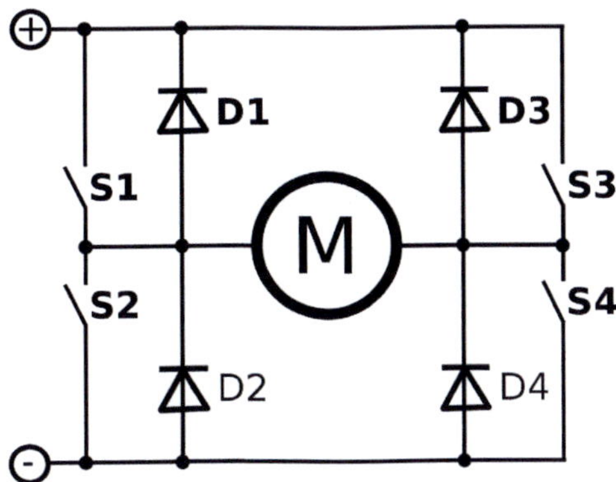

Abb. 54: die H-Brückenschaltung

Die Schaltung ähnelt äußerlich einem H; daher die Bezeichnung H-Brücke. Im Zentrum befindet sich der Motor. Vier Schalter übernehmen die Steuerung der Stromversorgung. Sind alle Schalter (zumindest drei Schalter) geöffnet, steht der Motor still, da er keine Spannung erhält. Sind Schalter 2 und Schalter 3 geschlossen, liegt am Motor Spannung an und er beginnt sich in eine Richtung zu drehen.

Sind Schalter 1 und 4 geschlossen, wird der Motor ebenfalls mit Strom versorgt. Allerdings hat die Polarität gewechselt. An dem Motoranschluss, an dem bei geschlossenen Schaltern 2 und 3 Plus angelegen hat, ist nun Minus; an dem Anschluss mit vorher Minus liegt nun Plus. In der Folge ändert sich die Drehrichtung des Motors.

Die Dioden sind s.g. Freilaufdioden. Sie Schützen die Ansteuerelektronik (den Mikrocontroller) vor Spannungsspitzen aus den Wicklungen des Motors.

Die Steuerung der Schalter S1 bis S4 ist in dieser Grundform aber wenig komfortabel (es müssen immer zwei Schalter betätigt werden) und fehleranfällig (geschlossene Schalter 1 und 2 bzw. 3 und 4 führen zu einem Kurzschluss). Mehr Komfort und Sicherheit bieten erweiterte Schaltungen, wie sie Grundlage von Motortreibern sind.

5.3 Der Motortreiber L298N

In der Regel reicht die von einem Mikrocontroller an seinen Pins gelieferte Stromstärke nicht aus, um einen Motor direkt anzusteuern. So liegt die maximale Ausgangsstromstärke beim ESP32 bei nur 40 mA. Deshalb übernehmen ***Motortreiber*** in gewisser Weise die Aufgabe, die Kommandos des Mikrocontrollers in die vom Motor benötigten Stromstärken zu übersetzen. Motortreiber sind deshalb Schaltkreise zur Signalverstärkung und fungieren als Bindeglied zwischen den beiden Komponenten. Darüber hinaus verschaffen sie dem Mikrocontroller einen Schutz vor etwaigen Kurzschlüssen oder Überspannungen, die seitens des Motors entstehen könnten.

Der Markt bietet eine Vielzahl von Motortreibern für Gleichstrommotoren. An dieser Stelle soll das Modul ***L298N*** zum Einsatz kommen (vgl. Abbildung 55). Es ist leistungsstark, kostengünstig und deshalb in der Maker-Szene weit verbreitet.

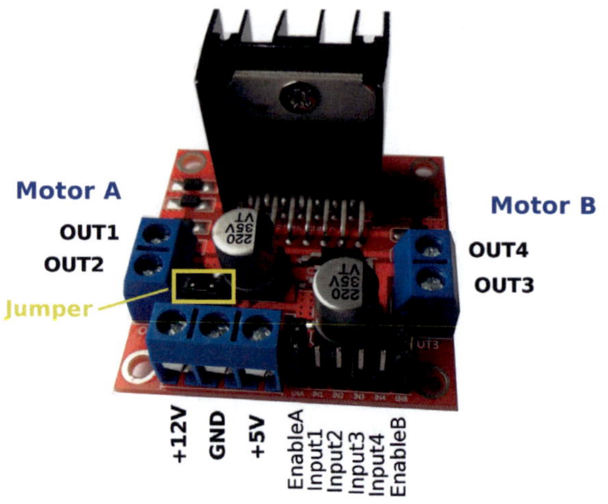

Abb. 55: Das Motortreiber-Modul L298N

Kern des Motortreiber-Moduls L298N, das zwei Gleichstrommotoren (bzw. einen 2-Phasenmotor oder einen 4-Phasenmotor) steuern kann, ist der gleichnamige Chip des Herstellers STMicroelectronics. Weitere interessante technische Details sind:

- Doppelte H-Brücke
- Betriebsspannung: 5 V bis 35 V
- Strom: Max. 2 A pro Brücke
- Maximale Leistung: 25 W
- Logik Spannung: 5 V
- Logik Strom: 0 mA – 36 mA
- On-Board 5 V Spannungsregler 78M05
- Leuchtdiode für Betriebsbereitschaft 5 V

Der Anschluss der Betriebsspannung erfolgt an der +12 V-Schraubklemme. Entfernen Sie den gelb markierten Jumper, wenn Sie mehr als als 12 V Motorspannung regeln möchten. Damit unterbrechen Sie die Stromversorgung des internen Spannungsreglers, der bei mehr als 12 V Eingangsspannung zerstört würde.

Nötig ist dann allerdings eine externe Stromversorgung über 5 V für den L298N-Chip. Legen Sie diese dann an die +5 V-Schraubklemme an. Da diese Schraubklemme aber auch mit dem Ausgang des internen Spannungsreglers verbunden ist, können Sie hier (bei nicht mehr als 12 V Betriebsspannung) auch eine geregelte Versorgungsspannung für Ihren Mikrocontroller abgreifen.

Die Jumper an "EnableA" und "EnableB" aktivieren den Driver für den Motor A bzw. den Motor B. Bei gesetztem Jumper läuft der Motor immer mit voller Spannung / Geschwindigkeit. Die Laufrichtung ergibt sich aus einem hohen Eingangspegel an "Input1" bzw. "Input2" für den Motor A respektive "Input3" bzw. "Input4" für den Motor B. Entfernen Sie diese Jumper, wenn Sie die Motorgeschwindigkeit regeln möchten (mehr dazu unter 5.5).

Hinweis: Flashen des Mikrocontrollers
Trennen Sie unbedingt den Mikrocontroller von allen externen Stromquellen, wenn Sie ein neues Programm über die USB-Schnittstelle Ihres PCs aufspielen! Erhält der Mikrocontroller im Regelbetrieb seine Versorgungsspannung von einer externen Stromquelle (z.B. vom Motortreiber), hätte das Anliegen von zwei Versorgungsspannungen die Zerstörung des Moduls zur Folge.

Sollten anderweitig Probleme beim Flashen auftreten, trennen Sie auch den Motortreiber von seiner Stromversorgung.

5.4 Fullspeed für den Gleichstrommotor

Am Besten lassen sich Funktionen, Schaltungen und Programm an einfachen Beispielen erläutern. Aus diesem Grund soll die erste Schaltung lediglich einen Motor mit voller Geschwindigkeit erst in die eine und dann in die andere Richtung laufen lassen. Gewissermassen handelt es sich um das Blink- oder Hallo-Welt-Programm der Robotik.

Die Schaltung

Die Schaltung besteht nur aus wenigen Elementen (vgl. Abbildung 56).

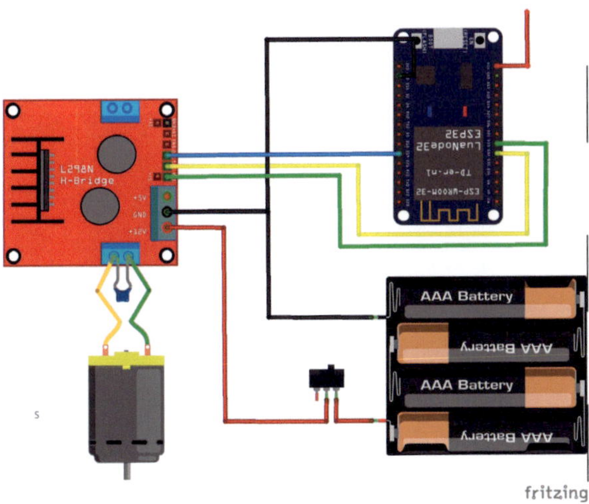

Abb. 56: einfache Motorschaltung mit L298N

Der Keramik-Kondensator (0,1 µF) zwischen den Motoranschlüssen ist nicht zwingend erforderlich; er soll Spannungsspitzen an diesen Anschlüssen abmildern. Für diesen ersten Testaufbau erfolgt die Stromversorgung des EWP32 über die Programmierschnittstelle; deshalb ist das eine Ende des roten Kabels am 5 V-Anschluß des ESP32 offen.

Der Sketch

Der Sketch ist, wie es sich für ein Einstiegsprogramm gehört, recht klein.

Ergänzen Sie den Sketch (vgl. Listing 8):

```
#include <Arduino.h>
#define IN1              32    // GPIO32 Motor-A IN1
#define IN2              19    // GPIO19 Motor-A IN2
// Motor läuft in beide Richtungen mit voller Geschwindigkeit
void testFullSpeed() {
  Serial.println("Motor an");
  digitalWrite(IN1, HIGH);
  digitalWrite(IN2, LOW);
  delay(5000);
  Serial.println("Motor aus");
  digitalWrite(IN1, LOW);
  digitalWrite(IN2, LOW);
  delay(2000);
  Serial.println("Richtungswechsel");
  digitalWrite(IN1, LOW);
  digitalWrite(IN2, HIGH);
  delay(5000);
  Serial.println("Motor aus");
  digitalWrite(IN1, LOW);
  digitalWrite(IN2, LOW);
  delay(2000);
}
void setup() {
  Serial.begin(115200);
  // Motor-Control-Pins als Output öffnen
  pinMode(IN1, OUTPUT);
  pinMode(IN2, OUTPUT);
  Serial.println("Setup beendet");
}
void loop() {
  testFullSpeed();
}
```

Listing 8: Motortest

Blick auf den Sketch und seinen Einsatz

Die `#define`-Anweisungen ermöglichen eine automatische Anpassung des Programms an mögliche Schaltungsvarianten. Konkret wird das Programm vor dem eigentlichen Übersetzen durch einen s.g. ***Präprozessor*** geschleust. Dieser wirkt wie ein Abfrage-gesteuerter Texteditor und ersetzt anhand entsprechender Direktiven den Programmcode. Hier tauscht er z.B. alle Code-Elemente `IN1` in `32`. Der Compiler sieht dann nicht `pinMode(IN1, OUTPUT)` sondern `pinMode(32, OUTPUT)`.

Die Funktion `testFullSpeed()` hat vier Blöcke. Der erste schaltet den Motor an, der zweite wieder aus, im dritten erfolgt ein Richtungswechsel und im vierten wird der Motor wieder abgeschaltet. Der Motor ist im Ruhezustand, wenn beide Steuereingänge des Motordrivers den Pegel *LOW* - also *0* - haben. Ist der Pegel an `IN1` des Motordrivers *HIGH* - also *1* - läuft der Motor in die eine Richtung, bei *HIGH* an `IN2` in die andere. Die Funktion `digitalWrite()` setzt den entsprechenden Pin des Mikrocontrollers auf *HIGH* bzw. *LOW*. Erinnern Sie sich: die Parameter `IN1` bzw. `IN2` hat der Präprozessor durch die richtigen Pin-Werte ersetzt.

Das `setup()` wird nur einmal durchlaufen und hat im Programmablauf die Aufgabe, Vorbereitungen durchzuführen. Dies ist, mit der Anweisung `Serial.begin(115200)` den seriellen Monitor für das Verfolgen der Programmmeldungen zu starten. Der Zahlenwert bestimmt die Baudrate der Datenübertragung und muss mit dem Wert des seriellen Monitors übereinstimmen. Hieroglyphen im seriellen Monitor sind immer ein starkes Indiz dafür, dass die Werte nicht zueinander passen. Die Funktion `pinMode()` schaltet einen Pin zur Datenausgabe frei. Auch hier ersetzt der Präprozessor die Variable durch den zutreffenden Wert.

Die `loop()` schließlich ist die Funktion, die immer wieder in einer Endlosschleife durchlaufen wird.

Laden Sie den Sketch hoch; denken Sie aber daran, in der Arduino-IDE das zutreffende Board auszuwählen (***Werkzeuge → Board***). Der Motor sollte sich jetzt entsprechend den Ausgaben im seriellen Monitor drehen (vgl. Abbildung 57).

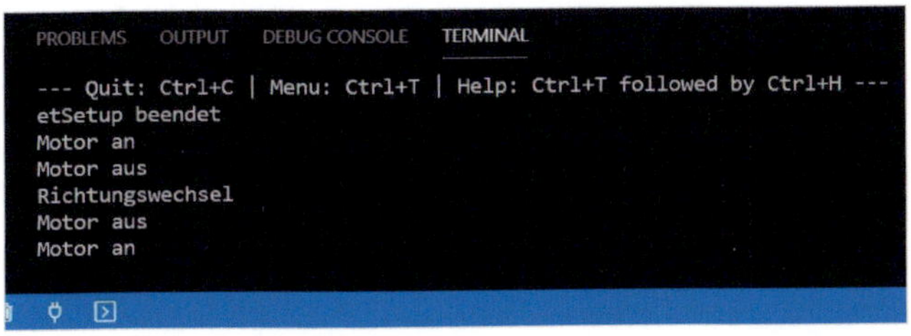

```
PROBLEMS   OUTPUT   DEBUG CONSOLE   TERMINAL

--- Quit: Ctrl+C | Menu: Ctrl+T | Help: Ctrl+T followed by Ctrl+H ---
etSetup beendet
Motor an
Motor aus
Richtungswechsel
Motor aus
Motor an
```

Abb. 57: einfache Motorschaltung mit L298N im seriellen Monitor

5.5 Die Geschwindigkeit regeln

In den seltensten Fällen soll ein Motor mit Höchstgeschwindigkeit, d.h. voller Drehzahl laufen. Viel häufiger sind die Anwendungsfälle, in denen die Drehzahl des Motors innerhalb eines Bereiches regelbar sein soll. Da diese von der an dem Motor anliegenden Spannung abhängt, läge es nahe die Versorgungsspannung zu erhöhen oder zu reduzieren. Die überschüssige Spannung - also die Spannung zwischen der ermäßigten Spannung und der vollen Spannung - bzw. die mit ihr verbundene Leistung müsste "vernichtet" und in Wärme umgesetzt werden. Dies würde aber zu einer thermischen Überlastung der allermeisten elektronischen Bauteile führen.

Viel eleganter ist es, den Motor in einer hohen Frequenz immer wieder an- und auszuschalten und ihm so nur dosiert mit einer Betriebsspannung zu versorgen. Das Verfahren heißt ***Pulsweitenmodulation*** (PWM).

5.5.1 Pulsweitenmodulation

Pulsweitenmodulation (engl. pulse width modulation) ist eine digitale Modulationsart, bei der die elektrische Spannung zwischen zwei Werten (z.B. HIGH / VCC = Puls (engl.: duty) und LOW / GND = Pause) wechselt (siehe Abbildung 58). Die Dauer eines Ein-Aus-Zyklus trägt die Bezeichnung Periode (engl. cycle). Die Anzahl der Perioden in einer Sekunde, ist dann die ***Frequenz*** (z.B. ist Frequenz bei 500 Perioden in der Sekunde 500 Hz (Hertz).

Das Verhältnis von Pulsdauer zu Periodendauer trägt die Bezeichnung ***Tastgrad*** und wird in Prozent angegeben (z.B. Puls 2 (msec) / Periode (8 msec) = 25 % Tastgrad). Er bestimmt die mittlere Stromstärke und so die dem Motor zur Verfügung stehende Energie.

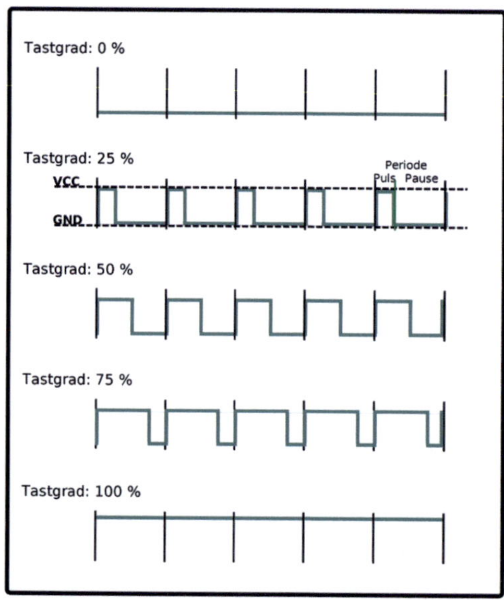

Abb. 58: Verschiedene Tastgrade Pulsweitenmodulation

5.5.2 PWM beim ESP32

Der ESP32 kann an allen Pins ein PWM-Signal erzeugen. Dabei verfügt er über eine Auflösung von 16-Bit innerhalb einer 1 ms Zeitspanne möglich.. Dies deckt damit einen Bereich von 0 – 65.535 (2^16) ab.

Um ein PWM-Signal zu konfigurieren sind folgende Festlegungen erforderlich:

- Signalfrequenz
- Duty Cycle
- PWM-Kanal
- GPIO, an dem das Signal ausgegeben wird

Aus diesem Grund greift beim Arduino-Framework nicht die Funktion `analogWrite(pin, wert)`. Um ein PWM-Signal zu erzeugen, stehen andere Funktionen zur Verfügung.

5.5.3 Das praktische Beispiel

In folgendem Beispiel kommt PWM zur Geschwindigkeitssteuerung zum Einsatz.

Die Schaltung

Die Schaltung aus dem Eingangsbeispiel ist um eine Verbindung zwischen "EnableA" des Motordrivers L982N und einem Pin des Mikrocontrollers erweitert; der Jumper an "EnableA" entfällt nun (vgl. Abbildung 59).

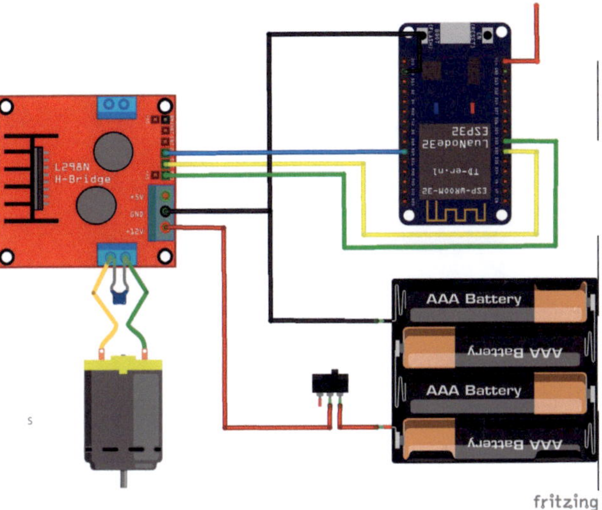

Abb. 59: Drehzahlregelung eines Motors mit L298N

Der Sketch

Der Sketch ist gegenüber dem Einstiegsprogramm ein wenig umfangreicher, da er unter anderem nun zwei Schleifen für die schrittweise Erhöhung bzw. Verminderung der PWM-Werte hat (vgl. Listing 9):

```
#include <Arduino.h>
#define ENA    33  // GPIO33 = Motor-Treiber A EnableA
#define IN1    32  // GPIO32 = Motor-Treiber A IN1
#define IN2    19  // GPIO19 = Motor-Treiber A IN2
#define LEDC_KANAL_0  0     // Kanal 0; einer der 16-LEDC-Kanäle
#define LEDC_AUFLOESUNG 10  // 10-Bit Tastverh.aufl. (0-1023)
#define LEDC_FREQ     30000 // 30.000 Hz Frequenz
#define MINIMUMSPEED  510   // "Minimal-Geschindigkeit" damit der Mototr
läuft
// die Motor-Geschwindigkeit wächst von 0 % auf 100 % und reduziert sich
dann
// wieder von 100 % auf 0 %
// die Höchstgeschwindigkeit ergibt sich aus dem Moor selbst und der Betriebs-
spannung
void testControlledSpeed() {
  Serial.println("\nMotor an: erhöhe Geschwindigkeit");
  // Geschwindigkeit von Minimum auf Fullspeed erhöhen
  for (int i = MINIMUMSPEED; i < 1024; i+=20) {
```

```
      ledcWrite(LEDC_KANAL_0, i);          // Tastverhältnis i
      Serial.print (i); Serial.print (" ");
      delay(500);
    }
    delay(4000);
    // Geschwindigkeit von Fullspeed auf Minimum reduzieren
    Serial.println("\nreduziere Geschwindigkeit");
    for (int i = 1023; i >= MINIMUMSPEED; i-=20) {
      ledcWrite(LEDC_KANAL_0, i);          // Tastverhältnis i
      Serial.print (i); Serial.print (" ");
      delay(500);
    }
    delay(4000);
  }
  void setup() {
    Serial.begin(115200);
    // Motor-Control-Pins als Output öffnen
    pinMode(IN1, OUTPUT);
    pinMode(IN2, OUTPUT);
    pinMode(ENA, OUTPUT);
    // Vorwärtslauf
    digitalWrite(IN1, HIGH);
    digitalWrite(IN2, LOW);
    ledcSetup(LEDC_KANAL_0, LEDC_FREQ, LEDC_AUFLOESUNG);
    ledcAttachPin(ENA, LEDC_KANAL_0);
    Serial.println("Setup beendet");
  }
  void loop() {
    testControlledSpeed();
  }
```

Listing 9: die Geschwindigkeit regeln

Blick auf den Sketch und seinen Einsatz

Neu ist die dritte Datenleitung zwischen Mikrocontroller (Pin aus `#define ENA`) und Motortreiber (*EnableA*). Über sie schaltet der Mikrocontroller den Motor ein bzw. aus.

Die ***Tastverhältnisauflösung*** (Resolution) - also die Unterteilung einer Periode in Teilschritte - beträt im Beispielsketch 10 Bit. Das heißt, dass eine Periode 2^10, also 1.024, Teilschritte umfasst; dies ist programmtechnisch der Bereich von 0 – 1.023. Jedoch ist es so, dass jeder Motor eine Mindestenergie benötigt, um in Betrieb zu gehen. Die Variable `MINIMUMSPEED` legt diesen mittelbar fest, in dem sie die minimale Pulslänge vorgibt. Der Wert variiert von Motor zu Motor und ist experimentell zu ermitteln.

Die Funktion `testControlledSpeed()` erhöht in einer Schleife den Anteil der Pulsdauer an der Dauer der gesamten Periode (Tastverhältnis) zunächst schrittweise vom Minimalwert bis auf 100 %. Dabei ist die Schrittweite 20 Teilschritte. Die Funktion `ledcWrite(LEDC_KA-`

`NAL_0, i)` ändert die Pulsdauer (Duty Cycle). Eine zweite Schleife führt das Tastverhältnis wieder schrittweise auf den Minimalwert zurück.

Das `setup()` öffnet nun drei Output-Pins und initiiert die Drehrichtung. Die Funktion `ledcSetup(LEDC_KANAL_0, LEDC_FREQ, LEDC_AUFLOESUNG)` konfiguriert den Kanal *0*; die Funktion `ledcAttachPin(ENA, LEDC_KANAL_0)` ordnet Kanal *0* dem GPIO-Pin 17 zu.

Übersetzen Sie den Sketch und Laden ihn hoch. Die Drehzahl des angeschlossenen Motors sollte sich nun innerhalb der festgeschriebenen Bandbreite schrittweise erhöhen und reduzieren. Ergänzend zeigt der serielle Monitor die aktuelle Drehzahlphase an.

Hinweis: L298N-Bibliothek Motorsteuerung
Die kanadische Firma RoboJax hat die in den beiden letzten Abschnitten besprochenen Funktionalitäten in eine komplette Bibliothek gepackt und bietet sie als Service zum Download an (https://robojax.com/learn/arduino/?vid=robojax_L298N-DC-Motor).

Hintergrund: die interne Architektur von LEDC
Der ESP32 verfügt über 16 PWM-Kanäle (vgl. Kapitel 1). Abbildung 60 zeigt die interne Architektur.

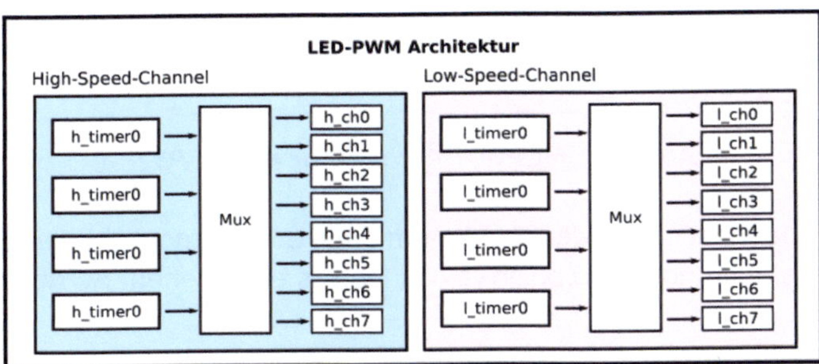

Abb. 60: PWM-Architektur ESP32

Nutzer des ESP-IDF können und müssen programmtechnisch für die richtige Zuordnung von Timer und Kanal sorgen. Nutzer des Arduino-Frameworks erfahren hier einige Erleichterungen, da es ein Überbau über die Originalfunktionen des ESP-IDF ungeachtet dessen ist, ob Sie es direkt oder über PlatformIO nutzen. Die interne Zuordnung ist wie folgt festgelegt:

```
ledc: 0  => Group: 0, Channel: 0, Timer: 0
ledc: 1  => Group: 0, Channel: 1, Timer: 0
ledc: 2  => Group: 0, Channel: 2, Timer: 1
ledc: 3  => Group: 0, Channel: 3, Timer: 1
ledc: 4  => Group: 0, Channel: 4, Timer: 2
ledc: 5  => Group: 0, Channel: 5, Timer: 2
ledc: 6  => Group: 0, Channel: 6, Timer: 3
ledc: 7  => Group: 0, Channel: 7, Timer: 3
```

```
ledc: 8  => Group: 1, Channel: 0, Timer: 0
ledc: 9  => Group: 1, Channel: 1, Timer: 0
ledc: 10 => Group: 1, Channel: 2, Timer: 1
ledc: 11 => Group: 1, Channel: 3, Timer: 1
ledc: 12 => Group: 1, Channel: 4, Timer: 2
ledc: 13 => Group: 1, Channel: 5, Timer: 2
ledc: 14 => Group: 1, Channel: 6, Timer: 3
ledc: 15 => Group: 1, Channel: 7, Timer: 3
```

5.6 ESP32-MCPWM

Neben LEDC verfügt der ESP32 über eine weitere Möglichkeit PWM-Signale zu erzeugen: MCPWM. Dahinter verbergen sich zwei Einheiten speziell für die Ansteuerung von Motoren. Abbildung 61 zeigt auch hier wieder die interne Architektur.

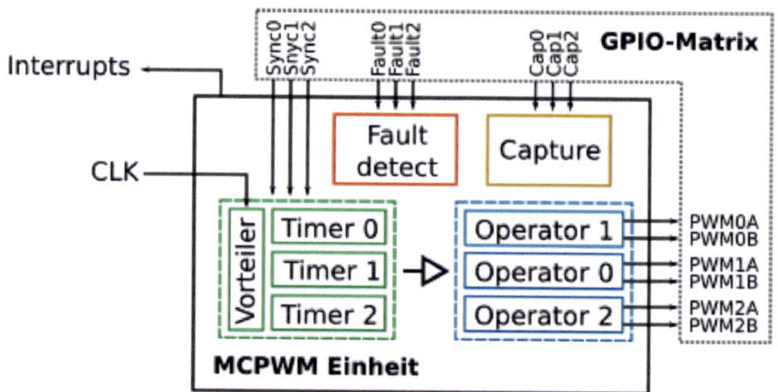

Abb. 61: MCPWM-Architektur des ESP32

MCPWM ist daher deutlich mächtiger als PWM mit LEDC. Es ermöglicht wesentlich konkreter auf Anwendungsbelange und die Spezifika des Motors einzugehen. So gestattet MCPWM:

- den Einsatz von Brushless Motoren (Capture)
- die Reaktion auf externe Motorsensoren (Fault)
- die Synchronisation mit externen Signalen (Sync)

Der Schaltplan für die Anbindung eines einfachen Motors wie z.B. dem CYT1037 DC Getriebemotor ergibt sich aus Abbildung 62.

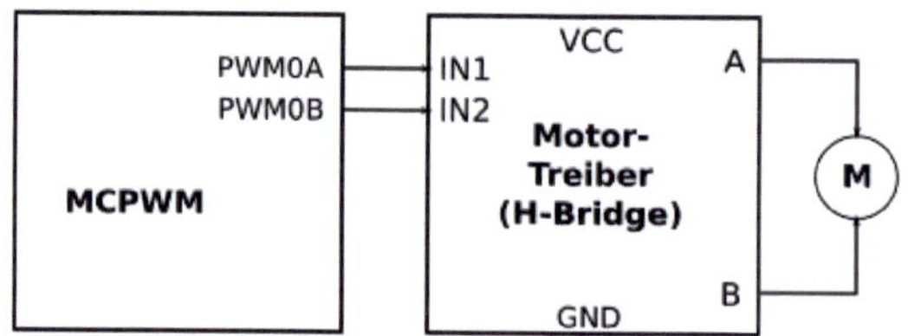

Abb. 62: MCPWM-Architektur ESP32

Für das Arduino Framework finden Sie eine MCPWM-Bibliothek (ESP32;otorControl) unter https://github.com/JoaoLopesF/ESP32MotorControl.

Mit dem Beispielcode Code aus Listing 10 erhöht sich die Motorgeschwindigkeit zunächst schrittweise von 0 an und dann geht wieder zurück.

```
#include "ESP32MotorControl.h"
ESP32MotorControl MotorControl = ESP32MotorControl();
void setup() {
  Serial.begin (115200);
  Serial.println ("setup mcpwm");
  MotorControl.attachMotor(13, 33);
}
void loop() {
  MotorControl.motorsStop();
  delay (500);
  for (int speed = 0; speed <= 100; speed +=10) {
    MotorControl.motorForward(0, speed);
    delay (500);
  }
  MotorControl.motorsStop();
  delay (500);
  for (int speed = 0; speed <= 100; speed +=10) {
    MotorControl.motorReverse(0, speed);
    delay (500);
  }
}
```

Listing 10: die Geschwindigkeit regeln mit MCPWM

Besuchen Sie

https://docs.espressif.com/projects/esp-idf/en/v4.3/esp32/api-reference/peripherals/mcpwm.html

für vertiefte Informationen.

Kapitel 6 • Kabellose Steuerung über WiFi

WiFi ist ein aus der Analogie zu HiFi abgeleiteter Kunstbegriff und steht im allgemeinen Sprachgebrauch häufig als Synonym für ***WLAN*** (Wireless Local Area Network: kabelloses lokales Netzwerk). Der ESP32 verfügt über verschiedene Möglichkeiten der WiFi-Anbindung:

- "Traditionelles" WiFi
  Hier stehen Modi wie ***Station*** oder ***Access-Point*** zur Verfügung

- ESP-NOW
  ESP-NOW ist eine Art verbindungsloses WiFi-Kommunikationsprotokoll, das von Espressif definiert wird.

- ESP-mesh
  Bei ***ESP-mesh*** handelt es sich um ein WiFi-Netzwerk, das aus untereinander "vermaschten" Komponenten wie ***Repeater***, ***Access-Points*** oder ***Router*** besteht.

Dieses Kapitel befasst sich mit den Möglichkeiten, den Mikrocontroller über "traditionelles" WiFi zu steuern. Dabei ist zwischen dem Modus der Verbindung und der Kommunikationsstruktur (Client-Server) zu unterscheiden.

6.1 Die Client-Server-Architektur

Das ***Client-Server-Modell*** (vgl. https://de.wikipedia.org/wiki/Client-Server-Modell) ist in der Netzwerktechnik nicht mehr wegzudenken. Es definiert ein Kommunikationsprinzip zwischen zwei Teilnehmern in einem Netzwerk. Dabei haben die Teilnehmer im Rahmen der Kommunikation unterschiedliche Rollen (vgl. Abbildung 63).

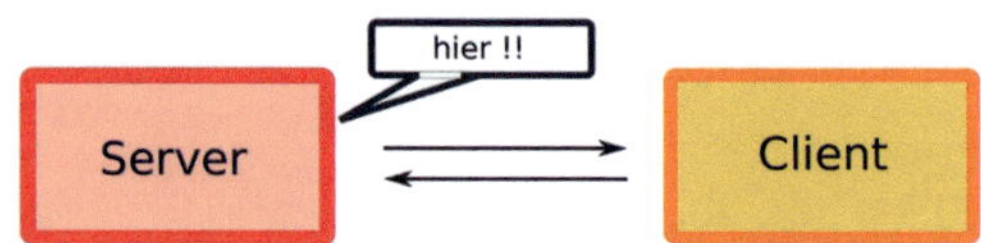

Abb. 63: Client-Server-Architektur

Der Server (dt. Diener / Dienst) bietet seine Dienste an. Er horcht (engl. listen) auf eine Anfrage durch einen Client (engl. ***Request***). Der Server wertet die Anfrage aus und liefert eine Antwort bzw. die Daten zurück (engl. ***Response*** / Reply). In Protokollen ist der Ablauf der Kommunikation und der Interaktion definiert.

Server bieten unterschiedliche Dienste an, so z.B. bietet ein Webserver html-Seiten für den Browser, Datenbank-Server in einer Datenbank gespeicherte Daten, Mailserver die Behandlung elektronischer Briefe, u.s.w..

6.2 WiFi-Basics

Der ESP8266 erlaubt die Netzwerkkonfiguration mit folgenden Modi:

- ***Station-Mode*** (STA; WiFi-Client-Mode):
  Der Mikrocontroller verbindet sich mit einem AP.

- ***Access-Point-Mode*** (AP):
  Andere Stationen (Geräte) verbinden sich mit dem Mikrocontroller.

- AP und STA kombiniert

6.2.1 Station-Mode

In dieser Konfiguration (STA-Modus) klinkt sich Ihr Roboterauto in ein bestehendes Netzwerk ein. Es ist dann ein Netzteilnehmer wie ein Smartphone, das sich mit einem Access-Point (z.B. einem Router) verbindet (siehe Abbildung 64).

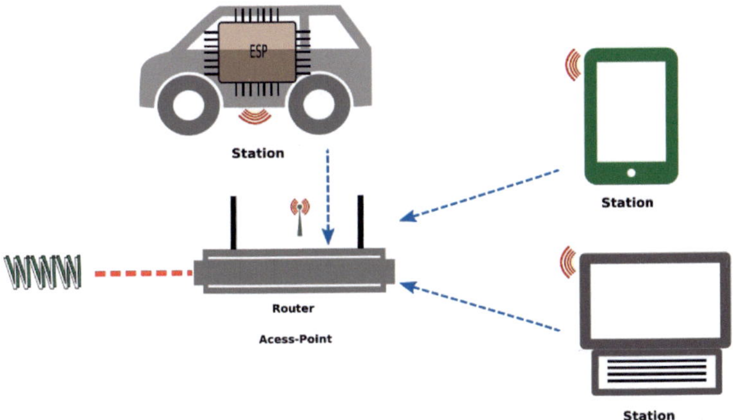

Abb. 64: WiFi-Station-Mode

Das Anwendungsbeispiel setzt einen Webserver auf, der eine Browser-gestützte Steuerung des Roboterautos mit separaten Motoren für Antrieb und Richtung ermöglicht.

Die Schaltung

Die Abbildung 65 zeigt die Schaltung.

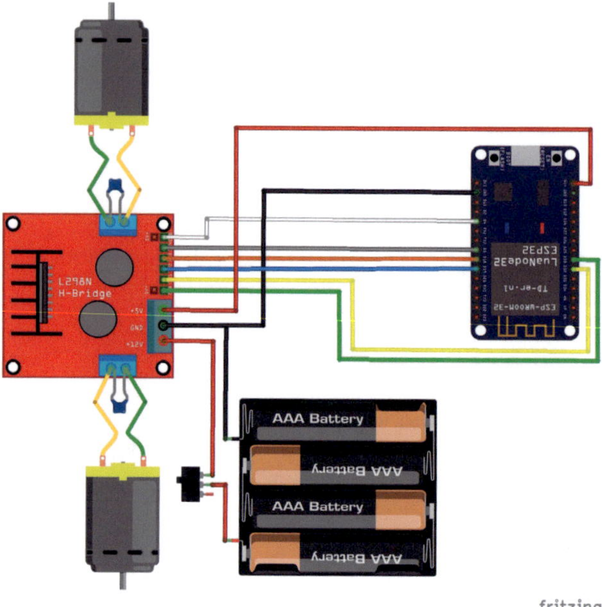

Abb. 65: Webserver Schaltung

Der Sketch

Für die Browser-gestützte Steuerung ist einiges an html- Anweisungen nötig. Aus Gründen der Übersichtlichkeit sind diese in eine .h-Datei ausgelagert. Die main.cpp-Datei ist danach (vgl. Listing 11):

```
#include <Arduino.h>
#include <WiFi.h>
#include <WiFiClient.h>
#include <WiFiMulti.h>
#include <WebServer.h>
#define ENA              33    // D33 -  Motor-A EnableA
#define IN1              32    // D32 -  Motor-A IN1
#define IN2              19    // D19 -  Motor-A IN2
#define ENB              4     // D04 -  Motor-A EnableB
#define IN3              18    // D18 -  Motor-B IN3
#define IN4              5     // D05 -  Motor-B IN4
#define LEDC_KANAL_0     0     // Kanal 0: LEDC-Kanäle
#define LEDC_KANAL_1     1     // Kanal 1; LEDC-Kanäle
#define LEDC_AUFLOESUNG 10     // 10-Bit Tastv. (0-1023)
#define LEDC_FREQ        30000 // 5.000 Hz Frequenz
#include "htmlSeiten.h"
#define MINIMUMSPEED     723   // "Minimal-Geschindigkeit" damit der Mototr
läuft
// Definition von Router-Zugangsdaten (credentials)
const char* ssid1        = "IhreSSID";
```

```
const char* password1  = "IhrPasswort";
WiFiMulti wifiMulti;
WebServer webServer(80);
int motorSpeed = 1023;      // Geschwindigkeit
int lenkSpeed  = 850;       // Lenkbewegungen
// Motoren Fahrt und Richtung schalten
void motorenStop () {
  Serial.println("stop");
  digitalWrite(IN1, LOW);
  digitalWrite(IN2, LOW);
  digitalWrite(IN3, LOW);
  digitalWrite(IN4, LOW);
}
void vorwaerts () {
  Serial.println("vor");
  ledcWrite(LEDC_KANAL_0, motorSpeed);
  digitalWrite(IN1, HIGH);
  digitalWrite(IN2, LOW);
  ledcWrite(LEDC_KANAL_1, motorSpeed);
  digitalWrite(IN3, HIGH);
  digitalWrite(IN4, LOW);
  Serial.print  ("motorSpeed ");
  Serial.println(motorSpeed);
}
void rueckwaerts () {
  Serial.println("rueck");
  ledcWrite(LEDC_KANAL_0, motorSpeed);
  digitalWrite(IN1, LOW);
  digitalWrite(IN2, HIGH);
  ledcWrite(LEDC_KANAL_1, motorSpeed);
  digitalWrite(IN3, LOW);
  digitalWrite(IN4, HIGH);
  Serial.print  ("motorSpeed ");
  Serial.println(motorSpeed);
}
void links () {
  Serial.println("links");
  ledcWrite(LEDC_KANAL_0, lenkSpeed);
  digitalWrite(IN1, LOW);
  digitalWrite(IN2, HIGH);
  ledcWrite(LEDC_KANAL_1, lenkSpeed);
  digitalWrite(IN3, HIGH);
  digitalWrite(IN4, LOW);
  Serial.print  ("lenkSpeed ");
  Serial.println(lenkSpeed);
}
```

```
void rechts () {
  Serial.println("rechts");
  ledcWrite(LEDC_KANAL_0, lenkSpeed);
  digitalWrite(IN1, HIGH);
  digitalWrite(IN2, LOW);
  ledcWrite(LEDC_KANAL_1, lenkSpeed);
  digitalWrite(IN3, LOW);
  Serial.print  ("lenkSpeed ");
  Serial.println(lenkSpeed);
}
// senden der Start HTML-Seite, bei einem URI ‚/‘ oder
// bei einem URI ‚motor‘ nach Auswertung der Parameter
void handleRoot() {
  Serial.println("handleRoot");
  String htmlPage;
  htmlPage.concat(motorHTML_Seite1);              // HTML-Seite aufbauen
  String s = (String("width: ") + String((motorSpeed*100)/1023) +
String("%;"));
  htmlPage.concat(s);
  htmlPage.concat(motorHTML_Seite2);
  webServer.send(200, "text/html", htmlPage);     // HTML-Seite senden
}
// Auswertung einer HTML-Anfrage einem URI ‚/motor‘
void handleMotor() {
  Serial.println("handleMotor");
  if(webServer.arg("fahr") == "langsamer") {
    Serial.println("langsamer");
    motorSpeed-=20;
    if (motorSpeed < MINIMUMSPEED) {
      motorSpeed = MINIMUMSPEED;
    }
    ledcWrite(LEDC_KANAL_0, motorSpeed);        // Tastverhältnis
    ledcWrite(LEDC_KANAL_1, motorSpeed);
  }
  if(webServer.arg("fahr") == "schneller") {
    Serial.println("schneller");
    motorSpeed+=20;
    if (motorSpeed > 1023) {
      motorSpeed = 1023;
    }
    ledcWrite(LEDC_KANAL_0, motorSpeed);
    ledcWrite(LEDC_KANAL_1, motorSpeed);
  }
  if(webServer.arg("fahr") == "stop") {
    motorenStop ();
  }
```

```
  if(webServer.arg("fahr") == "vor") {
    vorwaerts ();
  }
  if(webServer.arg("fahr") == "rueck") {
    rueckwaerts ();
  }
  if(webServer.arg("fahr") == "links") {
    links ();
  }
  if(webServer.arg("fahr") == "rechts") {
    rechts ();
  }
  handleRoot();
}
// sendet HTTP status 404 (Not Found)
// wenn es keinen Handler fuer den URI im HTTP-Request gibt
void handleNotFound(){
  Serial.println("handleNotFound");
  webServer.send(404, "text/plain", "404: Not found");
}
void setup(void){
  Serial.begin(115200);
  delay(10);
  // Motor-Control-Pins als Output öffnen
  pinMode(IN1, OUTPUT);
  pinMode(IN2, OUTPUT);
  pinMode(IN3, OUTPUT);
  pinMode(IN4, OUTPUT);
  pinMode(ENA, OUTPUT);
  pinMode(ENB, OUTPUT);
  // Motor-Control-Pins auf LOW setzen
  digitalWrite(IN1, LOW);
  digitalWrite(IN2, LOW);
  digitalWrite(IN3, LOW);
  digitalWrite(IN4, LOW);
  ledcSetup(LEDC_KANAL_0, LEDC_FREQ, LEDC_AUFLOESUNG);
  ledcAttachPin(ENA, LEDC_KANAL_0);
  ledcWrite(LEDC_KANAL_0, motorSpeed);
  ledcSetup(LEDC_KANAL_1, LEDC_FREQ, LEDC_AUFLOESUNG);
  ledcAttachPin(ENB, LEDC_KANAL_1);
  ledcWrite(LEDC_KANAL_1, motorSpeed);
  // WiFi-Netzwerke hinzufügen, mit denen eine Verbindung aufgebaut werden
soll
  wifiMulti.addAP(ssid1, password1);
  wifiMulti.addAP("ssid_from_AP_2", "your_password_for_AP_2");
  wifiMulti.addAP("ssid_from_AP_3", "your_password_for_AP_3");
```

```
  WiFi.mode(WIFI_STA);
  Serial.println("WiFi Station-Modus Verbindungsaufbau ");
  // auf WiFi-Verbindung warten: d.h. scan WiFi-Netzwerke und verbinden
  while (wifiMulti.run() != WL_CONNECTED) {
    delay(250);
    Serial.print(‚.‘);
  }
  Serial.println(‚\n‘);
  Serial.print("verbunden mit ");
  Serial.println(WiFi.SSID());
  Serial.print("IP-Adresse:\t");
  Serial.println(WiFi.localIP());
  // Call der ‚handleRoot‘ Funktion bei einer Client-Anforderung URI "/"
  webServer.on("/", HTTP_GET, handleRoot);
  // Call der ‚handleRoot‘ Funktion bei einer Client-Anforderung URI "/"
  webServer.on("/motor", HTTP_GET, handleMotor);
  webServer.onNotFound(handleNotFound);          // bei einem unbekannten
URI
  webServer.begin();                             // Start des Webservers
  Serial.println("HTTP server gestartet");
}
void loop(void){
  //testControlledSpeed();
  webServer.handleClient();      // Anfragen v. Clients?
  delay (50);
}
```

Listing 11: Webserver WiFi-Station-Modus

Die Datei htmlSeiten.h enthält die html-Anweisungen (vgl. Listing 12):

```
const char motorHTML_Seite1[] = R"motorHTML1(
<!DOCTYPE html>
<html lang="de">
  <head>
    <meta charset="utf-8" />
    <link rel="shortcut icon" href="favicon-96x96.png"/>
    <title>Robot-Auto-Steuerung</title>
    <meta name="viewport" content="width=device-width, initial-scale=1">
    <style>
      body {                          /* anders z.B. div.center */
        text-align: center;           /* zentrierte Ausgabe */
      }
      /* fuer Balken und Anzeige*/
      #progressbar {                  /* Balken */
        background-color: #ddd;
        padding: 3px;                 /* (Höhe des inneren div-Tags) / 2 +
```

```
padding */
      }
      #progressbar>div {                /* Anzeige */
        background-color: orange; )motorHTML1";
 /*       width:  30%;                    adjust with program */
const char motorHTML_Seite2[] = R"motorHTML2(
        height: 20px;
      }
      /* Schriftgroesse, Umrandung der Schaltflaechen Geschwindigkit */
      #speedContainer {
        width:  100%;
        height: 50px;
      }
      .alleSpeed a {                    /* bezieht sich auf a-Tag */
        font-size: 22px;                /* Schriftgrösse der Rechteck-Schalt-
flaechen */
        border: 2px solid black;        /* Rahmenbreite und -farbe */
        background-color: #f44336;      /* Hintergrundfarbe der Rechteck-
schaltflächen */
        color: #ffffff;                 /* Schriftfarbe */
        border-color: #f44336;          /* Farbe des Rahmens ändern */
      }
      .speedFlaeche  {
        border: none;                   /* kein Rand (keine Auswirkung ?)*/
        display: inline-block;          /* stellt das Element als Block dar
(wie (<p>) */
        padding: 8px 16px;              /* Abstand Schrift zum Rand */
        width:120px;                    /* Elementbreite 120px */
        vertical-align: middle;         /* vertikale Ausrichtung eines Ele-
ments */
        overflow: hidden;               /* verhalten, wenn der Inhalt ein
Box-Element überlappt */
        text-decoration: none;          /* kein Unter-, Durchstreichen o.ä.
des Textes */
        color: inherit;                 /* erbt die Eigenschaft von "Eltern"
(hier keine Auswirkung) */
        background-color: inherit;      /* erbt die Eigenschaft von "Eltern"
(hier keine Auswirkung) */
        text-align: center;             /* horizontale Textausrichtung (Un-
terstreichung entfällt?!) */
        cursor: pointer;                /* Cursor-Aussehen wenn er auf einem
Auswahlfeld ist (hier Handzeiger) */
        white-space: nowrap;            /* Leerzeichenbehandlung bei Zeilen-
umbruch (hier keine Auswirkung) */
      }
      .langsam {
```

```
        float: left!important;          /* überschreibt Voreinstellung,
schiebt das nach links*/
      }
      .schnell {
        float: right!important;         /* überschreibt Voreinstellung,
schiebt das nach rechts*/
      }
      /* Panel */
      /* Container fuer alle Panelschaltflaechen */
      .panelContainer {
        background-color: transparent; /* Hintergrundfarbe der Rechteck-
schaltflächen */
        border: 5px solid black;        /* Rahmenbreite und -farbe */
        border-color: transparent;      /* Farbe des Rahmens ändern */
        padding-top: 70px;
      }
      .panelContainerZeile {
        font-size: 22px;                /* Schriftgrösse */
        color: #ffffff;                 /* Schriftfarbe */
        background-color: transparent; /* Hintergrundfarbe des Containers */
        border: 8px solid transparent; /* Rahmenbreite, linienart und -farbe
*/
        display: flex;                  /* zeigt ein Element in einem block-
level flex Container */
        justify-content: center;        /* Elemente werden in der Mitte des
Containers positioniert */
        text-align: center;             /*  keine Auswrikung zentrierte Aus-
gabe */
        white-space: pre-wrap;          /* Leerzeichenbehandlung bei Zeilen-
umbruch (hier keine Auswirkung) */
      }
      /* Container fuer eine Panelschaltflaeche (Parent-Element) */
      .panelParent {
        position: relative;
        background-color: transparent; /* Hintergrundfarbe der Rechteck-
schaltflächen */
        border: 9px solid transparent; /* Rahmenbreite und -farbe */
        width:80px;                     /* Elementbreite 80px */
        height:80px;                    /* Elementbreite 80px */
        white-space: normal;            /* Leerzeichenbehandlung zurücksetzen
*/
      }
      /* Child-Elemente */
      /* Position der Panel-Schaltflaechen */
      .panelChild1,  #panelChild2S, #panelChild2V, #panelChild2H, #panel-
Child2L, #panelChild2R {
```

```
      position: absolute;
    }
    .panelChild1  {                     /* fuer Schrift und Link */
      border: 10px solid transparent;
      background-color: transparent;
      z-index: 2;
    }
    .panelChild1-href  {
      border: none;                  /* kein Rand (keine Auswirkung ?)*/
      display: inline-block;         /* stellt das Element als Block dar
(wie (<p>) */
      padding-top: 18px;             /* Abstand Schrift zum oberen Rand */
      width:60px;                    /* Breite Inhalt  */
      height:40px;                   /* Höhe Inhalt */
      vertical-align: middle;        /* vertikale Ausrichtung eines Ele-
ments */
      overflow: hidden;              /* verhalten, wenn der Inhalt ein Box-
Element überlappt */
      text-decoration: none;         /* kein Unter-, Durchstreichen o.ä.
des Textes */
      color: inherit;                /* erbt die Eigenschaft von "Eltern"
(hier keine Auswirkung) */
      background-color: inherit;     /* erbt die Eigenschaft von "Eltern"
(hier keine Auswirkung) */
      text-align: center;            /* horizontale Textausrichtung (Unter-
streichung entfällt?!) */
      cursor: pointer;               /* Cursor-Aussehen wenn er auf einem
Auswahlfeld ist (hier Handzeiger) */
      }
    /* Panel-Schaltflaechen Richtung */
    #panelChild2S, #panelChild2V, #panelChild2H, #panelChild2L, #panel-
Child2R {
      width: 0;
      height: 0;
      background-color: transparent; /* rot fuer Debug */
      border-style: solid;
      z-index: 1;
    }
    #panelChild2S {
      border-width: 40px;             /* alle Randbreiten */
      border-color: #35b19b ;         /* Randfarbee */
    }
    #panelChild2V {
      border-width: 0px 40px 80px 40px;  /* Randbreite oben, rechts, un-
ten, links */
      border-color: transparent transparent #35b19b transparent;  /* Rand-
```

```
farbee oben, rechts, unten, links */
      }
      #panelChild2H {
        border-width: 80px 40px 0px 40px;  /* Randbreite oben, rechts, un-
ten, links */
        border-color: #35b19b transparent transparent transparent;  /* Rand-
farbee oben, rechts, unten, links */
      }
      #panelChild2L{
        border-width: 40px 80px 40px 0px;  /* Randbreite oben, rechts, un-
ten, links */
        border-color: transparent #35b19b transparent transparent;  /* Rand-
farbee oben, rechts, unten, links */
      }
      #panelChild2R {
        border-width: 40px 0px 40px 80px;  /* Randbreite oben, rechts, un-
ten, links */
        border-color: transparent transparent transparent #35b19b;  /* Rand-
farbee oben, rechts, unten, links */
      }
    </style>
  </head>
<body>
  <h1>Robot-Auto-Steuerung</h1>
  <!-- Geschwindigkeitsanzeige -->
  <div id="progressbar">
    <div></div>
  </div>
  <hr>
  <!-- Geschwindigkeitsteuerung -->
  <div id ="speedContainer">
    <div class="alleSpeed">
      <a class="speedFlaeche langsam" href="/motor?fahr=langsamer">< lang-
samer</a>
      <a class="speedFlaeche schnell" href="/motor?fahr=schneller">schneller
></a>
    </div>
  </div>
  <!-- Richtungssteuerung -->
  <div class="panelContainer">
    <div class="panelContainerZeile">
      <div class="panelParent">
        <div class="panelChild1">
          <a class="panelChild1-href" href="/motor?fahr=vor">V</a>
        </div>
        <div id="panelChild2V"></div>
```

```
        </div>
      </div>
      <div class="panelContainerZeile">
        <div class="panelParent">
          <div class="panelChild1">
            <a class="panelChild1-href" href="/motor?fahr=links">L</a>
          </div>
          <div id="panelChild2L"></div>
        </div>
        <div>   </div>
        <div class="panelParent">
          <div class="panelChild1">
            <a class="panelChild1-href" href="/motor?fahr=stop">Stop</a>
          </div>
          <div id="panelChild2S"></div>
          </div>
        <div>   </div>
        <div class="panelParent">
          <div class="panelChild1">
            <a class="panelChild1-href" href="/motor?fahr=rechts">R</a>
          </div>
          <div id="panelChild2R"></div>
        </div>
      </div>
      <div class="panelContainerZeile">
        <div class="panelParent">
          <div class="panelChild1">
            <a class="panelChild1-href" href="/motor?fahr=rueck">R</a>
          </div>
        <div id="panelChild2H"></div>
        </div>
      </div>
    </div>
  </body>
  </html>)motorHTML2";
```

Listing 12: Webserver WiFi-Station-Modus, HTML

Blick auf den Sketch und seinen Einsatz

Die Erläuterungen befassen sich im Sinne einer Beschränkung auf das Notwendige nur mit den neuen Funktionalitäten. Auch eine Erklärung der html-Anweisungen würde den Rahmen dieses Buches sprengen.

Der Sketch benötigt für die WiFi-Anbindung und das Aufsetzen des Webservers einige Bibliotheken. Sie sind je nach eingesetztem Board unterschiedlich. Die Auswahl der passenden Bibliothek erfolgt über die bereits bekannte Präprozessordirektive `#ifedef` bzw. #elif, das Einbinnden selbst mit `#include`.

`#include "htmlSeiten.h"` sorgt dafür, dass die HTML-Tags zur Verfügung stehen.

`const char* ssid1` und `const char* password1` beinhalten die Zugangsdaten zu Ihrem Router. Passen Sie sie den lokalen Gegebenheiten an.

In den Bibliotheken `WiFiMulti` und `Webserver` finden sich die für den Sketch benötigten Klassen. Da sich die Bibliotheks- und auch die Klassennamen je nach eingesetztem Board unterscheiden, müssen die Objekte, mit denen der Sketch dann arbeitet, Board-bezogen erstellt werden. Dabei erlaubt es `WiFiMulti`, mehrere Access-Points zu bestimmen, aus denen das Programm den stärksten auswählt. `webServer(80)` bestimmt, dass der Webserver an Port 80 – dies ist der Standardport – auf Anfragen lauscht.

Mehrere Funktionen (z.B. `motorenStop ()`, `vorwaerts ()`, usw.) sind für das Schalten der Motoren für Fahrt und Richtung verantwortlich. Sie beruhen auf den im vorigen Kapitel besprochenen Prinzipien.

Funktionen, die dem Webserver zuzuordnen sind, beginnen hier mit `handle` (z.B. `handleRoot()`). Es handelt sich dabei um ***Callbacks***, in die das Porgramm bei entsprechender Browsereingabe verzweigt. Hierbei spielen URIs die bestimmende Rolle. Ein ***URI*** (engl. Uniform Resource Identifier) besteht aus einer Zeichenfolge und identifiziert eine abstrakte oder physische Ressource. In diesem Zusammenhang hat es sich sprachlich durchgesetzt, dass der URI "IP-Adresse/" sinnbildlich auf die "Wurzel" der Webserverseiten weist, die zugeordnete Funktion trägt dann die Bezeichnung `handleRoot`.

Im Detail baut `handleRoot()` die Browserseite zusammen. Sie besteht aus drei Teilen. Der erste Teil entstammt der Headerdatei (`motorHTML_Seite1`). Es folgt als einziger variabler Bestandteil die Motorgeschwindigkeit. Der dritte Teil kommt wieder aus der Headerdatei (`motorHTML_Seite2`). Die Methode `webServer.send()` sendet die fertige html-Seite, die sich im String `htmlPage` befindet, an den Browser.

Die Funktion `handleMotor()` ist der eigentliche Kern des Sketches. Sie sorgt für die Steuerung des Roboterautos. Dreh- und Angelpunkt sind die Argumente, die der Browser an den Webserver sendet. Die Methode `weberver.arg()` liefert diese, sodass sie unmittelbar zur Auswertung zur Verfügung stehen (z.B. `if(webServer.arg("fahr") == "stop")`). Der entsprechende URI wäre dann <IP-Adresse>/motor?fahr=stop. Sie finden ihn an entsprechender Stelle in der html-Headerdatei .

`handleNotFound()` dient lediglich dazu, bei fehlerhaftem URI eine entsprechende Meldung auszugeben.

Das `setup()` weist nun zwei neue Blöcke auf. Der erste kümmert sich darum, eine Verbindung mit einem der angegebenen Access-Points aufzubauen. Erst bei erfolgreichem Verbindungsaufbau setzt das Programm mit der Ausgabe der IP-Adresse die Bearbeitung fort.

Der zweite Block befasst sich mit dem Webserver. Die Methode `webServer.on()` registriert die Callbacks für die beiden URI's. `webServer.begin()` startet dann den Webserver.

Die `loop()` besteht nur aus einer Anweisung, die auf HTTP-Anfragen lauscht und einer kleinen `63`, um dem Mikrocontroller Zeit für Selbstverwaltungsprozesse einzuräumen.

Laden Sie nun den Sketch hoch und öffnen Sie den seriellen Monitor. Sie sehen, wie das Board versucht, eine Verbindung zu einem Access-Point aufzubauen und bei Erfolg eine IP-Adresse ausgibt (vgl. Abbildung 66).

```
PROBLEMS   OUTPUT   DEBUG CONSOLE   TERMINAL

--- Quit: Ctrl+C | Menu: Ctrl+T | Help: Ctrl+T followed by Ctrl+H ---
WiFi Station-Modus Verbindungsaufbau


verbunden mit b          t
IP-Adresse:     192.168.178.62
HTTP server gestartet
```

Abb. 66: WiFi-Webserver STA-Modus

Unter dieser IP-Adresse ist Ihr Roboterauto in Ihrem Netz erreichbar. Öffnen Sie also einen Browser und geben Sie in dem Adressfeld diese IP-Adresse gefolgt von einem Schrägstrich (hier z.B. also "192.168.178.62/" ein. Sie landen auf der Rootseite Ihres Webservers (vgl. Abbildung 67).

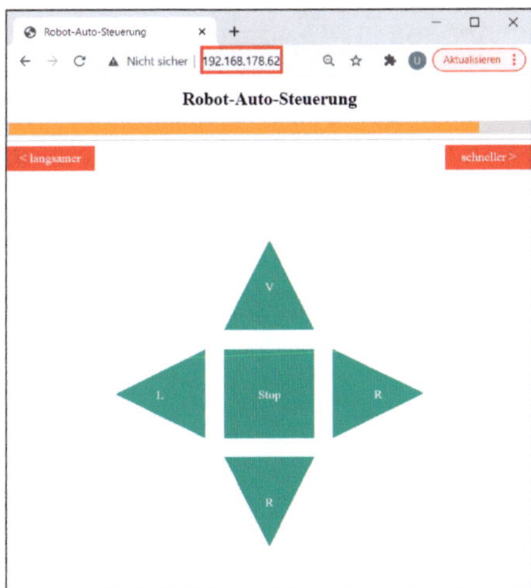

Abb. 67: Roboterauto Rootseite

Klicken Sie auf die Schaltflächen, um Ihr Auto zu steuern und verfolgen Sie den Programmablauf über die Meldungen im seriellen Monitor.

Hinweis: Autos mit lenkbaren Vorderrädern
Schaltung und Sketch sind bei Autos mit lenkbaren Vorderrädern wie z.B. dem Jeep ähnlich. Es entfällt jedoch eine Enabled-Verbindung, denn die Lenkfunktion benötigt bei automatischer Zentrierung lediglich die Information links oder rechts; sie benötigt keine Angaben über "PWM-Geschwidigkeiten".

6.2.2 Accesspoint-Mode

Bei einem Betrieb als reinem Access-Point (AP-Modus) spannt der Mikrocontroller ein eigenes Netz auf, das Signale anderer Geräte empfängt, ohne sie an einen Router weiter zu leiten (siehe Abbildung 68). Anwendungsgebiet sind vielfach Situationen, in denen die Einbindung in ein übergreifendes WLAN nicht möglich ist, dennoch aber die Notwendigkeit besteht, dass andere Geräte für Steuerungszwecke oder das Auslesen von Messwerten auf den Mikrocontroller zugreifen können. Dies ist möglicherweise beim Betrieb eines Roboterautos im Freien der Fall.

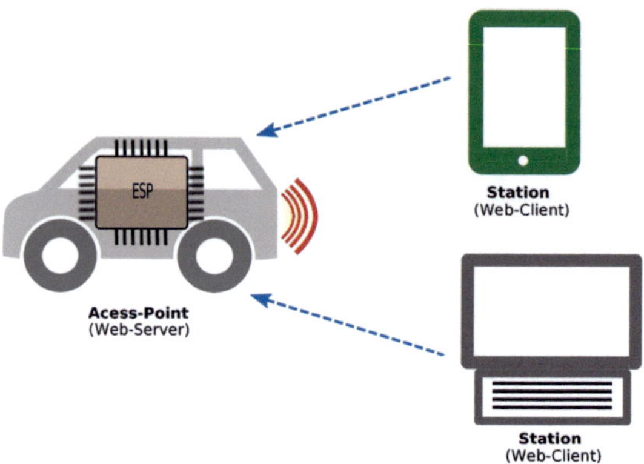

Abb. 68: WiFi-Accesspoint-Mode

Das Anwendungsbeispiel entwickelt den Sketch des vorigen Abschnitts dergestalt fort, dass dieser die nötigen Anweisungen für einen Betrieb im AP-Modus enthält. Die Schaltung bleibt unverändert.

Der Sketch

Der Sketch (vgl. Listing 13) zeigt nur die geänderten Passagen; die Grundzüge stimmen mit denen aus Listing 12 überein.

```
...
#include "htmlSeiten.h"
 #define MINIMUMSPEED    510    // "Minimal-Geschindigkeit"
String wifiModus = "AP";        // STA = Staion, AP = Access-Point
// Definition von Router-Zugangsdaten (credentials)
const char* ssid1       = "IhreSSID";
const char* password1   = "IhrPasswort";
// Definition der AP-Zugangsdaten (credentials)
const char *ssidAP      = "ESP_AP";
const char *passwordAP  = "1234abcd";
WiFiMulti wifiMulti;
...
...
  pinMode(ENA, OUTPUT);
  ledcSetup(LEDC_KANAL_0, LEDC_FREQ, LEDC_AUFLOESUNG);
```

```
    ledcAttachPin(ENA, LEDC_KANAL_0);
    ledcWrite(LEDC_KANAL_0, motorSpeed);           // Tastverhältnis
  if (wifiModus.equals ("STA")) {
    // WiFi-Netzwerke hinzufügen, mit denen eine Verbindung aufgebaut werden
  soll
    wifiMulti.addAP(ssid1, password1);
    wifiMulti.addAP("ssid_from_AP_2", "your_password_for_AP_2");
    wifiMulti.addAP("ssid_from_AP_3", "your_password_for_AP_3");
    WiFi.mode(WIFI_STA);
    Serial.println("WiFi Station-Modus Verbindungsaufbau ");
    // auf WiFi-Verbindung warten: d.h. scan WiFi-Netzwerke und verbinden
    while (wifiMulti.run() != WL_CONNECTED) {
      delay(250);
      Serial.print('.');
    }
    Serial.println('\n');
    Serial.print("verbunden mit ");
    Serial.println(WiFi.SSID());
    Serial.print("IP-Adresse:\t");
    Serial.println(WiFi.localIP());
  } else {
    Serial.println("WiFi Access-Point-Modus ");
    WiFi.softAP(ssidAP, passwordAP);
    Serial.print("Access Point \"");
    Serial.print(ssidAP);
    Serial.println("\" gestartet");
    Serial.print("IP Addresse:\t");
    Serial.println(WiFi.softAPIP());               // IP-Adresse
    delay (500);
  }
    // Call der 'handleRoot' Funktion bei einer Client-Amforderung URI "/"
  ...
```

Listing 13: Webserver WiFi-Accesspoint-Modus

Blick auf den Sketch und seinen Einsatz

Sehr viele zu besprechende Änderungen ergeben sich nicht. Eine Präprozessorvariable `WIFI_MODUS` erlaubt es, je nach Wert den Code für den Betrieb im Station-Modus (`"STA"`) oder als Access-Point (`"AP"`) übersetzen zulassen.

Die globalen Variablen `ssidAP` und `passwordAP` enthalten die Accesspoint-Zugangsdaten ().

Im `setup()` erfolgt die Auswertung der Präprozessorvariablen `WIFI_MODUS` dergestalt, dass nunmehr der Mikrocontroller im Station-Modus oder als AP arbeitet.

Laden Sie den Sketch hoch und verfolgen Sie den Startvorgang im seriellen Monitor (siehe Abbildung 69).

```
PROBLEMS 2   OUTPUT   DEBUG CONSOLE   TERMINAL

--- More details at http://bit.ly/pio-monitor-filters
--- Miniterm on COM4  115200,8,N,1 ---
--- Quit: Ctrl+C | Menu: Ctrl+T | Help: Ctrl+T followed by Ctrl+H ---
WiFi Access-Point-Modus
Access Point "ESP_AP" gestartet
IP Addresse:    192.168.4.1
HTTP server gestartet
```

Abb. 69: WiFi-Webserver AP-Mode

Die angezeigte IP-Adresse benötigen Sie für den Verbindungsaufbau. Nehmen Sie einen PC oder ein Smartphone und suchen Sie nach einem Netzwerk "ESP_AP". Geben Sie das Passwort "1234abcd" ein, um eine Verbindung herzustellen. Anschließend öffnen Sie einen Browser und geben dort die IP-Adresse mit folgendem "/" (hier z.B.: "192.168.4.1/") ein. Sie gelangen dann zu dem gleichen Fenster wie bei Abbildung 67.

6.3 Over-The-Air Update (OTA)

Häufig ist das Board an schwer zugänglichen Stellen verbaut. Das gilt gerade für Roboterautos. Ein Softwareupdate über die USB-Schnittstelle ist dann kaum oder nur mit hohem Aufwand möglich. Hier setzt der Software-Update über das Netz an (***Over-The-Air Update***, OTA). Dies hat den Vorteil, dass Software-Updates möglich sind, sobald das Board Zugang zum Web hat. Dabei ist es allerdings so, dass der OTA-Updater selbst etwas Speicherplatz benötigt und fester Bestandteil des Programms sein muss, damit er auch nach der erstmaligen Implementation weiter zur Verfügung steht. Wesentlich ist auch, dass der WiFi-Modus der Station-Modus ist. Der Weg ist also:

- Laden Sie den initialen Sketch über die USB-Schnittstelle hoch. Er enthält für künftige Aktualisierungen den Code für den OTA-Updater.

- Benutzen Sie den Arduino OTA-Updater für alle weiteren Updates.

Die Arduino-IDE enthält für den ESP32 einen Beispiel-Sketch. Das Beispiel befindet sich unter ***Datei → Beispiele → ArduinoOTA → BasicOTA*** und ist Grundlage für die Erweiterung des Roboterauto-Sketches. Nicht zum Tragen kommt das Feature ***mDNS*** (multicast Dynamic Name Server), da es im Zusammenspiel zwischen ESP32 und Windows nicht funktioniert und der Sketch nicht mehr mit allen Funktionen universell einsetzbar wäre. Ebenfalls außen vor bleiben Passwort- und Authentifizierungsmechanismen.

Die Ergänzungen des Codes sind nachstehend aufgeführt (vgl. Listing 14):

```
...
#define LEDC_AUFLOESUNG 10      // 10-Bit
#define LEDC_FREQ       30000   // 5.000 Hz Frequenz
#include <WiFiUdp.h>            // User Datagram Protocol
#include <ArduinoOTA.h>         // fuer OTA-Update
#include "htmlSeiten.h"
...
```

```
...
  Serial.print("IP Addresse:\t");
  Serial.println(WiFi.softAPIP());                    // ESP32
  delay (500);
}
  ArduinoOTA.onStart([]() {
    String type;
    if (ArduinoOTA.getCommand() == U_FLASH) {
      type = "sketch";
    } else { // U_FS
      type = "filesystem";
    }
    Serial.println("Start updating " + type);
  });
  ArduinoOTA.onEnd([]() {
    Serial.println("\nEnd");
  });
  ArduinoOTA.onProgress([](unsigned int progress, unsigned int total) {
    Serial.printf("Progress: %u%%\r", (progress / (total / 100)));
  });
  ArduinoOTA.onError([](ota_error_t error) {
    Serial.printf("Error[%u]: ", error);
    if (error == OTA_AUTH_ERROR) {
      Serial.println("Auth Failed");
    } else if (error == OTA_BEGIN_ERROR) {
      Serial.println("Begin Failed");
    } else if (error == OTA_CONNECT_ERROR) {
      Serial.println("Connect Failed");
    } else if (error == OTA_RECEIVE_ERROR) {
      Serial.println("Receive Failed");
    } else if (error == OTA_END_ERROR) {
      Serial.println("End Failed");
    }
  });
  ArduinoOTA.begin();
  // Call der ‚handleRoot‘ Funktion Client-Amforderung URI "/"
...
...
void loop(void){
  ArduinoOTA.handle();
  webServer.handleClient();
  delay (50);
}
```

Listing 14: Ergänzungen OTA-Update

Blick auf den Sketch und seinen Einsatz
Die benötigten Funktionen und Methoden befinden sich in den Bibliotheken `WiFiUdp.h` sowie `ArduinoOTA.h`. Die Bibliotheken sind i.d.R. bereits vorhanden.

Im `setup()` erfolgt unmittelbar nach dem Verbindungsaufbau mit einem Access-Point (Router) das Registrieren der Methoden für `ArduinoOTA (ArduinoOTA.onStart(), ArduinoOTA.onEnd(), ArduinoOTA.onProgress(), ArduinoOTA.onError() )`. Die Methode `ArduinoOTA.begin()` startet die Verbindung.

In der `loop()` prüft die Methode `ArduinoOTA.handle()`, ob ein Update anliegt und führt diesen erforderlichenfalls durch. Achten Sie bei Ihren Projekten darauf, diese Methode hinreichend häufig aufzurufen. Ein zu großer Abstand führt dazu, dass das OTA-Update nicht mehr funktioniert.

Laden Sie den Sketch wie gewohnt über USB-Kabel und USB-Port hoch, damit Sie die OTA-Funktion nutzen können. Ergänzen Sie nun die platformio.ini-Datei:

```
[env:esp32dev]
platform = espressif32
board = esp32dev
framework = arduino
monitor_speed = 115200
upload_protocol = espota
upload_port = 192.168.178.62
```

Der vorletzte Eintrag lässt PlatformIO in das OTA-Upload-Verfahren verzweigen. `upoad_port` spezifiziert die IP-Adresse, mit der Ihr ESP32 gerade über das Netz zu erreichen ist.

Starten Sie den Upload wie gewohnt über das entsprechende Icon und verfolgen Sie den Vorgang im Terminal-Bereich.

Hinweis für Windows-Nutzer
Beim ersten Mal erfolgt i.d.R. durch Windows eine Sicherheitsabfrage. Das Bearbeiten der Abfrage kann dazu führen, dass der Upload misslingt. Starten Sie den Upload neu.

Der Upload ist abgeschlossen, sobald die grüne Verlaufsanzeige erlischt. Geben Sie dem Mikrocontroller noch etwas Zeit, den Update zu verarbeiten und neu zu starten.

Kapitel 7 • Steuerung über Infrarotsignale

Infrarotsignale sind Signale, deren Übertragungsfrequenz im Bereich der ***Infrarotstrahlung*** liegt. Diese kennzeichnet einen Sektor des ***Elektromagnetischen Spektrums***, der ein Spektrum mit Wellenlängen von 1 µm – 70 nm (siehe Abbildung 70) umfasst und außerhalb des für das menschliche Auge sichtbaren Lichts liegt. Der Spektralbereich unterteilt sich nochmals in nahes, mittleres und fernes Infrarot.

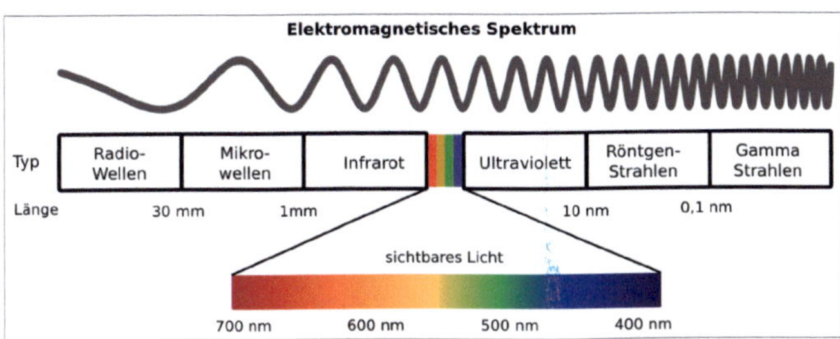

Abb. 70: Infrarot Spektralbereich

Die Anwendung von Infrarotstrahlung ist breit gefächert und reicht von Verfahren zur chemischen Analyse, der Astronomie, für Heizzwecke bis zur Steuerung in Elektronik und Computeranwendungen. Hier sind es Infrarotfernbedienungen, Optokoppler und Lichtschranken, die im nahen Infrarot bei 880 bis 950 nm Wellenlänge arbeiten. Grund ist, dass hier Silizium-Photodioden und Phototransistoren ihre höchste Empfindlichkeit haben.

Infrarotfernbedienungen bestehen aus einer sendenden und einer empfangenden Komponente. Die Signalübertragung erfolgt anhand serieller binärer Puls-Codes. Das heißt, eine Folge von OnOff-Signalen (***Burst-Signalen***) bildet die Rohdaten der zu übertragenden Nachricht (siehe Abbildung 71).

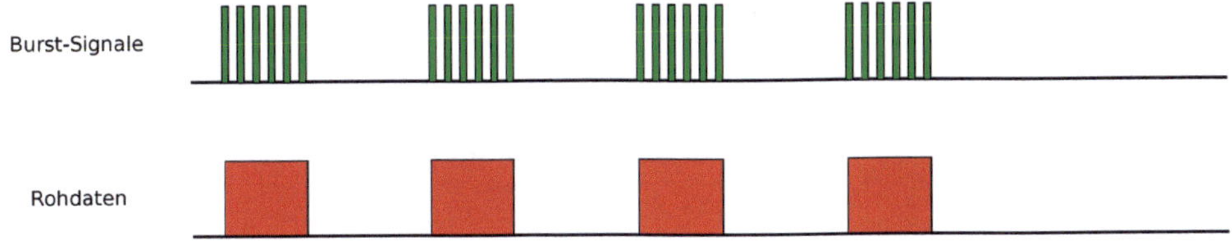

Abb. 71: IR-Burstsignal

Die Rohdaten enthalten gleichsam in verschlüsselter (codierter) Form den Klartext der Nachricht. Grundlage der Codierung ist wie bei allen anderen Signalübertragungen auch ein Protokoll. Im Infrarotsektor sind die unterschiedlichsten Protokolle im Einsatz (vgl.

www.mikrocontroller.net/articles/IRMP).

Die nachfolgende Schaltung basiert auf dem ***NEC-Protokoll*** (siehe Abbildung 72).

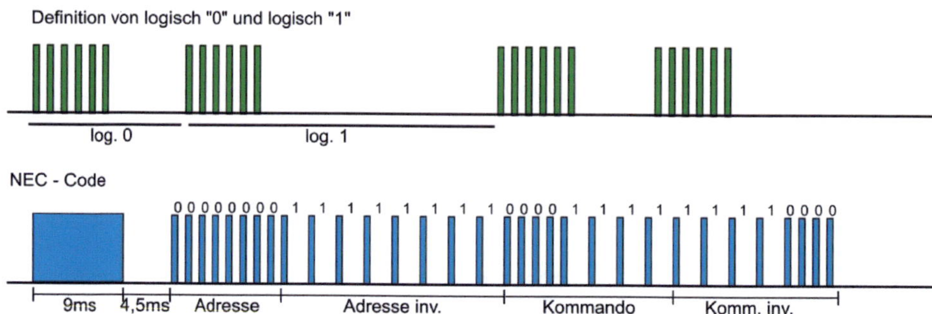

Abb. 72: IR-NEC-Protokoll

7.1 Die IR-Komponenten

Abbildung 73 zeigt ein ***IR-Empfangsmodul***, eine ***IR-Diode*** für das Senden und eine ***IR-Fernbedienung***.

Abb. 73: IR-Komponenten

Die Anschlussbelegung des Empfangsmoduls divergiert von Hersteller zu Hersteller. Hier ist es GND (braunes Kabel), VCC und Signal (S, oranges Kabel).

7.2 Mit IR steuern

Mittels IR ein Roboterauto zu steuern ist gar nicht so schwierig. An dieser Stelle geht es nur darum, dass Fahrzeug zu bewegen. Der Code ist aber eine Blaupause, mit der Sie auch andere Tasten der Fernbedienung für weitere Steuerungsfunktionen nutzen können.

Die Schaltung

Die bisherige Schaltung erweitert sich um ein IR-Empfangsmodul (vgl. Abbildung 74).

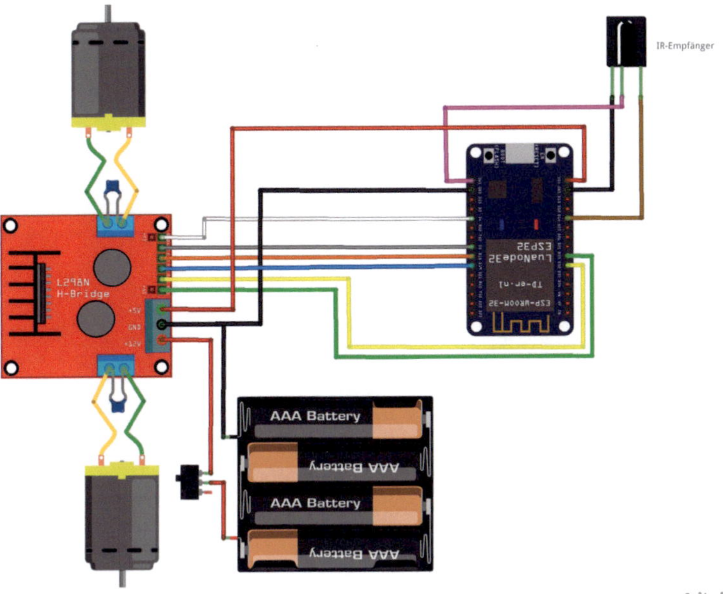

Abb. 74: Roboterauto Schaltung mit IR-Empfänger

Der Sketch

Sie benötigen die Bibliothek "IRremoteESP8266"; diese bedient auch den ESP32. Fügen Sie die Bibliothek mit dem Bibliotheksmanager hinzu.

Im Listing ergeben sich ein paar Erweiterungen (vgl. Listing 15):

```
. . .
#define HAT_IR                          // hat Infrarot-Steuerung
#include <WiFi.h>
#include <WiFiClient.h>
#include <WiFiMulti.h>
#include <WebServer.h>
#if defined HAT_IR
  #include <IRrecv.h>
  #include <IRtext.h>
#endif
#define ENA                 33
#define IN1                 32
#define IN2                 19
#define ENB                 4
#define IN3                 18
#define IN4                 5
#define LEDC_KANAL_0        0
#define LEDC_KANAL_1        1
#define LEDC_AUFLOESUNG 10
```

```
#define LEDC_FREQ        30000
#define IR_RECV_PIN      14       // D14 - IR-Receiver
. . .
. . .
//fuer die Motorsteuerung
int motorSpeed = 1023;            // Geschwindigkeit
int lenkSpeed  = 850;             // Lenkbewegungen
//IR-Steuerung
#if defined HAT_IR
const uint16_t kRecvPin = IR_RECV_PIN;      // GPIO13 = G13
const uint16_t kCaptureBufferSize = 1024;
const uint8_t  kTimeout = 50;
IRrecv irrecv(kRecvPin, kCaptureBufferSize, kTimeout, true);
decode_results results;               // für die Ergebnisse
#endif
// Motoren Fahrt und Richtung schalten
void motorenStop () {
. . .
. . .
void langsamer () {
  Serial.println("langsamer");
  motorSpeed-=20;
  if (motorSpeed < MINIMUMSPEED) {
      motorSpeed = MINIMUMSPEED;
  }
  ledcWrite(LEDC_KANAL_0, motorSpeed);
  ledcWrite(LEDC_KANAL_1, motorSpeed);
}
void schneller () {
  Serial.println("schneller");
  motorSpeed+=20;
  if (motorSpeed > 1023) {
      motorSpeed = 1023;
  }
  ledcWrite(LEDC_KANAL_0, motorSpeed);
  ledcWrite(LEDC_KANAL_1, motorSpeed);
}
// senden der Start HTML-Seite, bei einem URI '/' oder
// bei einem URI ‚motor‘ nach Auswertung der Parameter
void handleRoot() {
  Serial.println("handleRoot");
. . .
. . .
// Auswertung einer HTML-Anfrage einem URI '/motor'
void handleMotor() {
  Serial.println("handleMotor");
```

```
  if(webServer.arg("fahr") == "langsamer") {
   langsamer ();
  }
  if(webServer.arg("fahr") == "schneller") {
    schneller ();
  }
  if(webServer.arg("fahr") == "stop") {
. . .
. . .
void handleNotFound(){
  Serial.println("handleNotFound");
  webServer.send(404, "text/plain", "404: Not found");
}
// wertet IR-Fernbedienungsbefehle aus
#if defined HAT_IR
void checkIR (void) {
  if (irrecv.decode(&results)) {
    if (results.overflow) {
      Serial.printf(D_WARN_BUFFERFULL "\n", kCaptureBufferSize);
      return;
    }
    //Serial.println(results.command, HEX);
    if (results.command == 0x46) {
      vorwaerts ();
    } else
    if (results.command == 0x44) {
      links ();
    } else
    if (results.command == 0x40) {
      motorenStop ();
    } else
    if (results.command == 0x43) {
      rechts ();
    } else
    if (results.command == 0x15) {
      rueckwaerts ();
    } else
    if (results.command == 0x42) {
      langsamer ();
    } else
    if (results.command == 0x4A) {
      schneller ();
    }
  }
}
```

```
#endif
void setup(void){
. . .
. . .
  Serial.println("HTTP server gestartet");
#if defined HAT_IR
  irrecv.enableIRIn();              // Start IR-Receiver
#endif
}
void loop(void){
  ArduinoOTA.handle();
  webServer.handleClient();
#if defined HAT_IR
  checkIR();
#endif
  delay (50);
}
```

Listing 15: mit Infrarot steuern

Blick auf den Sketch und seinen Einsatz

Der Gesamt-Code wächst und damit schwindet auch notgedrungen die Übersichtlichkeit. Hinzu kommt, dass vielleicht nicht jeder für die Steuerung die IR-Technik einsetzen möchte. Nun - letzteres Problem lässt sich leicht lösen und der Ansatz sind die Präprozessordirektiven `#if defined` und `#endif`. Sie steuern die Übersetzung dergestalt, dass der Compiler den in den von den Variablen gebildeten Block übersetzt, wenn ein bestimmter Bezeichner gesetzt ist.

Angenommen es gibt einen Bezeichner `HAT_IR` (`#define HAT_IR`); der Übersetzer bindet die Bibliotheken ein.

```
#if defined HAT_IR
  #include <IRrecv.h>
  #include <IRtext.h>
#endif
```

Existiert ein Bezeichner `HAT_IR` dagegen nicht, überspringt der Übersetzer den in diesem Block liegenden Code (hier das Einbinden zweier Bibliotheken). Selbstverständlich gilt dieses Verhalten für jeglichen Code in Ihrem Programm.

Darüber hinaus weist der Sketch keine wesentlichen Neuerungen auf. Hinzu gekommen sind zwei Bibliotheken sowie ein paar Variablen für den Empfang von Infrarot-Signalen. `irrecv` ist ein `Irrecv`-Objekt; eine Eigenschaft dieses Objektes ist z.B. der GPIO-Pin, an dem das Infrarot-Modul angeschlossen ist. `results` nimmt die Rückgabeergebnisse auf und ist eine Struktur vom Typ `decode_results`; deren Definition befindet sich in den neuen Bibliotheken.

Vor dem Hintergrund einer verbesserten Programmstruktur sind nunmehr die Anweisungen für das Beschleunigen und das Bremsen eigene Funktionen.

Neu ist ebenso die Funktion `checkIR()` (haben Sie einen Blick auf die den Code umschließenden Präprozessordirektiven `#if defined` und `#endif`). Sie wertet den Feldinhalt von `command`, einem Feld der Struktur `results`, aus und verzweigt in Abhängigkeit vom empfangenen Wert in die ausführenden Funktionen. Der Aufruf von `checkIR()` erfolgt aus der `loop()`.

Im `setup()` sorgt `irrecv.enableIRIn()` für den Start des Infrarot-Empfangs; in der `loop()` erfolgt die Abfrage auf empfangene IR-Signale.

Tipp: Tastencode ermitteln
Die Bibliothek "IRremoteESP8266" beinhaltet auch mehrere Beispiel-sketche. Dazu zählt auch der Sketch IRrecvDumpV2, der bei Empfang von IR-Signalen eine Decodierung versucht und ein entschlüsseltes Ergebnis ausgibt. Sie finden den Sketch in <pfadZumPlatformioProArbeitsord-ner>/Projects/<projektName>/.pio/libdeps/esp32dev/IRremoteESP8266/examples/IRrecvDumpV2.

Kapitel 8 • Mit Sensoren Hindernisse erkennen

Selbst bei konzentrierter Steuerung des Roboterautos über das Web können Kollisionen des Fahrzeuges mit Hindernissen vorkommen. Sensoren, die die Entfernung messen oder Kontakte registrieren, ermöglichen automatisierte Ausweichmanöver. Dieses Kapitel ist zwei entsprechenden Sensoren gewidmet:

- der Kontaktsensor
- der Ultraschallsensor

8.1 Die Sensoren

8.1.1 Der Kontaktsensor

Ein ***Kontaktsensor*** reagiert auf Ereignisse, die einen Kontakt schließen oder die einen geschlossenen Kontakt öffnen. Anwendung findet hier die erste Variante: stößt das Roboterauto bei einer Fahrbewegung (hier: Rückwärtsfahrt) auf ein Hindernis, schließt eine "Stoßstange" einen Kontakt, der eine Verbindung zu *GND* herstellt.

Für die programmtechnische Auswertung derartiger Ereignisse stehen zwei Methoden bereit:

- ***Polling***: bei jedem Schleifendurchlauf erfolgt eine Prüfung, ob der Kontakt geschlossen ist.

- ***Externer Interrupt***: der Kontakt löst einen Interrupt aus;
  Interrupts sind programmtechnisch eine vorübergehende Unterbrechung einer laufenden Befehlsfolge, um einen anderen zeitlich kritischen Vorgang abzuarbeiten. Der Prozessor informiert bei Eintreten eines Ereignisses sofort, sodass das Programm unverzüglich und ohne ständige Abfrage von Statusvariablen reagieren kann.

In diesem Beispiel soll die Ereignis-Abfrage auf Interrupts beruhen. Dabei setzt der Prozessor bei Anforderung einer Unterbrechung (hier: Stoßstangenkontakt) die Ausführung der Hauptroutine aus und führt statt dessen die Befehle in einer speziellen Unterbrechungsroutine aus (***ISR***, engl.: interrupt service routine). Da die Unterbrechung möglichst kurz sein soll, sollten zeitintensive Befehle wie serielle Ein- und Ausgaben oder `delays()` nicht in der ISR sondern im Hauptprogramm stehen. Dazu werden programmtechnisch Steuerparameter und Variablen auf eine bestimmte Art und Weise an das Hauptprogramm übergeben. Nach dem Abarbeiten der ISR wird die Hauptroutine an der unterbrochenen Stelle fort geführt.

8.1.2 Der Ultraschallsensor HC-SR04

Wenn es in der Robotik darum geht, kontaktlos Entfernungen zu messen, werden ***Ultraschallsensor*** (vgl. Abbildung 75) häufig eingesetzt. Von einem Lautsprecher wird ein Ultraschall-Ton ausgegeben und ein Mikrofon erfasst die von einem Objekt reflektierten Schallwellen. Die gemessene Zeitspanne zwischen dem Senden des Signals und dem Empfang des Echos ist unter Berücksichtigung der Schallgeschwindigkeit von 343,2 m/s bei 20 ° Celsius Berechnungsgrundlage für die Distanz.

Abb. 75: Der Ultraschallsensor HC-SR04

Achtung: Betriebsspannung HC-SR04
Einige Versionen des HC-SR04 müssen mit 5 V betrieben werden. Sehen Sie daher zum Schutz des GPIO-Pins des Echo-Signals einen Spannungsteiler vor! Der Trigger des Moduls funktioniert auch mit dem Spannungslevel der Mikrocontroller.

8.2 Hindernissen ausweichen

Hindernisse treten überwiegend bei der Vorwärts- aber auch bei der Rückwärtsfahrt auf (seitliche Hindernisse bleiben an dieser Stelle außen vor). Es gilt diese Hindernisse zu erkennen und entsprechende Ausweichmanöver einzuleiten. Beispielhaft soll für das Erkennen von vor dem Roboterauto befindliche Hindernisse ein Ultraschallsensor und bei der Rückwärtsfahrt ein Kontaktsensor zum Einsatz kommen.

Die Schaltung

Die Abbildung 76 zeigt die um einen Kontaktsensor und einen Ultraschallsensor erweiterte Schaltung. Sie geht davon aus, dass nur der Antriebsmotor hinsichtlich der Geschwindigkeit zu steuern sein soll (Beispiel "Jeep"). Deshalb ist *EnableB* des L298N auch nicht belegt. Darüber hinaus geht die Schaltung von einem Spannungsteiler für den HC-SR04 aus.

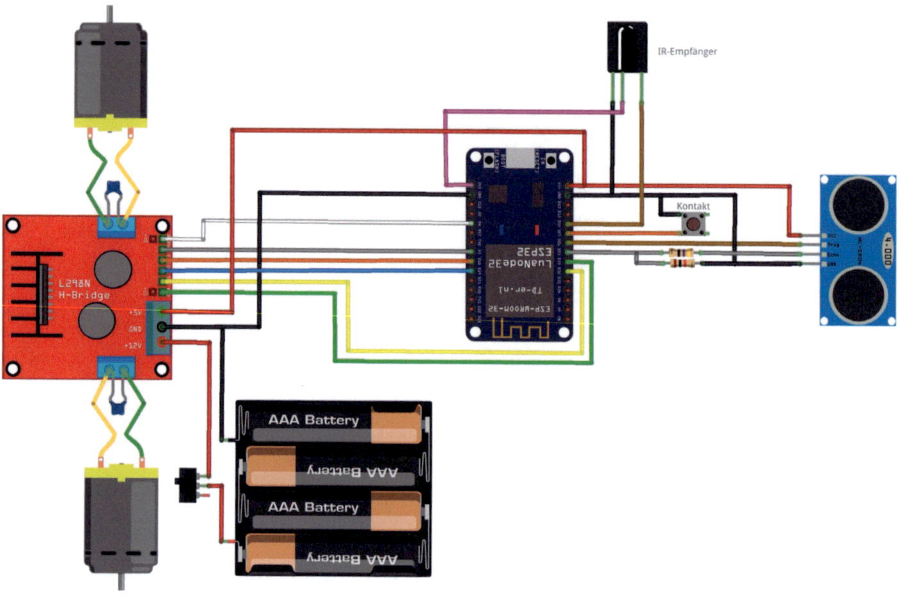

Abb. 76: Webserver Schaltung mit Sensoren

Der Sketch

Für den Sketch sind doch einige Ergänzungen nötig. Auch hier beschränkt sich die Darstellung auf die Änderungen. Es kann sein, dass die Übersichtlichkeit etwas leidet. Den gesamten Sketch finden Sie deshalb in der Anlage.

Auch her soll die Option bestehen, dass das Roboterauto diese Funktionen nicht hat. Die Ergänzungen sind (vgl. Listing 16):

```
#define HAT_SENSOREN
...
#define LEDC_KANAL_0     0
#define LEDC_AUFLOESUNG 10
#define LEDC_FREQ       30000
#define IR_RECV_PIN     14      // Pin D14  IR-Receiver
#define INTERR_PIN      27      // Pin D27 - ext. Interr.
#define US_TRIG_PIN     26      // Pin D26 - US-Trigger
#define US_ECHO_PIN     25      // Pin D25 - US-Echo
#include <WiFiUdp.h>            // User Datagram Protocol (UDP; minimales,
verbindungsloses Netzwerkprotokoll)
#include <ArduinoOTA.h>         // fuer OTA-Update
#include "htmlSeiten.h"
// Funktions-Prototypen
void ausweichenRueck(int);
void ausweichenVor(int);
#define MINIMUMSPEED    723
```

```
...
...
IRrecv irrecv(kRecvPin, kCaptureBufferSize, kTimeout, true);
decode_results results;            // für die Ergebnisse
#endif
//Sensoren
#if defined HAT_SENSOREN
//Kontaktsensor
volatile bool interruptStatus;     // 1 = true = interrupt
volatile int alteZeit = 0, debounceZeit = 500;
portMUX_TYPE timerMux = portMUX_INITIALIZER_UNLOCKED;
//Ultraschallsensor
float entfernungUS;                // ber. Entf. US
// überprüfen, ob Stoßstangenkontakt (Interrupt) vorliegt und ggf. Ausweich-
manöver durchführen
void checkInterrupt() {
  if (interruptStatus == true) {
    Serial.println("interruptStatus = true");
    portENTER_CRITICAL_ISR(&timerMux);
    interruptStatus = false;
    portEXIT_CRITICAL_ISR(&timerMux);
    if (motorRun) {
      ausweichenVor(0);
    }
  }
}
// ISR-Routine
void IRAM_ATTR isrHandler() {
  if  ( (millis() - alteZeit) > debounceZeit) {
    portENTER_CRITICAL_ISR(&timerMux);
    interruptStatus = true;
    portEXIT_CRITICAL_ISR(&timerMux);
    alteZeit = millis();           // letzte Zeit merken
  }
}
// lesen der HCSR04 Messwerte
void lesenHCSR04() {
  float dauer;                             // Echo-Zeitspanne
  digitalWrite(US_SENSOR_TRIG_PIN, LOW);
  delayMicroseconds(5);
  digitalWrite(US_SENSOR_TRIG_PIN, HIGH);  // Trig. an
  delayMicroseconds(10);
  digitalWrite(US_SENSOR_TRIG_PIN, LOW);
  dauer = pulseIn(US_SENSOR_ECHO_PIN, HIGH); // Pulsl.
  entfernungUS = dauer * 0.034 / 2;          // Entf.
  //Serial.println("Entfernung (cm): " + String (entfernungUS));
```

```
    if (entfernungUS < 3.5) {
      Serial.println("Entfernung (cm) zu kurz: " + String (entfernungUS));
      ausweichenRueck(0);
    }
    delay(5);
  }
  #endif
  // Motoren Fahrt und Richtung schalten
  void motorenStop () {
    Serial.println("stop");
    digitalWrite(IN1, LOW);
    digitalWrite(IN2, LOW);
    digitalWrite(IN3, LOW);
    digitalWrite(IN4, LOW);
    motorRun = false;
  void vorwaerts () {
    Serial.println("vor");
    ledcWrite(LEDC_KANAL_0, motorSpeed);
    digitalWrite(IN1, HIGH);
    digitalWrite(IN2, LOW);
    ledcWrite(LEDC_KANAL_1, motorSpeed);
    digitalWrite(IN3, HIGH);
    digitalWrite(IN4, LOW);
    motorRun = true;
  }
  void rueckwaerts () {
    Serial.println("rueck");
    ledcWrite(LEDC_KANAL_0, motorSpeed);
    digitalWrite(IN1, LOW);
    digitalWrite(IN2, HIGH);
    ledcWrite(LEDC_KANAL_1, motorSpeed);
    digitalWrite(IN3, LOW);
    digitalWrite(IN4, HIGH);
    motorRun = true;
  }
  void links () {
    Serial.println("links");
    ledcWrite(LEDC_KANAL_0, lenkSpeed);
    digitalWrite(IN1, LOW);
    digitalWrite(IN2, HIGH);
    ledcWrite(LEDC_KANAL_1, lenkSpeed);
    digitalWrite(IN3, HIGH);
    digitalWrite(IN4, LOW);
  }
  void rechts () {
    Serial.println("rechts");
```

```
    ledcWrite(LEDC_KANAL_0, lenkSpeed);
    digitalWrite(IN1, HIGH);
    digitalWrite(IN2, LOW);
    ledcWrite(LEDC_KANAL_1, lenkSpeed);
    digitalWrite(IN3, LOW);
  }
  void langsamer () {
    Serial.println("langsamer");
    motorSpeed-=20;
    if (motorSpeed < MINIMUMSPEED) {
        motorSpeed = MINIMUMSPEED;
    }
    ledcWrite(LEDC_KANAL_0, motorSpeed);
    ledcWrite(LEDC_KANAL_1, motorSpeed);
  }
  void schneller () {
    Serial.println("schneller");
    motorSpeed+=20;
    if (motorSpeed > 1023) {
        motorSpeed = 1023;
    }
    ledcWrite(LEDC_KANAL_0, motorSpeed);
    ledcWrite(LEDC_KANAL_1, motorSpeed);
  }
  #if defined HAT_SENSOREN
  // Ausweichmanöver
  // Hindernis bei Vorwärtsfahrt;
  // => ausweichen durch temporäre Rückwärtsbewegeung
  // @ri : Ausweichrichtung: 0 = rechts, 1 = links
  void ausweichenRueck(int ri) {
    Serial.println("ausweichenRueck");
    rueckwaerts();
    delay (1000);           // 1 sek. rueckwaerts fahren
    if (ri == 0) {
      links();
    } else {
      rechts ();
    }
    delay (500);            // 0,5 sek. links fahren
    vorwaerts();
  }
  // // Hindernis bei Rückwärtsfahrt;
  // => ausweichen durch temporäre Vorwärtsbewegeung
  // @ri : Ausweichrichtung: 0 = rechts, 1 = links
  void ausweichenVor(int ri) {
    Serial.println("ausweichenVor");
```

```
    vorwaerts();
    delay (1000);              // 1 sek. rueckwaerts fahren
    if (ri == 0) {
      links();
    } else {
      rechts ();
    }
    delay (500);               // 0,5 sek. links fahren
    rueckwaerts();
  }
  #endif
  ...
  ...
  void loop(void){
    ArduinoOTA.handle();
    webServer.handleClient();
  #if defined HAT_IR
    checkIR();
  #endif
  #if defined HAT_SENSOREN
    checkInterrupt();
    lesenHCSR04();
  #endif
    delay (5);
  }
```

Listing 16: Hindernisse erkennen

Blick auf den Sketch und seinen Einsatz

Über `#defines`-Direktiven sind drei weitere GPIOs zu belegen. Einer ist für den Kontaktsensor und zwei für den Ultraschallsensor (Trigger und Echo).

Es schließen sich die Deklaration von zwei ***Funktionsprototypen*** an. Grund ist, dass PlatformIO – anders als die Arduino-IDE – Wert darauf legt, dass Funktionen gemäß dem C-Standard vor ihrem Aufruf deklariert sind. Dies wäre so wie der Sketch aufgebaut ist ohne eine vorherige Deklaration von Funktions-Prototypen nicht der Fall.

Auch gibt es einige neue globale Variablen. Die Merker `motorRun` und `interruptStatus` zeigen, ob sich das Roboterauto fortbewegt bzw. ob der Kontaktsensor einen Kontakt festgestellt hat. Die beiden Variablen `alteZeit` und `debounceZeit` haben etwas mit den Besonderheiten eines Kontaktsensors zu tun. Nähere Erläuterungen hierzu erfolgen im nächsten Absatz. Dies gielt auch für die Variable `timerMux`. `entfernungUS` enthält die mittels Ultraschall berechnete Entfernung zum nächst erfassten Hindernis.

Die Funktion `checkInterrupt()` wertet den Merker `interruptStatus` aus. Hat ein Kontakt stattgefunden, ist also der Merker `true`, wird eine Ausweichbewegung noch vorne eingeleitet, sofern sich das Fahrzeug in einer Richtungsbewegung befindet (`motorRun = true`). Die

Anweisung `interruptStatus = false` setzt den Kontaktmerker wieder zurück.

Die Funktion `isrHandler()` ist die Interrupt-Routine und weist einige Besonderheiten auf. Das Attribut `IRAM_ATTR` sagt dem Compiler, den Code im internen RAM (***IRAM***) abzulegen. Dieser ist viel schneller als der Flash, wo der der Code anderenfalls eingefügt würde. Besuchen Sie die Espressif-Dokumentation (https://docs.espressif.com/projects/esp-idf/en/latest/esp32/api-reference/system/intr_alloc.html) bzw. einen Beitrag von Neil Kolban (https://esp32.com/viewtopic.php?t=4978) für weitergehende Informationen.

Die Makros `portENTER_CRITICAL_ISR()` und `portEXIT_CRITICAL_ISR()` haben etwas mit der Architektur des ESP32 als Zwei-Kern-CPU zu tun. Dies kann dazu führen, dass der Haupttask auf einem anderen Kern läuft als die Routine für das ISR-Handling. In der Folge kann es zu unkoordinierten Zugriffen auf die Variable `interruptStatus` kommen. Die beiden Makros blockieren einen konkurrierenden Zugriff und sorgen damit für definierte Verhältnisse.

Eine weitere Besonderheit ist das Schlüsselwort `volatile` bei der Deklaration der Variablen `alteZeit` und `debounceZeit`. Sie verhindert, dass der Compiler die Variable bei der Optimierung des Übersetzungsergebnisses wegoptimiert (der Compiler kann keine Verbindung zwischen dem übrigen Programm und der ISR-Routine sehen). Beide Variablen dienen dazu das "Prellen" der Kontaktsensoren zu vermeiden (engl. ***debounce***). Hierbei handelt es sich um einen Effekt beim Öffnen und Schließen von Schaltern und Tasten, wo nicht sofort eine physikalisch dauerhafte und damit elektrisch stabile Verbindung entsteht, sondern zunächst eine Vielzahl unerwünschter öffnender und schließender Vorgänge stattfinden. Der Wert von `debounceZeit` bestimmt die Dauer des Ausblendens von Störsignalen.

Die Funktion `lesenHCSR04()` misst die Entfernung zu einem etwaigen Hindernis bei Vorwärtsfahrt und leitet erforderlichenfalls eine Ausweichbewegung ein. Die Anweisungen sind inline hinreichend kommentiert, sodass weitere Erläuterungen entbehrlich sind.

Die folgenden beiden Funktionen `ausweichenRueck()` und `ausweichenVor()` steuern das Ausweichmanöver. Ein Parameter legt die Richtung der Ausweichbewegung fest. Der prinzipielle Ablauf ist in beiden Fällen identisch. Zunächst erfolgt eine kurze Fahrt in Gegenrichtung, dann eine Lenkbewegung unter Beibehaltung der Richtung und nach kurzer Zeit eine Richtungsumkehr in die ursprüngliche Fahrtrichtung.

Neu ist in den Funktionen `vorwaerts()` und `rueckwaerts()` das Setzen der Merkers `motorRun`.

Im `setup()` erfolgt das setzen der Pin-Modes für die drei neuen GPIOs. Dabei aktiviert der Parameter `INPUT_PULLUP` für den Interrupt-Pin den internen Pullup-Widerstand und zieht den GPIO auf positives Spannungspotential. Dies ermöglicht, dass Auslösen eines Interrupts sobald der GPIO auf `GND` gelegt wird. Die Anweisung `attachInterrupt (digitalPinToInterrupt(INTERR_PIN), isrHandler, FALLING)` aktiviert die Interrupt-Funktionen. Der erste Parameter ist der entsprechende GPIO-Pin, der zweite verweist auf die zu durchlaufende ISR-Routine und der dritte kennzeichnet das Interrupt-Ereignis. Hier löst eine fallende Flanke, also ein Pegelwechsel von positiv auf null, den Interrupt aus.

In der `loop()` erfolgt noch der Aufruf auf die beiden Funktionen, die die Sensorereignisse "Hindernis erkannt" auswerten.

Laden Sie den Sketch hoch. Der serielle Monitor zeigt wie gehabt den Verbindungsaufbau. Simulieren Sie ein Hindernis mit einem Gegenstand vor dem Ultraschallsensor bzw. mit einem Jumperkabel-Kontakt mit "GND", sodass Sie den Programmablauf im seriellen Monitor verfolgen können (vgl. Abbildung 77).

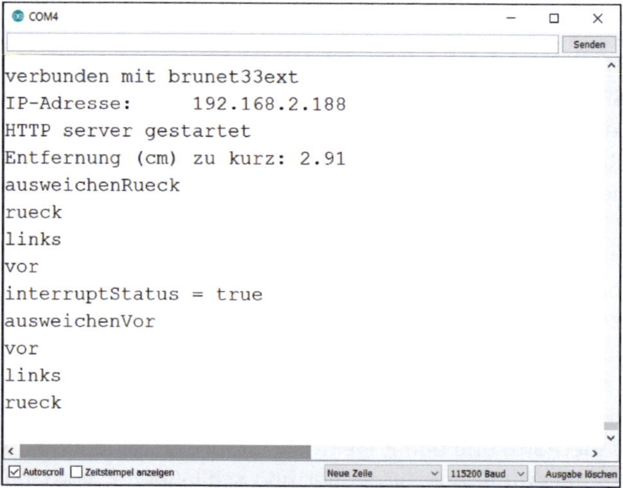

Abb. 77: Hinderniserkennung mit Sensoren

Exkurs: ISR-Handling mit Task-Notofications
Der o.g. Sketch bedient sich zur abgesicherten Kommunikation zwischen den Kernen eines s.g. MUTEX. Den gleichen Effekt können Sie mit Task-Notofications erreichen. Listing 17 zeigt einen Code-Schnipsel, der dieses Instrument verwendet).

```
#include <Arduino.h>
#include "freertos/FreeRTOS.h"
#include "freertos/task.h"
#define BUTTON_PIN 32
TaskHandle_t task_handle_1 = NULL;
void task_code_1(void * pvParameters) {
  while (1) {
    if (ulTaskNotifyTake(pdTRUE, portMAX_DELAY) != 0) {
      Serial.println("Button gedrückt");
    }
  }
}
void IRAM_ATTR isrHandler() {
  static unsigned long last_interrupt_time = 0;
  unsigned long interrupt_time = millis();
  if (interrupt_time - last_interrupt_time > 200) {
```

```
      vTaskNotifyGiveFromISR(task_handle_1, NULL);
    }
    last_interrupt_time = interrupt_time;
  }
  void setup() {
    Serial.begin(115200);
    Serial.println("start - mit Butten ISR-auslösen ");
    pinMode(BUTTON_PIN, INPUT_PULLUP);
    attachInterrupt(digitalPinToInterrupt(BUTTON_PIN), isrHandler, RISING);
    xTaskCreate(task_code_1, "Task 1", 2048, NULL, 1, &task_handle_1);
  }
  void loop() {
  }
```

Listing 17: Task-Notofications

Kapitel 9 • Steuerung mit einer App

Ein Smartphone erlaubt gegenüber dem PC ein höheres Maß an Flexibilität und örtlicher Unabhängigkeit. Die Steuerung des Roboterautos mit einem Smartphone oder Tablet ist bereits über einen Browser möglich. Als nächstes geht es darum, dies mit einer selbst gestalteten App zu übertragen. Hierzu gibt ein paar Optionen:

- ***Blynk*** (https://blynk.io/):
  viele Widgets, läuft über externe Server, Installieren weiterer Bibliotheken nötig

- ***MIT App Inventor*** (https://appinventor.mit.edu/)
  großer App-Baukasten, allerdings auf Android beschränkt

- ***thunkable*** (https://thunkable.com)
  Umfang der Widgets und Handhabung ähnlich MIT App Inventor, auch für IOS, ab einer gewissen Nutzung kostenpflichtig

Zum Einsatz soll an dieser Stelle MIT App Inventor kommen. Wenn Sie thunkable bevorzugen, lässt sich die Programmlogik im wesentlichen in gleicher Weise übertragen; bei Blynk ist allerdings eine gänzlich andere Struktur notwendig.

9.1 MIT App Inventor

Der MIT App Inventor ist eine onlinebasierte integrierte Entwicklungsumgebung, mit der sich Apps per Drag & Drop für Android-Systeme entwickeln lassen. Zwar ist der App Inventor im Wesentlichen als Lern-Software gedacht, er eignet sich aber durchaus auch, um nützliche Programme zu erstellen.

Sie benötigen für das Tool einen Google-Account, der aber für Android-Anwender in der Regel bereits vorhanden ist. Rufen Sie die Website von MIT App Inventor auf (siehe Abbildung 78).

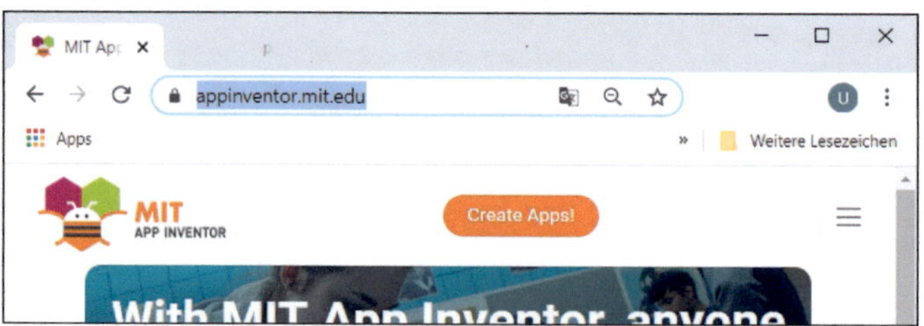

Abb. 78: MIT App Inventor Homepage

Klicken Sie auf ***Create app***. Sie gelangen zum Anmeldefenster (siehe Abbildung 79).

Abb. 79: MIT App MIT App Inventor Anmeldefenster

Erstellen Sie über ***Konto erstellen*** ein neues Konto, oder tragen Sie ein bestehendes Konto ein, und klicken Sie auf ***Weiter***. Sie gelangen zum Willkommensfenster (siehe Abbildung 80).

Abb. 80: MIT App Inventor Willkommensfenster

Durch Aktivieren des Kontrollkästchens ***Do Not Show Again*** lässt sich das Fenster bei künftigen Anmeldungen überspringen. Klicken Sie auf ***Continue*** und Sie erreichen die Benutzeroberfläche für das Design Ihrer App. Diese gliedert sich in mehrere Bereiche (siehe Abbildung 81).

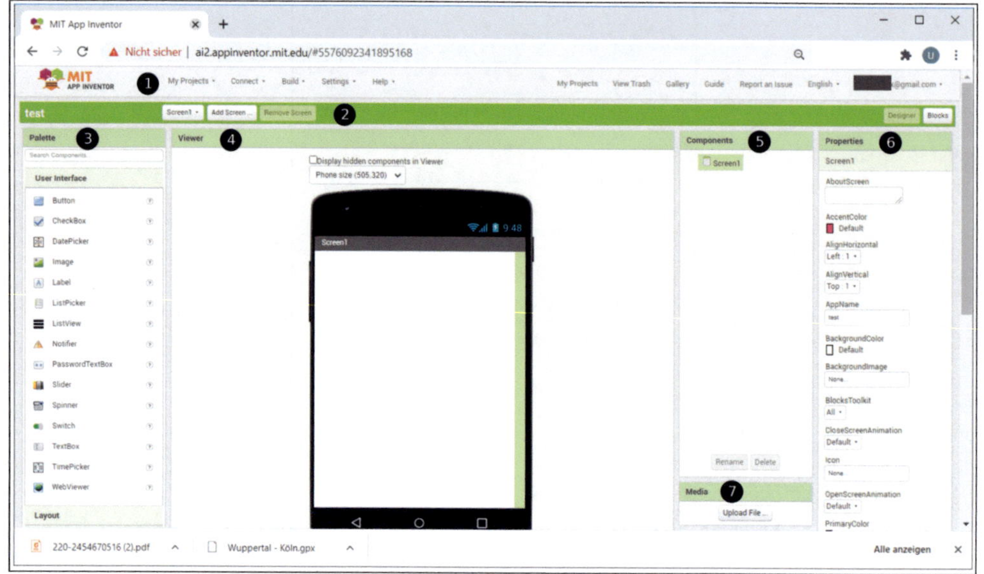

Abb. 81: MIT App Inventor Designbildschirm

Die Bereiche sind:

- 1: Menüleiste
  Setzen Sie die Sprache auf ***Deutsch***.

- 2: Projektleiste

- 3: Palette
  Sie enthält die Komponenten, aus denen sich eine App zusammensetzt. Zur besseren Lesbarkeit sind sie in Gruppen unterteilt.

- 4: Betrachter
  Der Betrachter zeigt die App in der Entwurfsansicht. Einzelne Komponenten ziehen Sie mit Drag & Drop aus der Palette in das Display. Sie erhalten so eine ungefähre Vorstellung von dem Erscheinungsbild Ihrer App. Aktivieren Sie das Kontrollkästchen ***Zeige versteckte Komponenten*** im Viewer und ändern Sie gegebenenfalls die Größe des Displays.

- 5: Komponenten
  Die Komponenten der Entwurfsansicht sind hier aufgeführt. Sie lassen sich hier löschen, vom Namen her ändern oder markieren.

- 6: Eigenschaften
  Hier erscheinen die Eigenschaften der in der Entwurfsansicht markierten Komponente, sodass Sie diese verändern können.

- 7: Medien
  MIT App Inventor kann man auch Medien wie Bild- oder Tondateien behandeln. Sie werden in diesem Bereich angezeigt und verwaltet.

Die Benutzeroberfläche für die Programmierung Ihrer App erreichen Sie durch Klick auf Blöcke. Auch diese gliedert sich in mehrere Bereiche (siehe Abbildung 82).

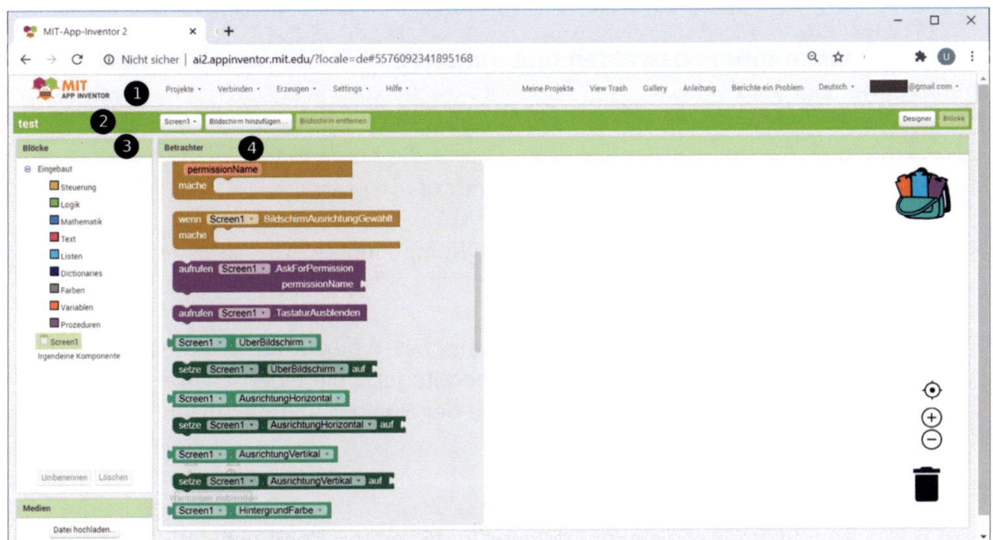

Abb. 82: MIT App Inventor Programmierbildschirm

Die Bereiche sind:

- 1: Menüleiste

- 2: Projektleiste

- 3: Blöcke
  Die Programmierung einer App erfolgt visuell über sogenannte Blöcke, hinter denen sich die auszuführenden Funktionen verbergen. Einzelne Blöcke fügen Sie wie in einem Puzzle zu Programmsträngen zusammen.

  Die Liste enthält die benutzten Komponenten aus der Designansicht. Durch Klick auf die Komponente sehen Sie die für diese verfügbaren Blöcke. Die Abbildung zeigt einige Blöcke für die Komponente "Screen1".

- 4: Betrachter
  Der Betrachter zeigt die App in der Programmieransicht. Einzelne Blöcke ziehen Sie mit Drag & Drop aus der Palette in das Display und fügen Sie zu einem Anweisungsstrang zusammen. Für die Bearbeitung sind die gebräuchlichen Tastenkombinationen, z. B. **Strg+C** (kopieren), **Strg+V** (einfügen) und **Entf** zulässig.

9.2 Die App erstellen

Die App soll in Funktionsumfang und Design der Ansicht im Browser entsprechen. Öffnen über ***Projekte → Neues Projekt*** startet ein neues Projekt. Sie gelangen in die Designansicht, der Betrachter zeigt ein "leeres Smartphone". Der bei weitem einfachste Weg, eine App zu erstellen ist, sie zunächst durch Auswahl und Platzierung der Komponenten zu gestalten, die Eigenschaften der Komponenten zu ändern und abschließend zu programmieren.

Schritt 1: Komponenten auswählen und platzieren

Gehen Sie wie folgt vor:

- Nehmen Sie aus der Gruppe ***Anordnung*** die Komponente ***Horizontale Ausrichtung*** und legen Sie sie im Designer ab.
- Wiederholen Sie dies für zwei weitere Komponenten ***Horizontale Ausrichtung***.
- Fügen Sie zuunterst eine Komponente ***Tabelle*** hinzu. Ändern Sie abweichend von der generellen Vorgehensweise bereits jetzt die Eigenschaften, indem Sie im Bereich ***Eigenschaften*** die Anzahl der Spalten und die Anzahl der Zeilen auf fünf erhöhen.
- Nehmen Sie nun aus der Gruppe ***Benutzerschnittstelle*** die Komponente ***Taste*** und legen Sie sie im Designer in der ersten Komponente ***Horizontale Ausrichtung*** ab.
- Füllen Sie die zweite Komponente ***Horizontale Ausrichtung*** mit den Komponenten ***Taste***, ***Bezeichnung*** und ***Taste***.
- Übertragen Sie fünf Komponenten ***Taste*** in die Komponente ***Tabelle***, sodass ein Tastenfeld für die Steuerung entsteht. Die Stop-Taste ist dabei in der Mitte.
- Fügen Sie noch eine Komponente ***Bezeichnung*** in die erste Spalte der Tabelle ein. Sie sorgt später für eine gleichmäßige Ausrichtung der einzelnen Spalten.
- Ziehen Sie noch aus der Gruppe ***Verbindung*** die Komponente ***Web*** in den Designer. Dies ist eine nicht sichtbare Komponente und wird deshalb unterhalb des Smartphones angeheftet.

Damit steht das Grunddesign Ihrer App.

Schritt 2: die Eigenschaften der Komponenten ändern

Jetzt können Sie die Eigenschaften der Komponenten anpassen. Markieren Sie die zu bearbeitende Komponente im Bereich Komponenten, sodass die Liste der Eigenschaften zur Anzeige kommt.

- Screen1:
  Ändern Sie den Titel in z.B. "Roboterauto"

- Komponente ***Taste*** aus der ersten Komponente ***Horizontale Ausrichtung***
  Ändern Sie die Bezeichnung in "speed" und die Farbe in ***Orange***.

- Erste Komponente Taste aus der zweiten Komponente ***Horizontale Ausrichtung***
  Ändern Sie die Bezeichnung in "slower", die Breite in "27 percent" und den Text in "< langsamer".

- Komponente Bezeichnung aus der zweiten Komponente ***Horizontale Ausrichtung***
  Ändern Sie die Breite in "44 percent".

- zweite Komponente Taste aus der zweiten Komponente ***Horizontale Ausrichtung***
  Ändern Sie die Bezeichnung in "faster", die Breite in "27 percent" und den Text in "schneller >".

- Komponenten Taste in der Komponente ***Tabelle***
  Ändern Sie die Bezeichnung ("vor", links", "stop", "rechts" und "rueck"), die Breite in "20 percent" und den Text ("V", "L", "Stop", "R" und "R").

- Komponenten ***Bezeichnung*** in der Komponente ***Tabelle***
  Ändern Sie die Breite in "18 percent".

Damit ist das Design der App abgeschlossen (siehe Abbildung 83).

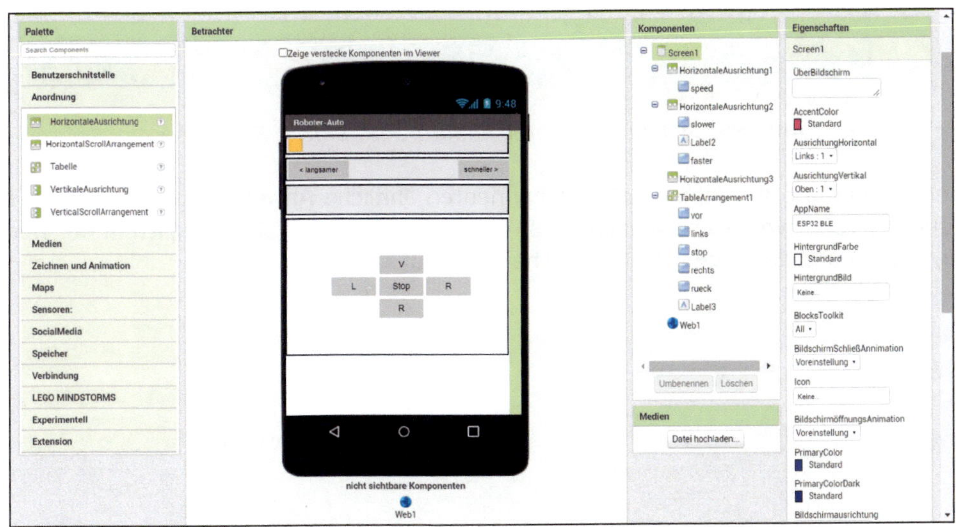

Abb. 83: MIT App Inventor Roboterauto APP Designansicht

Schritt 3: Die App programmieren

Wechseln Sie nun mit Klick auf ***Blöcke*** in die Benutzeroberfläche für die Programmierung. Hier geht es darum, das Request – Response Verhalten zwischen Client und Server mit Hilfe von Blöcken zu implementieren. Die erste Client-Anfrage erfolgt bei Start der App, d.h. Öffnen des Bildschirms. Klicken Sie bei ***Blöcke*** auf den Eintrag für den Bildschirm (hier ***Screen1***) und ziehen Sie den Block ***wenn Screen1.initialisiere*** in den Betrachter. Klicken Sie dann auf ***web1*** und fügen Sie die Blöcke ***setze weg1.url auf*** und ***aufrufen web1.hole*** in den zuvor geholten Block ein. Das Einrasten der neuen Blöcke wird mit einem Klick quittiert. Es fehlt noch aus ***Eingebaut → Text*** ein leerer Textblock, den Sie mit der Zeichenkette "http://192.168.2.207/motorAI?fahr=stop" belegen und an den Block ***setze Web1.url auf*** anfügen (siehe Abbildung 84). Die IP-Adresse muss selbstverständlich der IP-Adresse Ihres ESP32 bzw. Ihren Festlegungen entsprechen.

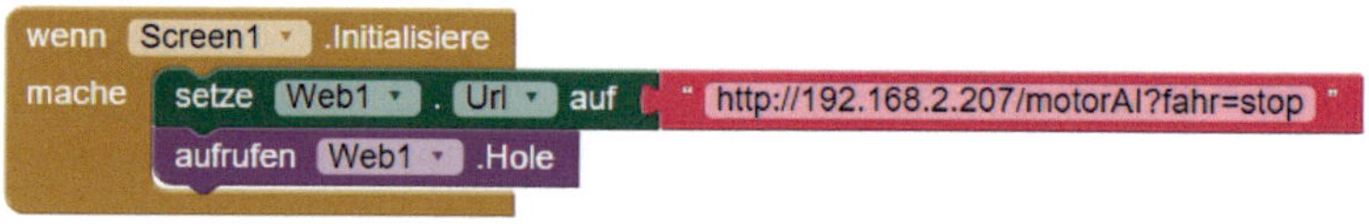

Abb. 84: MIT App Inventor Roboterauto Blöcke Request Screen

Die Anweisungsfolge bei Response des Servers setzt der Block ***wenn web1.TextErhalten*** in Gang. Konkret empfängt die App die aktuelle Geschwindigkeit als Prozentwert zwischen Minimum und 100 %. Die Darstellung in der App erfolgt über die Breite der Komponente ***speed***. Notwendig ist eine kleine Berechnung mit Blöcken aus ***Eingebaut → Mathematik***, da die maximale Bildschirmweite, erreichbar über den Block ***Screen1.Breite***, variieren kann. Der Block ***hole AntwortInhalt*** wird bei Klick auf die Schaltfläche Antwortinhalt angezeigt. Die Anweisungssequenz (siehe Abbildung 85) gelangt nunmehr bei jedem Server-Response zur Ausführung.

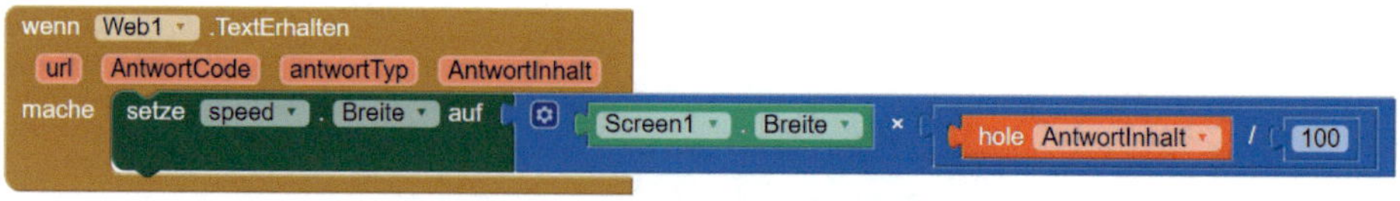

Abb. 85: MIT App Inventor Roboterauto Blöcke Response

Sehen Sie nun für die sieben Tastenkomponenten ähnliche Anweisungsfolgen wie für den "Request Screen" vor (siehe Abbildung 86). Sie unterscheiden sich lediglich in der Bedingung (Taste) und der zugeordneten Zeichenkette für den Url.

wenn slower .Klick
mache setze Web1 . Url auf " http://192.168.2.207/motorAI?fahr=langsamer "
aufrufen Web1 .Hole

wenn faster .Klick
mache setze Web1 . Url auf " http://192.168.2.207/motorAI?fahr=schneller "
aufrufen Web1 .Hole

wenn stop .Klick
mache setze Web1 . Url auf " http://192.168.2.207/motorAI?fahr=stop "
aufrufen Web1 .Hole

wenn vor .Klick
mache setze Web1 . Url auf " http://192.168.2.207/motorAI?fahr=vor "
aufrufen Web1 .Hole

wenn rueck .Klick
mache setze Web1 . Url auf " http://192.168.2.207/motorAI?fahr=rueck "
aufrufen Web1 .Hole

wenn links .Klick
mache setze Web1 . Url auf " http://192.168.2.207/motorAI?fahr=links "
aufrufen Web1 .Hole

Abb. 86: MIT App Inventor Roboterauto Blöcke Request Tasten

Schritt 4: Die App auf das Smartphone portieren

Nun ist es Zeit, die App auf das Smartphone zu portieren. Hierfür bietet der MIT App Inventor mehrere Möglichkeiten. Die wohl einfachste ist über den ***AI Companion***. Laden Sie die *APP MIT App Inventor 2* aus dem App-Store herunter. Achten Sie darauf, dass PC und Telefon im gleichen WLAN- bzw. LAN-Netz angemeldet sind, und öffnen Sie die App (siehe Abbildung 87).

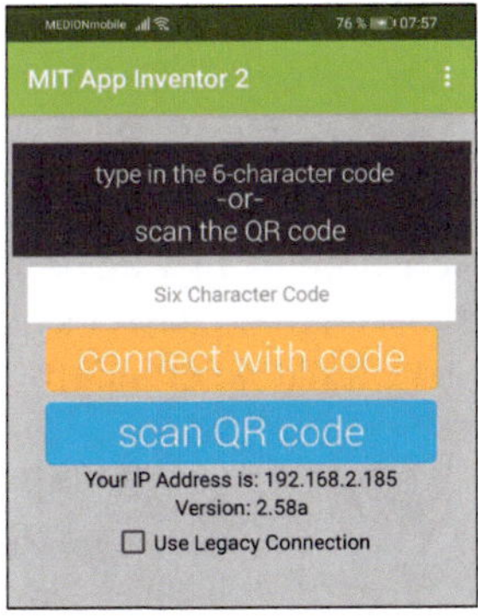

Abb. 87: MIT App MIT A2 Companion Verbindungsaufbau

Klicken Sie nun in der Menuleiste des Browsers für das Generieren eines Codes auf ***Verbinden → AI Companion***. Scannen Sie den QR-Code ab oder geben Sie den Code ein, damit eine Verbindung zustande kommt (siehe Abbildung 88).

Abb. 88: MIT A2 Companion QR-Code

Die Datenübertragung beginnt und nach einer kurzen Weile ist die App auf Ihrem Smartphone (siehe Abbildung 89).

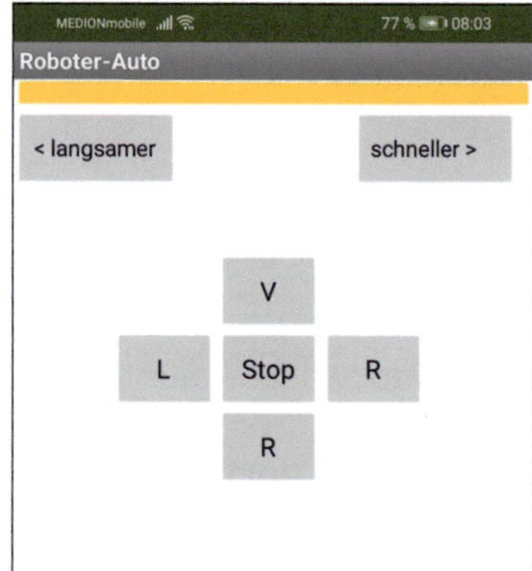

Abb. 89: App MIT A2 Companion

Hinweis Aktualisierungen
Aktualisierungen der App erfolgen umgehend, solange eine Verbindung zwischen Smartphone und MIT App Inventor besteht,

Schritt 5: Den Sketch erweitern
Für den Sketch sind ein paar Ergänzungen und Anpassungen nötig (vgl. Listing 18). Anders als bei den Komponenten IR und Sensoren ist hier keine Präprozesorvariablen vorgesehen, die diese Funktionalität zuschaltet. Grund ist, dass nicht auf möglicherweise unnütz installierte Bibliotheken oder sogar nicht funktionierenden Code bei fehlenden Komponenten Rücksicht genommen werden muss.

```
...
const char* ssid1       = "ihrRouterSSID";
const char* password1   = "ihrRouterPasswort";
IPAddress lclIP (192,168,2,207);
IPAddress gateway (192,168,2,1);
IPAddress subnet (255,255,255,0);
IPAddress primaryDNS (8, 8, 8, 8);          //optional
```

```
IPAddress secondaryDNS (8, 8, 4, 4);         //optional
// Definition der AP-Zugangsdaten (credentials)
...
...
  htmlPage.concat(motorHTML_Seite2);
  webServer.send(200, "text/html", htmlPage);
}
// Auswertung einer HTML-Anfrage einem URI '/motor'
void handleMotor() {
  Serial.println("handleMotor");
  controlMotors(webServer.arg("fahr"));
  handleRoot();
}
// Auswertung einer HTML-Anfrage einem URI '/motorAI'
void handleMotorAI() {
  Serial.println("handleMotorAI");
  controlMotors(webServer.arg("fahr"));
  String s = String ((motorSpeed*100)/1023) ;
  webServer.send(200, "text/plain", s);
}
// Steuerung der Motoren
void controlMotors (String fahrAuftrag) {
  Serial.println("controlMotors");
  if(webServer.arg("fahr") == "langsamer") {
    Serial.println("langsamer");
    motorSpeed-=20;
    if (motorSpeed < MINIMUMSPEED) {
      motorSpeed = MINIMUMSPEED;
    }
    analogWrite(ENA, motorSpeed);
  }
  if(webServer.arg("fahr") == "schneller") {
    Serial.println("schneller");
    motorSpeed+=20;
    if (motorSpeed > 1023) {
      motorSpeed = 1023;
    }
    analogWrite(ENA, motorSpeed);
  }
  if(webServer.arg("fahr") == "stop") {
    motorenStop ();
  }
  if(webServer.arg("fahr") == "vor") {
    vorwaerts ();
  }
  if(webServer.arg("fahr") == "rueck") {
```

```
        rueckwaerts ();
      }
      if(webServer.arg("fahr") == "links") {
        links ();
      }
      if(webServer.arg("fahr") == "rechts") {
        rechts ();
      }
    }
    // sendet HTTP status 404 (Not Found)
    ...
    ...
        WiFi.mode(WIFI_STA);
        Serial.println("WiFi Station-Modus Verbindungsaufbau ");
        if (!WiFi.config(lclIP, gateway, subnet, primaryDNS, secondaryDNS)) {
          Serial.println("STA konnte nicht konfiguriert werden");
          while(1);
        }
        // auf WiFi-Verbindung warten:
    ...
    ...
      // Call der 'handleRoot' Funktion  Client-Amforderung URI "/motor"
      webServer.on("/motor", HTTP_GET, handleMotor);
      // Call  'handleMotorAI' Funk. Client-Amforderung URI "/motorAI"
      webServer.on("/motorAI", HTTP_GET, handleMotorAI);
      webServer.onNotFound(handleNotFound);      // bei unbekannten URI
    ...
```

Listing 18: Ergänzung Roboterauto App-Steuerung

Die Verbindung mit der App verlangt eine festgelegt IP-Adresse des Servers. Diese ist eine Konstante (`IPAddress lclIP (192,168,2,207)`) und wird dann im `setup()` durch die Methode `WiFi.config()` verwendet. Die Methode benötigt als weiteren notwendigen Parameter die IP-Adresse des Routers (`IPAddress gateway (192,168,2,1)`). Die IP-Adresse des Servers taucht dann in den Blöcken der App bei den Client-Anfragen der jeweiligen Tasten auf (z.B. `http://192.168.2.207/motorAI?fahr=stop`).

Einer größeren Änderung bedarf der Callback `handleMotor()`. Grund ist, dass die App als Rückgabewert keine html-Seite, sondern lediglich einen Zahlenwert erwartet. Die Lösung ist, alle Anweisung der Motor-Steuerung in eine eigene Funktion `controlMotors()` auszulagern und die durchzuführende Aktion mit einem Parameter (`String fahrAuftrag`) zu übergeben.

Der neue Callback `handleMotorAI()` bedient sich ebenfalls der Funktion `controlMotors()`, sendet aber als Antwort die Geschwindigkeit `speed` als Prozentwert in Textform (`webServer.send(200, "text/plain", s)`). Die Registrierung des Callbacks befindet dann sich im `setup()`.

Definieren Sie noch einen Funktions-Prototypen `void controlMotors ()`.

Kompilieren Sie den Sketch und Laden Sie ihn hoch. Sobald eine Verbindung mit dem Netz hergestellt ist, können Sie das Roboterauto über Ihre App steuern. Sie können die Protokollierung im seriellen Monitor verfolgen, sofern Sie das Auto "hochgebockt" und das Board über USB-Kabel angeschlossen haben.

9.3 Steuerung per Sprachbefehl

Die Steuerung von Geräten mit Sprachbefehlen ist zwischenzeitlich Stand der Dinge. Sie sollte auch bei einem Roboterauto möglich sein. Das ist auch mit wenig zusätzlichem Aufwand möglich.

Öffnen Sie die Designansicht und ergänzen Sie zumindest zwei Komponenten:

- Nehmen Sie aus der Gruppe ***Anordnung*** die Komponente ***Taste*** und legen Sie sie im Designer an einer Stelle Ihrer Wahl ab. Ändern Sie noch die Bezeichnung und Beschriftung der Komponente.

- Holen Sie aus der Gruppe Medien die Komponente ***SprachErkennung***.

Der Designer mit neuen Komponenten könnte dann wie folgt aussehen (siehe Abbildung 90).

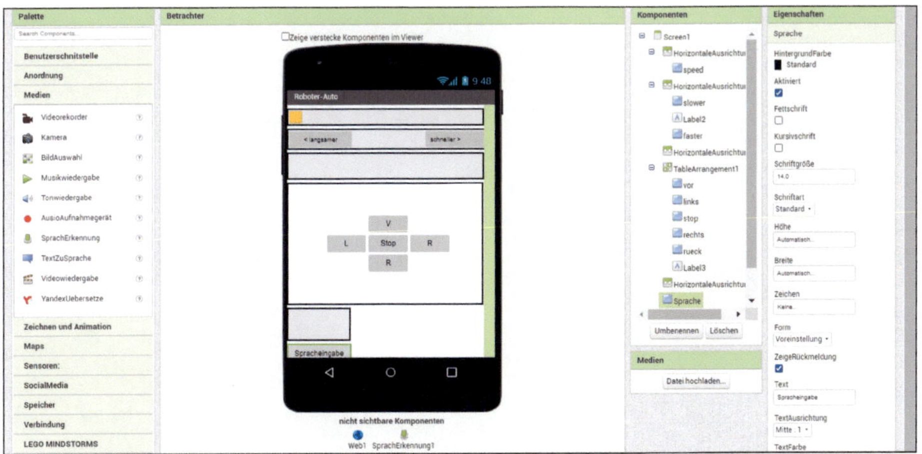

Abb. 90: App MIT A2 Companion Sprachsteuerung Designansicht

Wechseln Sie nun in die Programmieransicht und setzen Sie die benötigten Blöcke zusammen. Die Anweisungssequenzen sind in Abbildung 91 dargestellt.

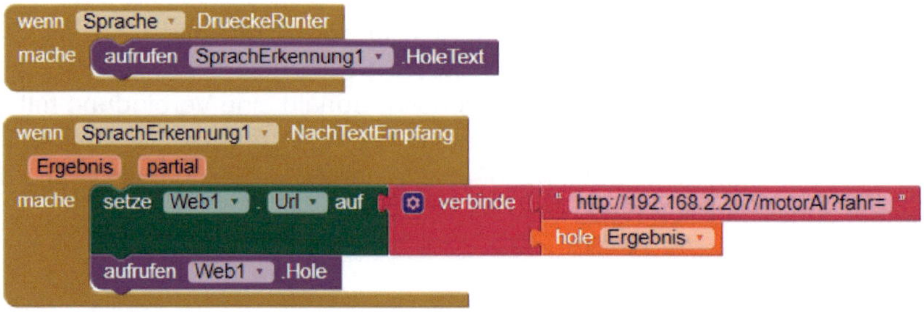

Abb. 91: App MIT A2 Companion Sprachsteuerung Programmieransicht

Öffnen Sie nun die App auf Ihrem Smartphone, drücken Sie die Spracheingabetaste und verfolgen Sie die Ausführung der Befehle ggf. im seriellen Monitor. Für zeitkritische Befehle wie dem Ausweichen von Hindernissen taugt die Sprachsteuerung bedauerlicherweise aber nicht.

Achtung Spracherkennung aktivieren
Damit die App funktioniert, muss die Google-Spracherkennung installiert und aktiviert sein. Darüber hinaus muss ihr der Zugriff auf MIT App Companion gestattet sein. Ansonsten kommt es leider zu nicht selbsterklärenden Fehlermeldungen bei der Sprachaufnahme.

Kapitel 10 • Autonomes Fahren I

Eigentlich ist ein Roboterauto ohne die Fähigkeit, automatisiert Aufgaben zu erledigen, ein Stück weit unterfordert. In diesem Kapitel möchte ich Ihnen einen Ansatz vorstellen, wie einem Roboterauto eine Vorstellung von Künstlicher Intelligenz eingehaucht werden kann. Konkret soll das Roboterauto wie eine Motte das Licht suchen. Grundlage sind ein Lichtsensor und ein Servo, der Suchbewegungen mit diesem Sensor ermöglichen soll. Dies ist nur ein Beispiel, Ihrer Fantasie sind da keine Grenzen gesetzt (z.B. suchen von Magnetfeldern, autonomer Metallsucher, u.v.a. mehr).

10.1 Der Servo

Autonome Systeme jeglicher Art kommen ohne einen ***Servo*** nicht aus. Aber auch sonst ist er in vielen Bereichen des täglichen Lebens (Auto, Flugzeug) oder auch im Modellbau unverzichtbar. Sein Einsatzgebiet ist überall dort, wo es darum geht, die Position von Objekten zu steuern, Objekte zu drehen, Beine, Arme oder Hände von Robotern zu bewegen oder Sensoren mit hoher Präzision bewegen zu können. Den prinzipiellen Aufbau eines Servos, wie er im Modellbau zum Einsatz kommt, zeigt Abbildung 92).

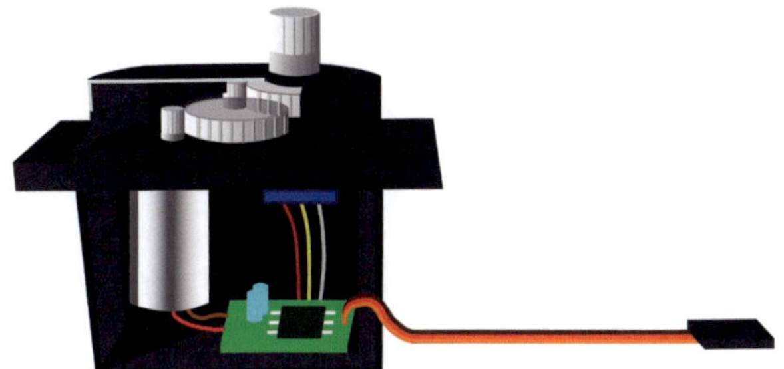

Abb. 92: Der Aufbau eines Servos

Kern des Servos ist ein Motor. Er bewegt die Zahnräder eines Getriebes, das die Motorkraft mit einer Untersetzung an einem Zahnrad extern zur Verfügung stellt. Die Antriebswelle ist mit einem Potentiometer verbunden, das zur Positionsbestimmung dient. Eine interne Steuereinheit (hier: grüne Platine) sorgt für die Motorsteuerung. Der Anschluss des Servos erfolgt über ein drei-adriges Kabel. Verbreitet sind die Farbkonstellationen Braun-Rot-Orange (GND, VCC, Daten) oder Schwarz-Rot-Gelb (GND, VCC, Daten).

Die Steuerung des Servos erfolgt über ein Signal in der Eingangsleitung. Ist das Signal gleich, behält der Servo die Winkelposition der Welle bei; ändert sich das codierte Signal, ändert sich auch die Winkelposition der Welle. Das codierte Signal ist entweder ein analoges Signal oder ein Rechtecksignal, wie Sie es bereits in Kapitel 4.5 (PWM) kennen gelernt haben.

Ein Modellbauservo erwartet in aller Regel einen Puls mit einer Periodendauer von 20 Millisekunden (0,02 Sekunden, 50 Hz). Die Pulsdauer bestimmt, wie weit sich der Motor dreht. Je geringer die Pulsdauer ist, desto kleiner ist der Winkel, je länger, desto größer ist der Winkel (vgl. Abbildung 93).

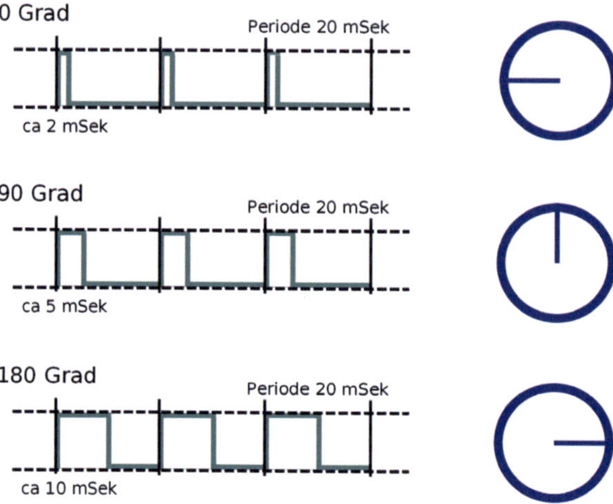

Abb. 93: Servo - PWM-Signal

Üblicherweise kann ein Servo eine Winkelbewegung von 0 Grad bis 180 Grad absolvieren – der genaue Winkelbereich kann herstellerbedingt variieren. Ebenso können die Pulsweiten für die Minimal- und die Maximalposition (1 – 2 Millisekunden bzw. 2 – 10 Millisekunden) schwanken. Die 90-Grad-Position trägt oft die Bezeichnung ***Neutralposition***.

Hinweis Drehrichtung des Servos
Ein Servo dreht nicht notwendigerweise im Uhrzeigersinn von 0 Grad bis 180 Grad. Hier kommt es auf die konkrete Einbausituation an. Wird der Servo "auf den Kopf" gestellt, ändert sich die Drehrichtung. Berücksichtigen Sie dies bei Programmierung oder Einbau.

Das durch die interne Steuereinheit an den Motor weitergegebene Stellsignal ist proportional zur Entfernung, die er zwischen Ist- und Soll-Position zurücklegen muss. Hat die Welle einen weiten Winkel zu drehen, läuft der Motor mit voller Drehzahl; bei einem kleineren Winkel läuft der Motor langsamer. Ein mechanischer Anschlag am Hauptausgangsgetriebe verhindert – neben der Überwachung des Winkels durch Potentiometer und interner Steuereinheit – ein Weiterdrehen über diese Positionen.

Erhältlich sind kleine Servomotoren (vgl. Abbildung 94), die durch die verbauten integrierten Schaltkreise zur Steuerung ihrer Bewegung ideal für den Anschluss an einen Mikrocontroller geeignet sind.

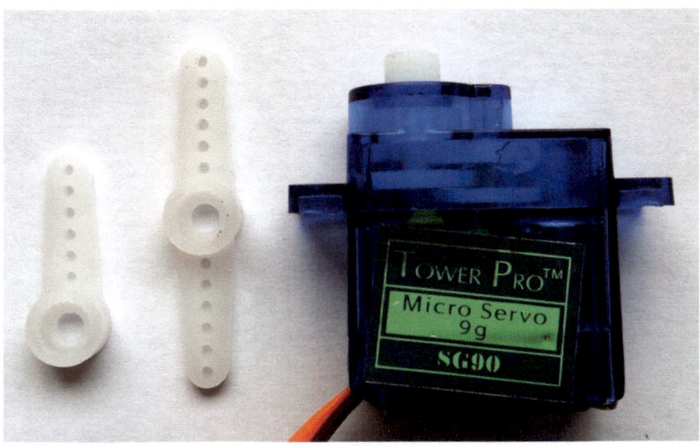

Abb. 94: Ein Servo SG90

Die Kenndaten eines Servos SG90 (Longruner SG90 Micro Servo Motor 9G RC (KY66-5)) sind:

• Arbeitsdrehzahl	0.12 Sekunden / 60 Grad (4,8 V ohne Last)
• Stell-Zeit	0,1 s (60 °)
• Stell-Moment	1,8 kg cm (0,176 Nm)
• Kippmoment (4,8 V)	17,5 oz / in (1 kg / cm)
• Betriebsspannung	3.0 V~7.2 V
• Temperaturbereich	-30 bis +60 Grad Celsius
• Frequenz	50 Hz
• Motor Typ	Brushed DC Motor
• Größe	23 x 11.5 x 24 mm
• Gewicht	9 Gramm

Ein Beispielsketch soll ein Grundgerüst für die Ansteuerung eines Servos geben.

Die Schaltung

Die beiden Schaltungsbeispiele (vgl. Abbildung 95) sind aus Gründen der Übersichtlichkeit auf die Servosteuerung reduziert. Kombinieren Sie sie in geeigneter Weise mit der Schaltung aus Kapitel 5, sofern Sie diesem Vorschlag für ein Roboterauto folgen möchten.

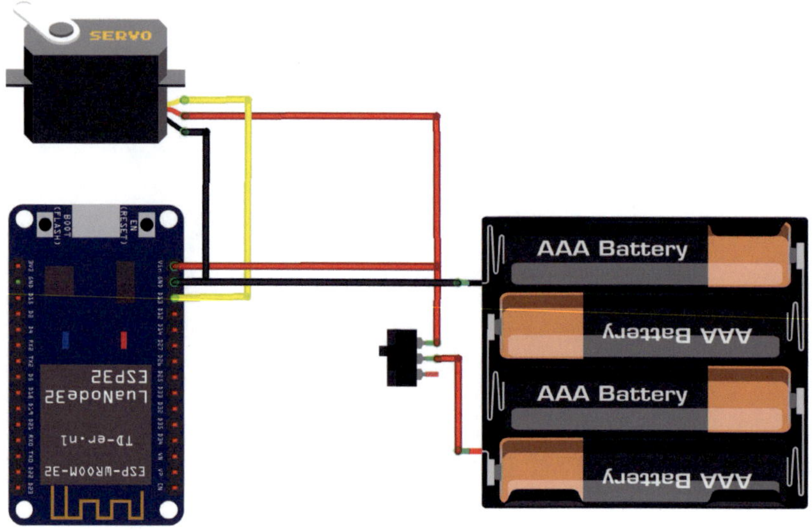

Abb. 95: Schaltplan Servo

Der hier verwendete Servo SG90 benötigt eine Spannung von 4,8 V. Dennoch lässt er sich mit den Ausgangspegel des ESP32 ansteuern. Möchten Sie einen Servo mit einer geringeren Betriebsspannung einsetzen, ändert sich selbstverständlich auch der Schaltplan.

Tipp: Ansteuerung mehrerer Servos
Nutzen Sie für die Ansteuerung mehrerer Servos den 16-Kanal-Servo-Treiber PCA9685. Die Kommunikation mit dem Mikrocontroller erfolgt über die I²C-Schnittstelle. Ein Beispiel, das Ihnen weiter helfen kann, finden Sie unter https://diyi0t.com/servo-motor-tutorial-for-arduino-and-esp8266/.

Benötigte Bibliotheken
Spezielle Bibliotheken erleichtern auch hier die Programmierung. Es bieten sich zwei Bibliotheken an:

- Servo (by Michael Margolis)
- ServoESP32

Die beiden Bibliotheken sollten installiert sein, wenn Sie mit der Arduino-IDE arbeiten. Binden Sie die Bibliothek *ServoESP32* wie in Kapitel 2 beschrieben ein, wenn Sie PlatformIO nutzen.

Der Sketch
Der Sketch (vgl. Listing 19) ist ein Grundgerüst, wo eine Eingabe am seriellen Monitor den Servowinkel bestimmt. Er dient lediglich dazu, Funktionsweise und Betrieb des Servos zu demonstrieren. Bedenken Sie bei Überlegungen hinsichtlich eines Pin-Wechsels, dass nicht jeder GPIO-Pin des ESP32 einen Servo ansteuern kann.

```
#include <Arduino.h>
#include "Servo.h"                    // Servo-Bibliothek
#define SERVO_PIN      5              // GPIO5 -  Servo-Motor´
#define SERVO_MINPW    520            // default 544
#define SERVO_MAXPW    2600           // default 2400
Servo myServo;                        // Servo-Objekt erstellen
void setup() {
  Serial.begin (115200);
  Serial.println();
  myServo.attach(SERVO_PIN);           // Servo-Steuerung an SERVO_PIN
  //myServo.attach(SERVO_PIN,SERVO_MINPW,SERVO_MAXPW);
  Serial.println("start");
}
void loop() {
  int i;
  // Position in Grad über Seriellen Monitor eingeben
  if (Serial.available() > 0) {
    i = Serial.readString().toInt();
    Serial.print ("Eingabe :");
    Serial.println(i);
    myServo.write(i);                  // Servo positionieren
    Serial.print ("Servo-Position: ");
    Serial.println(myServo.read() );   // Position auslesen
    Serial.print ("aktuelle Pulsweite in Microsekunnden: ");
    Serial.println(myServo.readMicroseconds() );
    delay (1000);
  }
}
```

Listing 19: Servo über den seriellen Monitor ansteuern

Blick auf den Sketch und seinen Einsatz

Der Sketch ist recht übersichtlich und inline gut dokumentiert, sodass weit gehende Erläuterungen entbehrlich sind. Ein Augenmerk soll lediglich der Methode `readMicroseconds()` gelten, die in `writeMicroseconds()` auch eine Partnermethode hat. Diese erlaubt das Setzen der Pulsweite in Mikrosekunden. Laden Sie den Sketch hoch und stellen Sie den Servo über entsprechende Eingaben im seriellen Monitor (vgl. Abbildung 96).

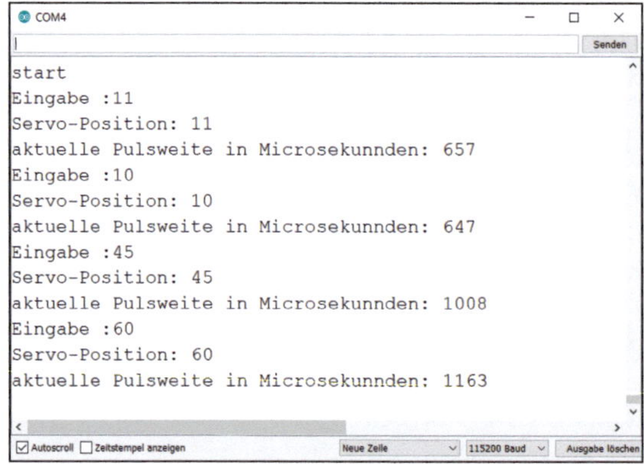

Abb. 96: Servo-Steuerung im seriellen Monitor Arduino

Sie steuern den Servo so mit Standardwerten. Dies ist in der Regel ausreichend. Allerdings weichen manche Modelle etwas von diesen Werten ab. Möchten Sie das gesamte Spektrum Ihres Servos ausnutzen, kommen Sie nicht um ein Kalibrieren herum. Hierfür bietet die Methode attach() eine Ausprägung mit weiteren Parametern (`attach(SERVO_PIN, SERVO_MINPW, SERVO_MAXPW)`. Das Kalibrieren erfolgt, indem Sie die Werte schrittweise verändern und die Auswirkungen kontrollieren.

Excurs: MCPWM und Servo

Selbstverständlich lässt sich MCPWM auch für die Ansteuerung eines Servos einsetzen. Ein Beispiel zeigt Listing 20, wo sich die Auslenkung des Servos zwischen 0 ° und 90 ° bewegt.

```
#include <Arduino.h>
#include <Servo.h>                          // Servo-Bibliothek
#include "freertos/FreeRTOS.h"
#include "freertos/task.h"
#include "esp_log.h"
#include "driver/mcpwm.h"
#define SERVO_MIN_PULSEWIDTH_US    (1000) // Minimum Pulsweite in Microsekun-
den
#define SERVO_MAX_PULSEWIDTH_US    (2000) // Maximum Pulsweite in Microsekun-
den
#define SERVO_MAX_DEGREE           (90)   // Maximum-Winkel in Rotations-Grad
des Servos
#define SERVO_PIN                  (13)   // GPIO13 für den Servo
uint32_t winkelUS, count;
static uint32_t calcPulsweite (uint32_t degree_of_rotation) {
    uint32_t cal_pulsewidth = 0;
    cal_pulsewidth = (SERVO_MIN_PULSEWIDTH_US + (((SERVO_MAX_PULSEWIDTH_US -
SERVO_MIN_PULSEWIDTH_US) * (degree_of_rotation)) / (SERVO_MAX_DEGREE)));
    return cal_pulsewidth;
}
```

```
void setup() {
  Serial.begin(115200);
  // initialisieren des GPIOs für mcpwm
  mcpwm_gpio_init(MCPWM_UNIT_0, MCPWM0A, SERVO_PIN);
  // mcpwm-Konfiguration, muss zwischen gpio_init und mcpwm_init sein
  mcpwm_config_t pwm_config;
  pwm_config.frequency = 50;    // Frequenz
  pwm_config.cmpr_a = 0;        // duty Zyklus PWMxA = 0
  pwm_config.cmpr_b = 0;        // duty Zyklus PWMxB = 0
  pwm_config.counter_mode = MCPWM_UP_COUNTER;
  pwm_config.duty_mode = MCPWM_DUTY_MODE_0;
  // initialisieren mcpwm-Unit
  mcpwm_init(MCPWM_UNIT_0, MCPWM_TIMER_0, &pwm_config);
}
void loop() {
  for (count = 0; count < SERVO_MAX_DEGREE; count++) {
    // Pulweite in Mikrosekunden berechnen
    winkelUS = calcPulsweite(count);
    // positionieren
    mcpwm_set_duty_in_us(MCPWM_UNIT_0, MCPWM_TIMER_0, MCPWM_OPR_A, winke-
lUS);
    // etwas für das Psositioniren des Servos warten
    vTaskDelay(10);
  }
}
```

Listing 20: Servo MCPWM

10.2 Der Lichtsensor

Für einen Lichtsensor lässt sich auf unterschiedliche Ansätze zugreifen:

- einen Fotowiderstand (LDR; engl.: Light Dependent Resistor): Dies ist ein lichtempfindliches elektrisches Bauelement, das seinen Widerstand mit der Helligkeit des einfallenden Lichtes ändert. Dabei gilt: je heller das Licht ist, desto kleiner wird der elektrische Widerstand. Dieser lässt sich unmittelbar an einen GPIO anschließen. Das Messergebnis ist ein analoger Wert, der entsprechend umzurechnen ist.

- eine Photodiode: Dies ist eine Halbleiter-Diode, die Licht durch den inneren Photoeffekt in einen elektrischen Strom umwandelt.

Bequemer als ein einzelnes Bauelement anzuschließen ist es jedoch, auf ein vorgefertigtes Modul zurückzugreifen. Dabei bietet sich das Modul BH1750 an (vgl. Abbildung 97). Der dort verbaute Lichtsensor besitzt einen sehr großen Messbereich und gibt die Helligkeitswerte in Lux aus. Angeschlossen wird das Modul über die I²C-Schnittstelle. Ein integrierter Pegelwandler und Levelshifter ermöglichen eine Spannungsversorgung von sowohl 3 V als auch 5 V.

Abb. 97: Modul GY-302

Der Schaltplan für das autonome Fahren ergibt sich aus Abbildung 98.

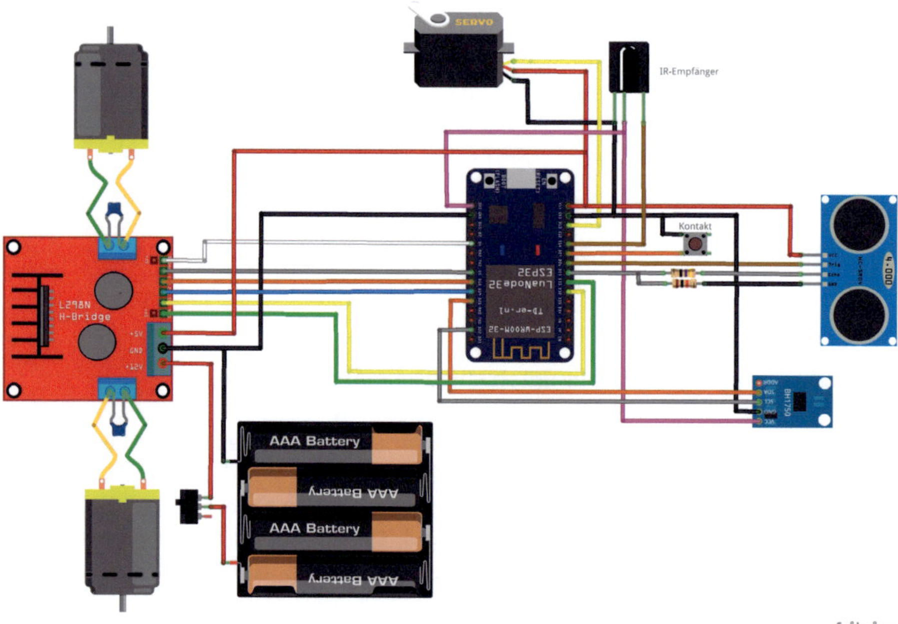

Abb. 98: Schaltplan BH1750

Tabelle 5 verdeutlicht die Anschlussbelegung; sie kann herstellerbedingt von der Darstellung im Schaltplan abweichen.

BH1750		ESP32
VCC	3 V oder 5 V	3 V
GND	Ground	GND
SCL	I2C-SCL	GPIO22
SDA	I2C-SDA	GPIO21
ADD	I2C-Adresse	

Tabelle 5: GY-302-Verdrahtung

ADD setzt die I2C-Adresse. Bei einer Spannung gleich oder größer als 0,7 V (z.B. bei Verbindung mit VCC) ist die Adresse 0x5C. Voreinstellung ist 0x23 (ADD < 0,7 V).

Benötigte Bibliotheken

Für das Modul BH1750 stehen mehrere Bibliotheken zur Auswahl. Die Bibliothek *BH1750* (platformIO by claws, Arduino-IDE by Christopher Laws) funktioniert in beiden Entwicklungsumgebungen. Die Bibliothek *Wire* sorgt für die I2C-Anbindung und ist bereits vorhanden.

Der Sketch

Der nachfolgende Sketch (vgl. Listing 21) soll einen Test des Moduls erlauben und ist im Prinzip überaus simpel. Er soll die Helligkeit messen, den Messwert ausgeben und in Abhängigkeit vom Messergebnis eine LED schalten, die an GPIO02 angeschlossen ist (nicht im Schaltplan). Als zusätzliche Idee ist eine Funktion realisiert, die auch ein manuelles Schalten der LED ermöglicht. Übertragen Sie sie bei Bedarf in ihr Projekt; im Folgenden bleibt dieser Ansatz jedoch außen vor, da er zu viele Änderungen z.B. im HTML-Code für den Webbrowser und in der APP nach sich ziehen würde.

```
#include <Arduino.h>
#include <Wire.h>
#include <BH1750.h>
#define LED_PIN                2    // LED an GPIO02
BH1750 luxMeter;
String str;
bool automatik = true, ledStatus = false;
void setup(){
  Serial.begin(115200);
  pinMode(LED_PIN, OUTPUT);
  digitalWrite(LED_PIN , LOW);
  // I2C-Bus initialisieren (nicht automatisch durch BH1750 Bibliothek)
  Wire.begin();
  luxMeter.begin();
  Serial.println(F("Start BH1750"));
}
void loop() {
  float lux = luxMeter.readLightLevel();
  Serial.println("Helligkeit: " + String(lux) );
```

```
    if (automatik) {
      if (!ledStatus & lux < 100 ) {
        ledStatus = true;
        digitalWrite(LED_PIN, HIGH);
        Serial.println("{\"Lampe\":\"ON\"}");
      }
      if (ledStatus & lux >= 100) {
        ledStatus = false;
        digitalWrite(LED_PIN, LOW);
        Serial.println("{\"Lampe\":\"OFF\"}");
      }
    }
    if (Serial.available() > 0) {
      while (Serial.available () == 0) {      // warten auf Eingabe
      }
      str = Serial.readString();
      Serial.println("{\"Serial-In\":\"" + String(str) + "\"}");
      if (!automatik) {                       // manuelle Steuerung
        if (str == "ON\n") {
          digitalWrite(LED_PIN, HIGH);
          Serial.println("{\"Lampe\":\"ON\"}");
        }
        if (str == "OFF\n") {
          digitalWrite(LED_PIN, LOW);
          Serial.println("{\"Lampe\":\"OFF\"}");
        }
      }
      if (str == "automatik\n") {
        automatik = true;
      }
      if (str == "manuell\n") {
        automatik = false;
      }
    }
    delay(4000);
  }
```

Listing 21: GY-302 / BH1750 Test

Blick auf den Sketch und seinen Einsatz

`BH1750 luxMeter` deklariert ein Objekt `luxMeter` für den Datenaustausch mit dem Modul GY-302. Im `setup()` initialisiert `Wire.begin()` den I2C-Bus sowie `luxMeter.begin()` das Objekt `luxMeter`.

Die `loop()` enthält die Mimik für das Lesen der Helligkeitswerte, die automatisierte Steuerung der LED bei Unter- bzw. Überschreiten eines Schwellenwertes von 100 LUX sowie das manuelle Ein- und Ausschalten der LED.

Der serielle Monitor protokolliert beispielsweise folgende Ausgaben (vgl. Abbildung 99).

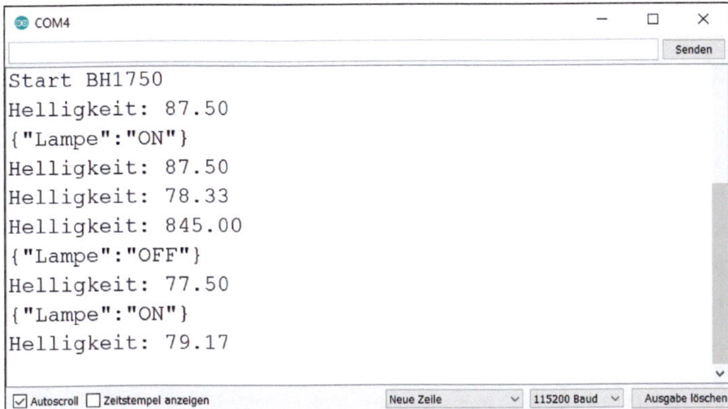

Abb. 99: BH1750-Steuerung im seriellen Monitor Arduino

10.3 Autonomes Fahren

Die Kombination aus den vorigen Absätzen führt zu dem Ziel Autonomes Fahren zur Suche der stärksten Lichtquelle. Insofern setzt sich der Schaltplan auch aus den beiden Teilschaltplänen und dem von Ihnen bevorzugten Schaltplan für die Steuerung des Roboterautos zusammen. Eine mögliche Konstruktion der Funktionseinheit Servo und Modul GY-302 mit einfachsten Mitteln zeigt Abbildung 100.

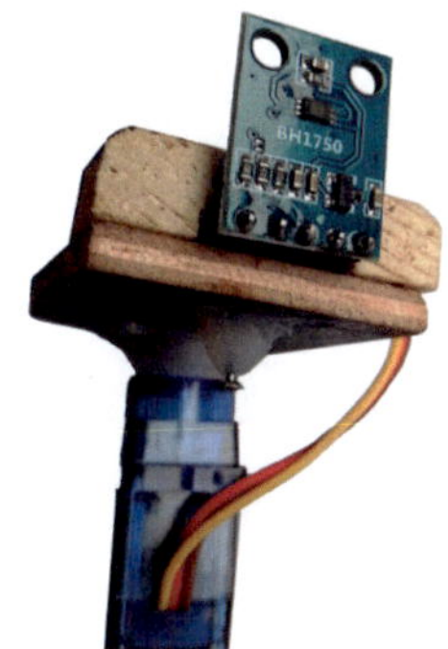

Abb. 100: Servo mir Sensor-Träger

Im Grundsatz ist auch dieser Sketch (vgl. Listing 3) aus bekannten Teilen zusammengesetzt und um eine Steuerlogik ergänzt.

```
...
#define HAT_AUTONOMES_FAHREN  // für autonomes Fahren
...
#if defined HAT_AUTONOMES_FAHREN
  #include <Servo.h>                // Servo-Bibliothek
  #include <Wire.h>                 // I2C
  #include <BH1750.h>               // für BH1750
```

```
#endif
...
#define SERVO_PIN       13      // GPI13 -  Servo-Motor´
#define LEDC_KANAL_2    2       // Kanal 2; einer der 16-LEDC-Kanäle
...
#if defined HAT_AUTONOMES_FAHREN
// autonomes Fahren: Servo und BH1750
#define SERVO_MINPW     520       // default 544
#define SERVO_MAXPW     2600      // default 2400
Servo myServo;                    // Servo-Objekt
bool rotation = true;             // Servo-Rot-Richtung
BH1750 luxMeter;
float messWertHelligkeit = 0;     // Messwert BH1750
float messWertHelligkeitAlt = 0;
// positionieren des Servos und lesen der Lichtmesswerte
int lesenBH1750(int i) {
  int pos = 0;
  myServo.write(i);               // Servo positionieren
  delay(500);
  messWertHelligkeit = luxMeter.readLightLevel();
  if (messWertHelligkeit > messWertHelligkeitAlt) {
    messWertHelligkeitAlt = messWertHelligkeit;
    pos = i;
  }
  return pos;
}
// suche nach grösster Lichtquelle
int findeLicht(bool rotation) {
  int i;
  int pos = 0, posX;
  messWertHelligkeitAlt = 0;
  if (rotation) {
    // geht von 0 Grad bis 180 Grad in 10 Grad-Steps
    for (i = 0; i <= 180; i += 10) {
      posX = lesenBH1750(i);
      if (posX) {
        pos = posX;
      }
    }
  } else {
    // geht von 180 Grad bis 0 Grad in 10 Grad-Steps
    for (i = 180; i >= 0; i -= 10) {
      posX = lesenBH1750(i);
      if (posX) {
        pos = posX;
      }
```

```
    }
  }
  return pos;
}
// autonomes Fahren
// Servowinkel 180: links / 0: rechts
void autonomFahren() {
  rotation = !rotation;            // Rotation ändern
  int pos = findeLicht(rotation);
  Serial.println();
  Serial.print  ("groesste Helligkeit in Winkel: ");
  Serial.println(pos);
  if (pos < 61) {
    Serial.println("rechts");
    rechts();
    vorwaerts();
    delay (1000);
    motorenStop ();
  } else {
    if (pos < 121) {
      Serial.println("geradeaus");
      vorwaerts();
      delay (1000);
      motorenStop ();
    } else {
      Serial.println("links");
      links();
      vorwaerts();
      delay (1000);
      motorenStop ();
    }
  }
  delay (2000);
}
#endif
// Motoren Fahrt und Richtung schalten
...
...
#if defined HAT_IR
  irrecv.enableIRIn();                      // Start IR-Receiver
#endif

#if defined HAT_AUTONOMES_FAHREN
  myServo.attach(SERVO_PIN, LEDC_KANAL_2);    // Servo-Steuerung an SERVO_PIN
  // I2C-Bus initialisieren (nicht automatisch durch BH1750 Bibliothek)
  Wire.begin();
```

```
  luxMeter.begin();
#endif
}
void loop(void){
  ArduinoOTA.handle();
  webServer.handleClient();
#if defined HAT_IR
  checkIR();
#endif
#if defined HAT_SENSOREN
  checkInterrupt();
  lesenHCSR04();
#endif
#if defined HAT_AUTONOMES_FAHREN
  autonomFahren();
#endif
  delay (10);
}
```

Listing 22: Beispiel autonomes Fahren

Blick auf den Sketch und seinen Einsatz

Wesentliches Element der Erweiterung ist die Funktion `autonomFahren()`. Der Aufruf erfolgt in der `loop()`, wenn die Compiler-Direktive `AUTONOM` gesetzt ist. Ggf. sind zusätzliche Anpassungen mit `if`-Abfragen in Abhängigkeit davon nötig, wie Sie diesen Baustein in Ihr Roboterauto einbauen möchten und ob Sie die WiFi-Steuerung beibehalten möchten oder nicht.

Die Funktion `autonomFahren()` sucht bei jedem Durchlauf nach der stärksten Lichtquelle. Dabei erfolgt die Suchbewegung entweder von 0 ° bis 180 ° oder von 180 ° bis 0 °. Der Merker `rotation` legt hier die Rotationsrichtung fest, die die Funktion `findeLicht()` als Parameter aufgreift. Ergebnis der Suchbewegung ist der Winkel mit der größten Lichtintensität. `if`-Abfragen werten das Ergebnis aus und schalten die Motoren für Fahrt und Richtung ein. Da die Einschaltdauer der Motoren von Ihren Gegebenheiten abhängt, kann an dieser Stelle keine feste Vorgabe erfolgen; die konkreten Werte müssen experimentell festgelegt werden.

Die Funktion `findeLicht()` bewegt den Servo mit dem LDR schrittweise um 10 ° im oder gegen den Uhrzeigersinn. Die Funktion merkt sich die aktuelle Winkelposition, sobald die gemessene Lichtintensität (`messWertHelligkeit`) höher als die vorherige (`messWertHelligkeitAlt`) ist. Nach Durchlaufen des Suchbereichs geht die zuletzt registrierte Winkelposition, die die Position mit der größten Lichtintensität enthält, als Rückgabewert an die aufrufende Funktion `autonomFahren()`.

Auch das setup() erfährt noch eine wesentliche Ergänzung. Sie betrifft den Befehl, der das Servo-Objekt mit den notwendigen Parametern initialisiert, insofern, als er einen weiteren Parameter erhält:

(`myServo.attach(SERVO_PIN, LEDC_KANAL_2)`). Dieser Parameter bestimmt den PWM-Kanal. Per Voreinstellung ist dies Kanal 0. Da dieser jedoch bereits durch die Motoren belegt ist, muss ein anderer Kanal zugeordnet werden.

Laden Sie den Sketch hoch. Der Servo sollte unmittelbar damit beginnen, den Suchbereich zu durchlaufen. Als Ergebnis steht dann die Richtung, in die sich das Roboterauto bewegen soll (vgl. Abbildung 101).

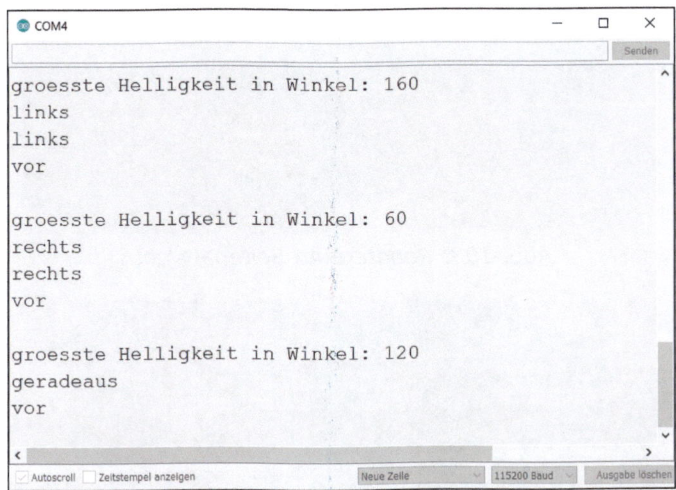

Abb. 101: Richtung beim autonomen Fahren im seriellen Monitor

10.4 Das Auto

An dieser Stelle hat das Auto einen gewissen Entwicklungsstand erreicht. Zeit also, einen Blick auf einen möglichen praktischen Aufbau auf Basis eines "Acryl-Bausatzes" zu werfen (vgl. Abbildung 102 bis Abbildung 104). Vorne links neben dem Ultraschallsensor befindet sich bereits das Kameramodul aus Kapitel 13.

Abb. 102: Das Roboterauto von vorne

Abb. 103: Roboterauto Seitenansicht

Abb. 104: Roboterauto ESP32-Trägerplatine

Kapitel 11• GPS nutzen

Jedes aktuelle Smartphone verfügt über die Möglichkeit, die eigene Position zu bestimmen. So liegt es nahe, diese Technik auch einem Roboterauto zugänglich zu machen.

Die Lage eines Ortes auf der Erdoberfläche beschreiben zwei Koordinaten, der Längengrad (engl. longitude) und der Breitengrad (engl. latitude). Beide geographischen Koordinaten werden traditionell im ***Sexagesimalsystem*** mit Grad, Minuten und Sekunden angegeben. Dabei hat ein Grad 60 Minuten und eine Minute 60 Sekunden (Beispiel: Grad, Minuten, Sekunden: 66° 43′ 12″). Technische Anwendungen bevorzugen Dezimalgrade, wobei Minuten und Sekunden in Nachkommastellen aufgehen (Dezimalgrad: 66,7200°).

Mit der Eroberung des Weltalls begann der Einzug satellitengestützter Navigationssysteme. Das erste seiner Art war Transit, das ab 1958 von der US-Marine entwickelt, ab 1964 militärisch und ab 1967 auch zivil genutzt wurde. Es ist seit dem 31. Dezember 1996 außer Betrieb.

Nachfolger ist das Global Positioning System (***GPS***). Die Entwicklung begann in den 1970er Jahren durch das US-Verteidigungsministerium. GPS löste ab 1985 Transit ab und ist seit Mitte der 1990er Jahre voll einsatzfähig. GPS beruht auf Satelliten. Das Ortungsprinzip fußt darauf, dass jeder Satellit ständig seine aktuelle Position und die genaue Uhrzeit ausstrahlt. Spezielle Empfänger berechnen dann auf dieser Grundlage bzw. aus den Signallaufzeiten die Position. Theoretisch würden drei Satelliten für eine Positionsbestimmung ausreichen, wenn der Empfänger über eine genügend genaue Uhr verfügen würde. Da dies selten der Fall ist, ist in der Regel ein vierter Satellit für die Angabe der Referenzzeit nötig.

Es gibt zwei Dienstklassen, die sich in der Genauigkeit der Positionsbestimmung unterscheiden. Der für jedermann verfügbare und kostenlose Standard Positioning Service (***SPS***) erreicht eine Genauigkeit von ca. 10 m, die durch den sukzessiven Ersatz älterer Satelliten aber ständig verbessert wird (aktuell sollen 7,8 m garantiert sein).

Das GPS-Modul GY-GPS6MV2 mit NEO-6M

Das GPS-Modul GY-GPS6MV2 (z.T. und fälschlich auch GY-NEO6MV2) ist ein sehr preiswertes Breakoutboard mit Keramik-Antenne für den NEO-6M-Chip von u-blox, das vorwiegend im Modellbau zum Einsatz kommt (vgl. Abbildung 105).

Abb. 105: ein GPS-Modul GY-GPS6MV2 mit NEO-6M

Die Spezifikationen sind:

- GPS-Chip: NE0-6M von u-blox
- separate Keramik-Antenne
- serielle Schittstelle (UART)
- NMEA-Protokoll standardmäßig (seriell, 9600 Baud, 8 Bit, keine Parität, 1 Stoppbit)
- 5 V Versorgungsspannung (lt. Datenblatt NEO-6M verträgt der UART-Eingang nur 3,6 V, d.h. dass bei höherer Versorgungsspannung ein Level-Shifter vorzusehen ist)
- Pufferbatterie
- LED-Indikator: blinkt bei GPS-Signal

Das GY-GPS6MV2 gibt Datensätze nach einem Protokoll aus, das die National Marine Electronics Association (***NMEA***) definiert hat und das auch Anwendung bei der Kommunikation zwischen GPS-Empfänger und PCs sowie mobilen Endgeräten findet. Die einzelnen Datensätze haben je nach Inhalt ein unterschiedliches Format (vgl. Abbildung 106).

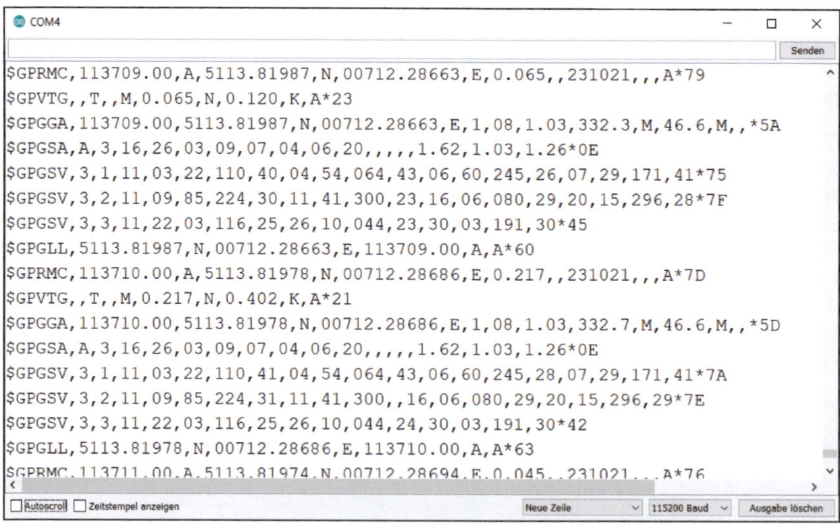

Abb. 106: Datensätze nach dem NMEA-Protokoll

So enthält z.B. der Datensatz mit "$GPRMC" (***RMC***: Recommended Minimum Navigation Information) minimale Navigationsangaben, der Datensatz mit "$GPGGA" (GGA: Global Positioning System Fix Data) neben Navigationsangaben auch Zeitangaben. Einen Überblick über alle Datensätze finden Sie unter http://nmea.de/test/nmea0183datensaetze.html.

Die Schaltung

Der Datenaustausch mit dem GPS-Modul erfolgt über eine Serielle Schnittstelle (***UART***, Universal Asynchronous Receiver Transmitter). Der ESP32 verfügt über drei UART-Schnittstellen (Hardware UART; im Gegensatz zu Arduino und ESP8266, die nur über einen Hardware-UART verfügen und "Mehrbedarf" über das s.g. Software-UART (SoftwareSerial) befriedigt werden muss). Zwar sind den UART-Controllern standardmäßig bestimmte Pins zugewiesen (vgl. Kapitel 1); da die Controller jedoch über die interne GPIO-Matrix kommunizieren, sind softwareseitig abweichende Festlegungen möglich.

Abbildung 107 zeigt den Schaltplan für den Anschluss des GPS-Moduls an den ESP32; er ist wieder aus Gründen der Übersichtlichkeit reduziert. Den kompletten Schaltplan finden Sie in der Anlage.

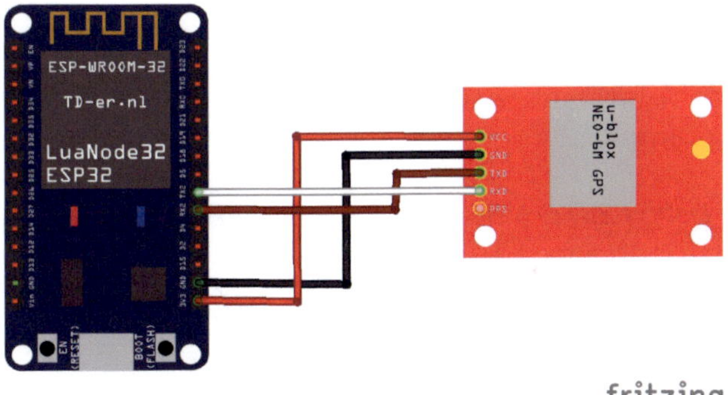

Abb. 107: Schaltplan GPS-Grundschaltung

Benötigte Bibliotheken

Eine Bibliothek erleichtert auch hier den Umgang mit den empfangenen GPS-Datensätzen. Sehr weit verbreitet ist die Bibliothek *TinyGPS++*. Laden Sie von https://github.com/mikalhart/TinyGPSPlus die .zip-Datei mit den Bibliotheksdaten herunter und binden Sie diese mit dem Bibliotheksverwalter der Arduino-IDE ein

Der Sketch

Der Sketch erfährt nun an mehreren Stellen Ergänzungen. Betroffen ist auch die Datei htmlSeiten.h, da die GPS-Daten im Browser angezeigt werden sollen (vgl. Listing 23).

```
. . .
      #panelChild2R {
        border-width: 40px 0px 40px 80px;
        border-color: transparent transparent transparent #35b19b;
```

```
        }
        /* fuer die Ausgabe der GPS-Daten */
        #GPSKoordinaten {
          border: none;
          float: right;
          padding-top: 40px;
          vertical-align: middle;
          color: blue;
        }
      </style>
. . .
. . .
        <div id="panelChild2H"></div>
        </div>
      </div>
    </div>
    <!-- GPS-Position -->
    <div id="GPSKoordinaten">)motorHTML2";
const char motorHTML_Seite3[] = R"motorHTML3(
     <!-- Daten kommen vom Programm -->
    </div>
</body>
</html>)motorHTML3";
```

Listing 23: Erweiterungen in der Datei htmlSeiten.h

Weitreichender sind die Änderungen des Sketches selber (vgl. Listing 24).

```
. . .
#define HAT_GPS                    // für GPS-Anbindung
. . .
#if defined HAT_GPS
  #include <TinyGPS++.h>           // GPS-Bibliothek
#endif
. . .
. . .
#define RXD2     16     //  RX-Anschluss fuer GPS-Modul
#define TXD2     17     //  TX-Anschluss fuer GPS-Modul
. . .
. . .
void lesenGPS();
void displayGPS();
. . .
. . .
// für GPS-Anbindung
#if defined HAT_GPS
```

```
TinyGPSPlus gps;                    // TinyGPS++ Objekt
static const uint32_t GPSBaud = 9600;
// auslesen der Rohdaten und aufbereiten der GPS-Daten
void lesenGPS() {
  while (Serial2.available() > 0) {
    // Ausgabe der Position, wenn Datensatz fehlerfrei decodiert wurde
    if (gps.encode(Serial2.read()))  {
      displayGPS();
    }
  }
  if (millis() > 5000 && gps.charsProcessed() < 10)   {
    Serial.println("konnte kein GPS-Modul finden: Verkabelung überprüfen");
//    while(true) {}
  }
}
// nur für Ausgabe im Seriellen Monitor nötig
void displayGPS() {
  Serial.print(F("Location: "));
  if (gps.location.isValid()) {
    Serial.print(gps.location.lat(), 6);
    Serial.print(F(","));
    Serial.print(gps.location.lng(), 6);
  } else {
    Serial.print(F("INVALID"));
  }
  Serial.print(F("  Date/Time: "));
  if (gps.date.isValid())   {
    Serial.print(gps.date.month());
    Serial.print(F("/"));
    Serial.print(gps.date.day());
    Serial.print(F("/"));
    Serial.print(gps.date.year());
  } else {
    Serial.print(F("INVALID"));
  }
  Serial.print(F(" "));
  if (gps.time.isValid())   {
    if (gps.time.hour() < 10) Serial.print(F("0"));
    Serial.print(gps.time.hour());
    Serial.print(F(":"));
    if (gps.time.minute() < 10) Serial.print(F("0"));
    Serial.print(gps.time.minute());
    Serial.print(F(":"));
    if (gps.time.second() < 10) Serial.print(F("0"));
    Serial.print(gps.time.second());
    Serial.print(F("."));
```

```
    if (gps.time.centisecond() < 10) Serial.print(F("0"));
    Serial.print(gps.time.centisecond());
  } else   {
    Serial.print(F("INVALID"));
  }
  Serial.println();
}
#endif
. . .
. . .
  htmlPage.concat(motorHTML_Seite2);
  s = "";
#if defined HAT_GPS
  if (gps.location.isValid()) {
    f = gps.location.lat(), 6;
    dtostrf(f, 8, 6, latChr);
    f = gps.location.lng(), 6;
    dtostrf(f, 7, 6, longChr);
    s = (String("GPS:  Breite:  ") + String(latChr) +
         String(" / Länge: ") + String(longChr) );
  } else {
     s  = "keine GPS-Daten";
  }
#endif
  htmlPage.concat(s);
  htmlPage.concat(motorHTML_Seite3);
  webServer.send(200, "text/html", htmlPage);    // HTML-Seite senden
}
. . .
. . .
void setup(void){
  Serial.begin(115200);
#if defined HAT_GPS
  Serial2.begin(GPSBaud, SERIAL_8N1, RXD2, TXD2);
#endif
  delay(10);
. . .
. . .
void loop(void){
  ArduinoOTA.handle();
  webServer.handleClient();
  checkIR();
  checkInterrupt();
  lesenHCSR04();
#if defined AUTONOM
  autonomFahren();
```

```
#endif
#if defined HAT_GPS
  lesenGPS();
#endif
  delay (10);
}
```

Listing 24: Sketch Erweiterungen Gyroskop

Blick auf den Sketch und seinen Einsatz

Die Datei htmlSeiten.h enthält Formatierungsinformationen für die Ausgabe der GPS-Daten sowie eine weitere Konstante `motorHTML_Seite3`. Sie spaltet die abschließenden HTML-Tags von der Konstanten `motorHTML_Seite2` ab, sodass der Sketch die Positionsdaten einfügen kann.

Der Sketch selber bekommt durch die `include`-Direktive Zugriff auf die GPS-Methoden der Bibliothek *TinyGPS++*. Die neuen Funktionen `lesenGPS()` und `displayGPS()` werden vorab deklariert. `define`-Direktiven bestimmen auch hier die seriellen Verbindungen zum GPS-Modul.

Die Funktion `lesenGPS()` hat die Aufgabe, über den zweiten seriellen Kanal bereitstehende Daten auszulesen und über die Funktion `displayGPS()` auf dem ersten seriellen Kanal auszugeben.

Für die Darstellung der GPS-Koordinaten erfährt die Funktion `handleRoot()` einen Einschub. Er umfasst das Aufbereiten der GPS-Daten und deren Ausgabe. Wenn keine Daten vorliegen, gibt es einen entsprechenden Hinweis.

Die Aktivierung der zweiten seriellen Verbindung erfolgt durch `Serial2.begin(GPSBaud, SERIAL_8N1, RXD2, TXD2)` im `setup()`. Die Parameter sind die Baudrate, das Protokoll, der Empfänger-Pin (`RXD2`) und der Sender-PIN (`TXD2`).

Die `loop()` übernimmt schließlich den Aufruf der Funktion `lesenGPS()`.

Laden Sie den Sketch hoch und warten Sie bis die WLAN-Verbindung steht und das GPS-Modul Positionsdaten ausgibt (Darstellung im seriellen Monitor vgl. Abbildung 108).

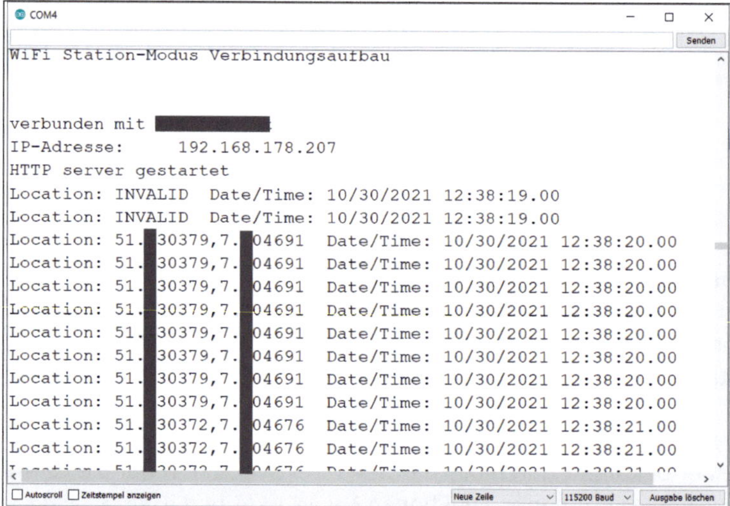

Abb. 108: Servo-Steuerung im seriellen Monitor Arduino

So steuern Sie den Servo mit Standardwerten.

Abbildung 109 zeigt die Darstellung im Browser.

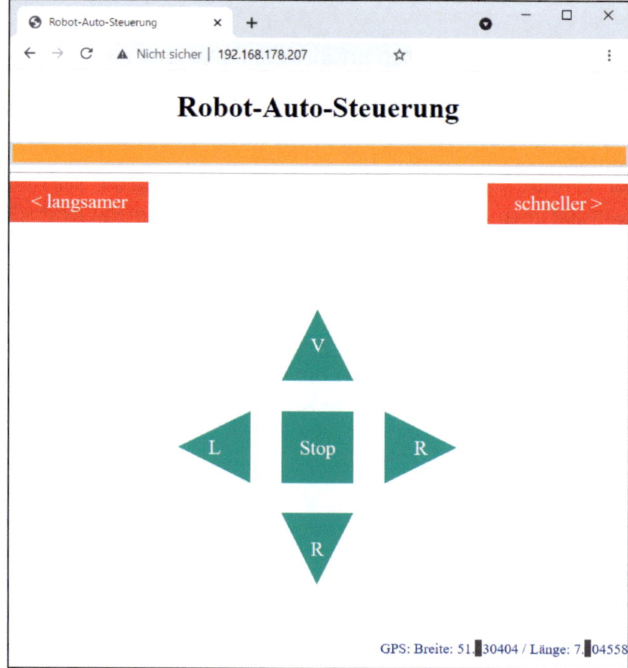

Abb. 109: GPS-Daten im Browser

Hinweis: Empfang von GPS-Datensätzen

Das GY-GPS6MV2 ist schon recht leistungsstark. Ungünstige Bedingungen wie geschlossene Räume, Wolken oder Empfangsverschattungen im Freien erschweren den Empfang oder machen ihn sogar unmöglich. Geben Sie dem Modul einige Zeit, sich auf die Satelliten auszurichten. Einen Datenempfang zeigt das Modul mit einer blinkenden blauen LED an.

Kapitel 12 • Autonomes Fahren II

Kapitel 10 hat sich bereits mit dem Thema Licht und Helligkeit als Steuerungsgröße befasst. Aber autonomes Fahren hat verschiedene Facetten. Die folgenden Abschnitte befassen sich mit "geleitetem" autonomen Fahren. Die Route gibt hier ein dunkler (schwarzer) Pfad vor. Die Idee ist, dass ein Sensor den Helligkeitsunterschied zwischen dem dunklen Pfad und den hellen (weißen) Begrenzungen erkennt. Anders als in Kapitel 10 kommt hier das Farbsensormodul ***TCS320*** zum Einsatz. Diess hat den Vorteil, dass es über vier leuchtstarke weiße LEDs verfügt, die den Referenzbereich optimal ausleuchten. Natürlich können Sie die Idee auch mit einem BH1750 verwirklichen. In diesem Fall können Sie den Sketch gewissermaßen als Blaupause heranziehen.

12.1 Der Farbsensor TCS230

Der Farbsensor TCS320 kann eine Vielzahl von Farben, basierend auf ihrer Wellenlänge, erkennen. Anwendungsgebiete sind Farberkennungsprojekte wie Farbabstimmung, Farbsortierung, Teststreifenablesung und vieles mehr - wie z.B. auch die Steuerung einer Roboters.

Der Sensor verfügt über eine 4 * 4 Matrix. Jeder Matrixeintrag hat vier ***Photodioden*** mit unterschiedlichen Farbfiltern (vgl. Abbildung 110).

Abb. 110: TCS3200 Sensor

In der Summe sind dies:

- 16 Photodioden mit rotem Filter, die auf den roten Wellenlängenbereich des Lichtes ansprechen
- 16 Photodioden mit grünem Filter für den grünen Wellenlängenbereich
- 16 Photodioden mit blauem Filter für den blauen Wellenlängenbereich
- 16 Photodioden ohne Filter

Funktionsprinzip

Die Photodioden der Matrix empfangen das Licht. Ein ***Multiplexer*** selektiert die auszuwertenden Filter-Dioden. Ein folgender Spannungs-Frequenz-Wandler wandelt die Photodiodenspannung in eine Frequenz um, die der anschließende Teiler nach einem der vier möglichen Verhältnisse teilt. Das Ausgangssignal ist ein Rechtecksignal, das Mikrocontroller auswerten können.

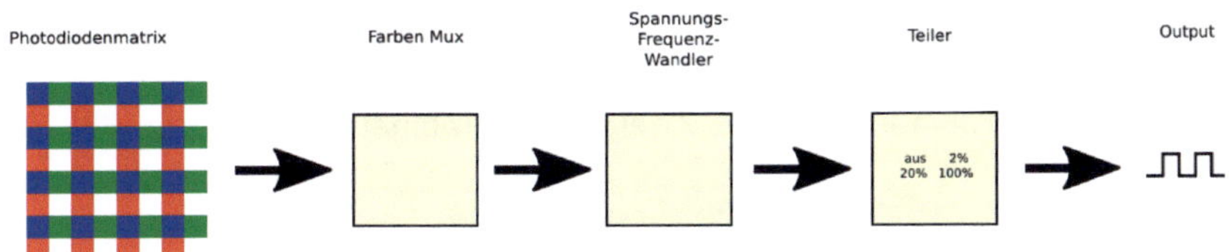

Abb. 111 :TCS3200 Funktionsprinzip

Das Modul

Der TCS3200-Sensor ist häufig auf einem Modul mit vier weißen LEDs verbaut (vgl. Abbildung 112).

Abb. 112: TCS3200 Modul

Tabelle 6 beinhaltet die Anschlüsse des Moduls.

TCS3200-Sensor	Funktion
VCC	Stromversorgung 3.3 V – 5 V
GND	Masse / Ground
OE	Aktivierung für Ausgangsfrequenz (aktiv: LOW)
S0	Steuerung der Ausgabefrequenz-Skalierung
S1	Steuerung der Ausgabefrequenz-Skalierung
S2	Steuerung der Typen der Photo-Dioden
S3	Steuerung der Typen der Photo-Dioden
OUT	Ausgabe

Tabelle 6: TCS3200 Anschlüsse

Ausgabe-Steuerung

Die Steuerung der Ausgabe erfolgt über die Eingänge S0 bis S3. S2 und S3 steuern die Auswahl der Filter-Photodioden. Tabelle 7 zeigt die Kombinationen.

Photodiodentyp	S2	S3
rot	LOW	LOW
blau	LOW	HIGH
klar (kein Filter)	HIGH	HIGH
grün	HIGH	LOW

Tabelle 7: Auswahl Photodiodentyp

Die Pins S0 und S1 dienen zur Skalierung der Ausgangsfrequenz mit den voreingestellten Werte von 100 %, 20 % oder 2 %. Dies ist nützlich, um die Sensormesswerte für verschiedene Frequenzzähler oder Mikrocontroller zu optimieren (Kombinationen vgl. Tabelle 8).

Frequenzteilung	S0	S1
aus	LOW	LOW
2' %	LOW	HIGH
20' %	HIGH	LOW
100' %	HIGH	HIGH

Tabelle 8: Auswahl Frequenzteilung

Für den ESP32 ist die Einstellung 20 % gebräuchlich.

Das Datenblatt finden Sie beispielsweise unter

https://datasheet.lcsc.com/szlcsc/1811181405_Ams-AG-TCS3200D-TR_C92501.pdf.

12.2 Rohdatenausgabe

Das Kennenlernen soll traditionsgemäß anhand der Ausgabe von Rohdaten erfolgen.

Der Schaltplan

Abbildung 113 zeigt den Schaltplan.

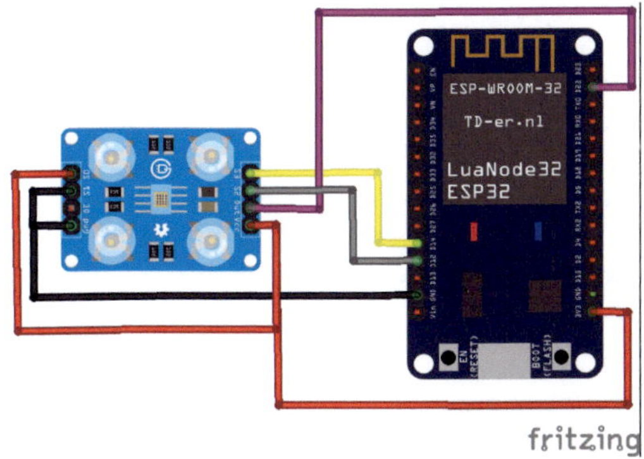

Abb. 113: Schaltplan TCS3200 ESP32NodeMCU

Pin-Verbindungen

Tabelle 9 zeigt die Pin-Verbindungen.

TCS3200 Sensor	ESP32
VCC	3V3
GND	GND
S0	3V3
S1	GND
S2	GPIO12
S3	GPIO14
OUT	GPIO22

Tabelle 9: Pin-Verbindungen

Der Sketch

Für ein erstes Kennenlernen soll die Ausgabe der TCS3200 Rohdaten im seriellen Monitor erfolgen. Der Code ergibt sich aus Listing 25.

```
#include <Arduino.h>
#define S2              12
#define S3              14
#define sensorOut       22
int redFrequency = 0;
int greenFrequency = 0;
int blueFrequency = 0;
int clearFrequency = 0;
void setup() {
  Serial.begin(115200);
  pinMode(S2, OUTPUT);
  pinMode(S3, OUTPUT);
  pinMode(sensorOut, INPUT);
}
```

```
void loop() {
  // lesen der "Blau-Filter-Photodioden"
  digitalWrite(S2,HIGH);
  digitalWrite(S3,HIGH);
  blueFrequency = pulseIn(sensorOut, LOW);
  delay(100);
  // lesen der "Rot-Filter-Photodioden"
  digitalWrite(S2,LOW);
  digitalWrite(S3,LOW);
  redFrequency = pulseIn(sensorOut, LOW);
  delay(100);
  // lesen der "Grün-Filter-Photodioden"
  digitalWrite(S2,LOW);
  digitalWrite(S3,HIGH);
  greenFrequency = pulseIn(sensorOut, LOW);
  delay(100);
  // lesen der Photodioden ohne Filter
  digitalWrite(S2,HIGH);
  digitalWrite(S3,LOW);
  clearFrequency = pulseIn(sensorOut, LOW);
  Serial.print("R = ");
  Serial.print(redFrequency);
  Serial.print(", G = ");
  Serial.print(greenFrequency);
  Serial.print(", B = ");
  Serial.print(blueFrequency);
  Serial.print(", C = ");
  Serial.println(clearFrequency);
  delay(1000);
}
```

Listing 25: TCS32000 Ausgabe der Rohdaten

Blick auf den Sketch und seinen Einsatz
Zu Beginn des Minimalsketches stehen drei `#defines` für die Pin-Zuordnung zum ESP32. Danach folgen globale Variablen für die Speicherung der gelieferten Rohwerte.

Das `setup()` initialisiert den seriellen Monitor und die GPIO-Pins.

Auch die `loop()` ist sehr einfach. Entsprechende Pegel für S2 und S3 sorgen für die Ansteuerung der jeweiligen Photodiodenmatrix. Die Funktion `pulseIn()` reagiert darauf, dass der Eingang des Pins mit der TCS3200-Sensorausgabe auf LOW wechselt, startet einen Timer und wartet darauf, dass der Pin wieder auf LOW springt. Daraufhin stoppt `pulseIn()` den Timer und gibt die Länge des Impulses in Mikrosekunden zurück. Einige `Serial.Prints()` bedienen die Ausgabe (vgl. Abbildung 114).

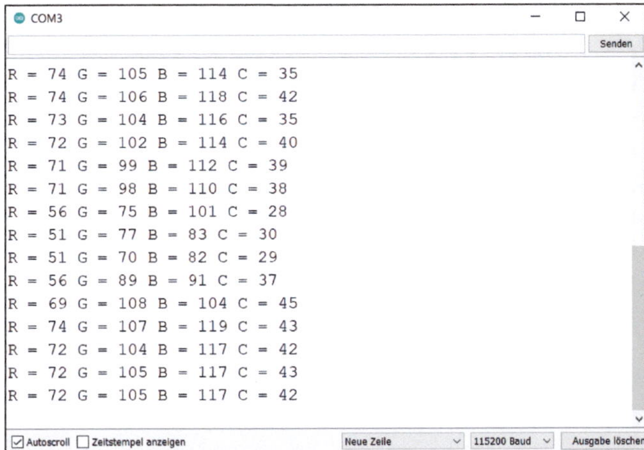

Abb. 114: TCS3200 Ausgabe der Rohdaten im seriellen Monitor

Das Datenblatt empfiehlt einen Abstand von ca. 1 cm zwischen Messobjekt und Sensor. Sollte sich Fremdlicht störend auf die Messergebnisse auswirken, hilft es eventuell, den Sensor mit einem lichtundurchlässigen Gehäuse zu umgeben oder sogar mit einer Linse zu versehen.

Exkurs Daten visualisieren
Vielfach lassen sich Sensordaten im seriellen Monitor nur mühsam verfolgen; in manchen Fällen ist es sogar nahezu unmöglich, auf dieser Basis Einstellungen zu festzulegen und zu justieren. Besser geeignet sind dann grafische Darstellungen in Form von Liniendiagrammen. Die Arduino-IDE bietet mit dem seriellen Plotter eine solche Option. Sie rufen den ***seriellen Plotter*** über ***Werkzeuge → Serieller Plotter*** oder **Strg + Umschalt + L** auf.

Ein etwas weiterführendes Tool ist ***SerialPlot***. Sie finden es auf https://hackaday.io/project/5334-serialplot-realtime-plotting-software. Scrollen Sie nach unten und laden Sie den Installer für Ihr System herunter (hier: serialplot-0.12.0-win32-setup.exe). Navigieren Sie in den Download-Ordner und führen Sie den Installer aus. Sie können i.d.R. die vorgegebenen Einstellungen akzeptieren und durch Klicken auf ***Weiter*** den Installationsprozess durchlaufen.

Allerdings verlangen beide Tools ein paar Anpassungen im Sketch. Ziel ist die zusätzliche Ausgabe der vier Variablen als Graphen über eine gewisse Dauer; jeder Graph soll eine Bezeichnung haben.

In diesem Sinne ermöglicht eine Direktive `#define MONITOR` (bzw. `PLOTTER`), beide Optionen programmtechnisch optimal auszugestalten.

Das `setup()` greift dies dann erstmalig auf:

```
#ifdef PLOTTER
  Serial.print("B");
  Serial.print(",");
  Serial.print("R");
  Serial.print(",");
  Serial.print("G");
  Serial.print(",");
  Serial.print("C");
  Serial.println();
#endif
```

Dadurch erhält jeder der vier Graphen eine eindeutige Bezeichnung, die Bestandteil der Legende ist; ein Komma trennt jede Bezeichnung.

Der Ausgabepart der `loop()` erfährt ebenfalls eine Erweiterung:

```
#ifdef MONITOR
  Serial.print("R = ");
  Serial.print(redFrequency);
  Serial.print(", G = ");
  Serial.print(greenFrequency);
  Serial.print(", B = ");
  Serial.print(blueFrequency);
  Serial.print(", C = ");
  Serial.println(clearFrequency);
  delay(1000);
#else
  Serial.print(redFrequency);
  Serial.print(",");
  Serial.print(greenFrequency);
  Serial.print(",");
  Serial.print(blueFrequency);
  Serial.print(",");
  Serial.println(clearFrequency);
  delay(50);
#endif
```

Im Fall der Ausgabe an den seriellen Monitor bleibt es bei der bisherigen Darstellung. Beim seriellen Plotter genügen jedoch die grafisch darzustellenden Variablen; sie sind wiederum durch ein Komma getrennt. Ein verkürztes `delay()` unterstützt die Aussagekraft der dargestellten Linien.

Nach dem Start öffnet sich folgendes Fenster (vgl. Abbildung 115). Aktiviert ist Registerkarte ***Port***.

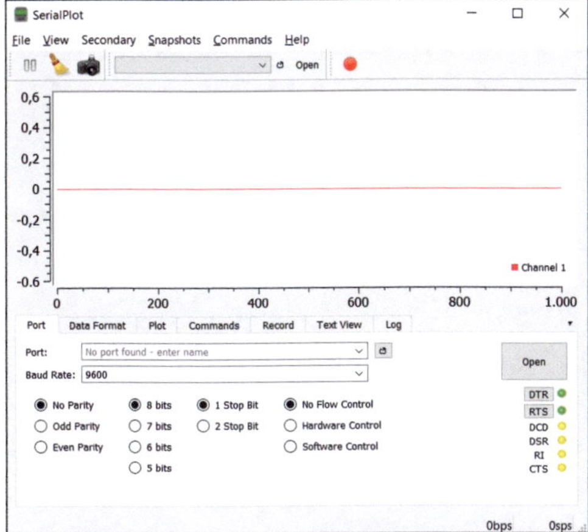

Abb. 115: Serial Plotter Hackaday

SerialPlot erkennt beim Start angeschlossene Geräte, sofern sie über die COM-Schnittstelle angeschlossen sind. Veranlassen Sie ggf. durch einen Klick auf das entsprechende Icon einen Reload der Portliste. Ändern Sie den Port sowie die Baudrate (vgl. Abbildung 116).

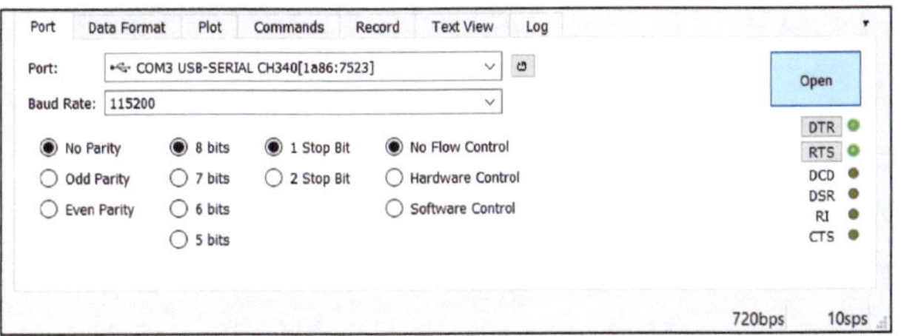

Abb. 116: Serial Plotter Angaben im Reiter Port ändern

Wechseln Sie in den Reiter ***Data-Format***. Wählen Sie dort das passende Datenformat (ASCII), die Anzahl der Kanäle (hier 4) und das Trennzeichen (vgl. Abbildung 117).

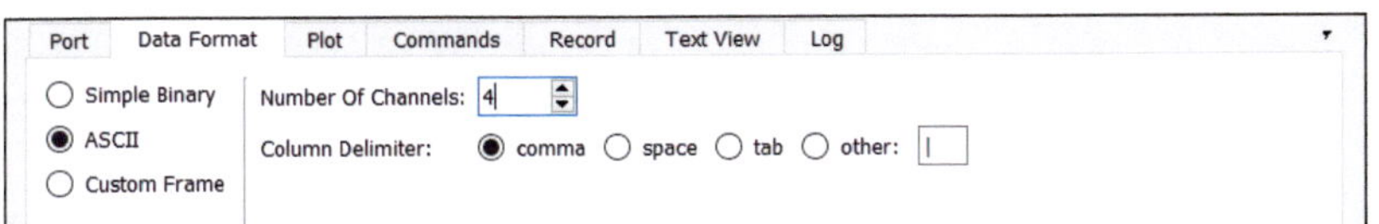

Abb. 117: Serial Plotter Angaben im Reiter Data Format ändern

Gehen Sie nun noch zum Reiter ***Plot*** und gestalten Sie die Anzeige, z.B. indem Sie die Farben und Bezeichnungen der Graphen ändern (vgl. Abbildung 118).

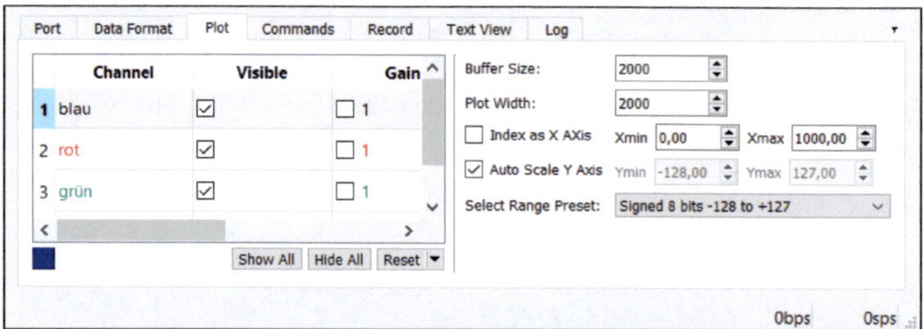

Abb. 118: Serial Plotter Angaben im Reiter Plot ändern

Starten Sie die Ausgabe mit Klick auf ***Open***. Abbildung 119 zeigt Beispielgraphen.

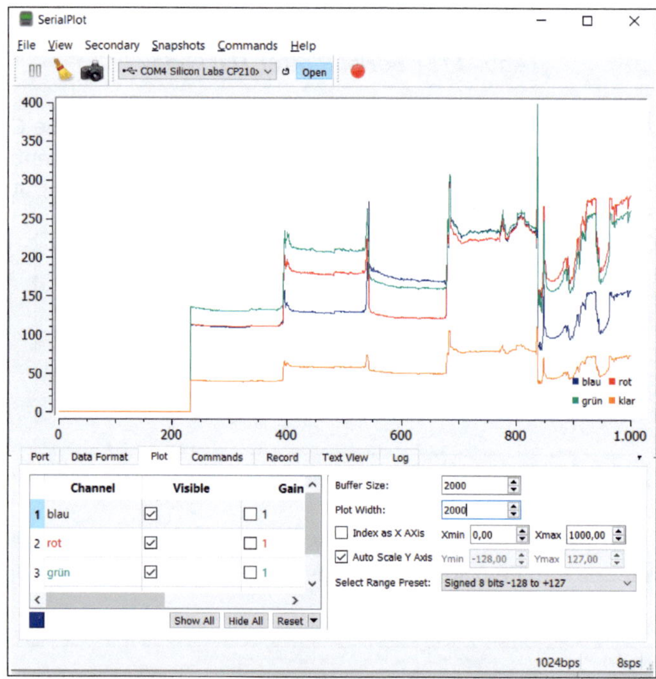

Abb. 119: TCS3200 Beispielgraphen

Grundlage dieser Beispiele sind in dieser Reihenfolge: ein helles, ein rotes, ein blaues und ein dun-kelgrünes Farbmuster. Die unsteten Verläufe am Ende resultieren von Sensormessungen über einer dunklen inhomogenen Fläche.

Klicken Sie die Schaltfläche ***Open*** erneut, um den seriellen Plotter anzuhalten und den Seriellen Port für Uploads frei zu geben.

12.3 Liniengeführtes autonomes Fahren

Üblicherweise ist es unerlässlich, die Messwerte zu kalibrieren und an die zu erwartenden Messobjekte anzupassen. Dies ist für das kleine Anwendungsbeispiel aber weitgehend entbehrlich. Projektidee ist, dass das Roboterauto einer vorgegebenen Linie folgt. Selbstverständlich muss es dabei Abweichungen erkennen und dann automatisch den vorgegebenen Pfad zurück finden.

Hierfür reicht die Unterscheidung zwischen zwei Merkmalen (hier dunkle / schwarze Linie – helle Begrenzung). Konkret bedeutet dies, dass die Sensordaten der ungefilterten Photodioden für Steuerungszwecke ausreichen. Erfreulicherweise wird in der Folge nur ein Pin des ESP32 für den Ausgang des TCS3200 belegt. Alle anderen Einstellungen des Farbsensors erfolgen über feste Verdrahtungen. Der Schaltplan zeigt aus Gründen der Übersichtlichkeit nur die notwendigen Komponenten (vgl. Abbildung 120).

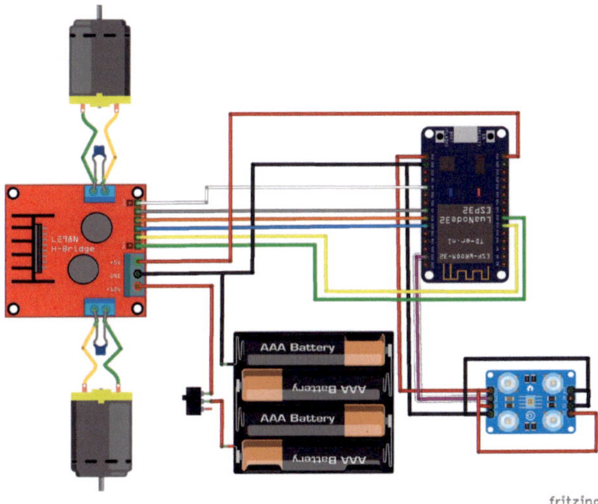

Abb. 120: TCS3200 Schaltplan autonomes Fahren anhand einer Linie

Der Sketch

Der Sketch setzt sich aus den bekannten Codeschnipseln für die Ansteuerung der Motoren und den Empfang der TCS3200-Daten zusammen. Hinzu kommt etwas Logik für die Auswertung der Sensordaten und die situationsbezogene Ansteuerung der Motoren (vgl. Listing 26).

```
#include <Arduino.h>
#define ENA            33
#define IN1            32
#define IN2            19
#define ENB            4
#define IN3            18
#define IN4            5
#define LEDC_KANAL_0   0
```

```
#define LEDC_KANAL_1    1
#define LEDC_AUFLOESUNG 10
#define LEDC_FREQ       30000
#define TCS230_OUT      22
#define MINIMUMSPEED    723
#define THRESHOLD_DARK  65      // Sensor-Schwellenwert
int motorSpeed = 800;           // 1023 = Maximum
int lenkSpeed  = 750;
int lenkDauer  = 50;
int clearFrequency = 0;
// Motoren Fahrt und Richtung schalten
void motorenStop () {
  digitalWrite(IN1, LOW);
  digitalWrite(IN2, LOW);
  digitalWrite(IN3, LOW);
  digitalWrite(IN4, LOW);
}
void vorwaerts () {
  ledcWrite(LEDC_KANAL_0, motorSpeed);
  digitalWrite(IN1, HIGH);
  digitalWrite(IN2, LOW);
  ledcWrite(LEDC_KANAL_1, motorSpeed);
  digitalWrite(IN3, HIGH);
  digitalWrite(IN4, LOW);
}
void links () {
  ledcWrite(LEDC_KANAL_0, lenkSpeed);
  digitalWrite(IN1, LOW);
  digitalWrite(IN2, HIGH);
  delay (lenkDauer);
}
void rechts () {
  ledcWrite(LEDC_KANAL_1, lenkSpeed);
  digitalWrite(IN3, LOW);
  digitalWrite(IN4, HIGH);
  delay (lenkDauer);
}
void findPath () {
  motorenStop ();
  int timesMove = 3;
  // links weiter ?
  for (int i = 1; i < timesMove; i++) {
    links();
    motorenStop ();
    clearFrequency = pulseIn(TCS230_OUT, LOW);
    if (clearFrequency > THRESHOLD_DARK) {
```

```
        // Pfad gefunden
        Serial.println("path found");
        vorwaerts ();
        return;
      }
      delay (1000);
    }
    // zurück bewegen = timesMove
    // => rechts: maximal (timesMove * 2) - 1

    // rechts weiter ?
    for (int i = 1; i < (timesMove * 2)-1; i++) {
      rechts();
      motorenStop ();
      clearFrequency = pulseIn(TCS230_OUT, LOW);
      Serial.println(clearFrequency);
      if (clearFrequency > THRESHOLD_DARK) {
        // Pfad gefunden
        Serial.println("path found");
        vorwaerts ();
        return;
      }
      delay (1000);
    }
    // Serial.println("path lost");
    motorenStop ();
    delay (10000);
  }

  void setup(void){
    Serial.begin(115200);
    pinMode(TCS230_OUT, INPUT);
    pinMode(IN1, OUTPUT);
    pinMode(IN2, OUTPUT);
    pinMode(IN3, OUTPUT);
    pinMode(IN4, OUTPUT);
    pinMode(ENA, OUTPUT);
    pinMode(ENB, OUTPUT);
    digitalWrite(IN1, LOW);
    digitalWrite(IN2, LOW);
    digitalWrite(IN3, LOW);
    digitalWrite(IN4, LOW);
    ledcSetup(LEDC_KANAL_0, LEDC_FREQ, LEDC_AUFLOESUNG);
    ledcAttachPin(ENA, LEDC_KANAL_0);
    ledcWrite(LEDC_KANAL_0, motorSpeed);
    ledcSetup(LEDC_KANAL_1, LEDC_FREQ, LEDC_AUFLOESUNG);
```

```
    ledcAttachPin(ENB, LEDC_KANAL_1);
    ledcWrite(LEDC_KANAL_1, motorSpeed);
}
void loop(void){
    clearFrequency = pulseIn(TCS230_OUT, LOW);
    if (clearFrequency < THRESHOLD_DARK) {
      findPath ();
    }
    vorwaerts();
    delay (100);                    // einstellen
    motorenStop();
}
```

Listing 26: TCS32000 autonomes Fahren durch eine Linie geführt

Blick auf den Sketch und seinen Einsatz

Kern der Logik ist der Schwellenwert, der den Übergang zwischen dem dunklen Pfad (d.h. große Impulslänge) und dem hellen Abseits (d.h. kleine Impulslänge) markiert. Dieser Wert, für den die Präprozessor-Direktive `THRESHOLD_DARK` steht, ist experimentell zu ermitteln. Beeinflussende Faktoren sind u.a. die Farbsättigung des Pfades sowie der Abstand zwischen Sensor und Pfad.

Die `loop()` liest periodisch die Sensordaten. Ist die gemessene Impulslänge kleiner als der Schwellenwert (der Sensor befindet sich im Abseits), versucht das Auto den Pfad zu finden. Verantwortlich hierfür ist die Funktion `findePath()`. Sie sucht zuerst in kleinen Schritten, ob der Pfad links weiter führt. Die maximale Anzahl der Suchschritte gibt der Inhalt der Variablen `timesMove` vor. Ist die Suche erfolgreich, setzt das Auto den Weg fort. Bei Misserfolg positioniert sich das Auto in die Ausgangsrichtung und sucht rechts. Bei Erfolg geht es weiter; schlägt auch diese Suche fehl, verharrt das Auto 10 Sekunden in einer Ruhestellung und versucht dann in einer Irrfahrt den Weg zu finden.

Die Abbildungen 121 und 122 zeigen den Testparcours.

Abb. 121: TCS3200 autonomes Fahren anhand einer Linie

Abb. 122: TCS3200 autonomes Fahren anhand einer Linie

Der vorgeschlagene Sketch kann aber nur die Basis für das eigene Entwickeln sein. Grund ist, dass zu viele Faktoren das Funktionieren beeinflussen:

- Die Lichtverhältnisse: Einstellung über `THRESHOLD_DARK`
- Die Motorgeschwindigkeit: wenn die Geschwindigkeit zu hoch ist, schießt das Auto gegebenenfalls zu weit über den vorgegebenen Pfad hinaus.
- Ändern Sie den Wert in der Variablen `motorSpeed`. Passen Sie alternativ die Dauer der Vorwärtsbewegung in der `loop()` an.
- Der Suchvorgang: auch hier gilt, wenn der einzelne Suchschritt zu groß ist, schießt das Auto gegebenenfalls zu weit über den vorgegebenen Pfad hinaus.
- Ändern Sie den Wert in den Variablen `lenkSpeed` und `lenkDauer`. Eine weitere Option ist, die Anzahl der maximalen Suchschritte zu erhöhen (`timesMove`).
- Die Versorgungsspannung: bei unbefriedigenden Ergebnissen ist es eine Option, die Spannungsversorgung auf 5 V zu erhöhen. Sehen Sie in diesem Fall für den Outpt des TCS3200 einen Level-Shifter vor.

Kapitel 13 • Mit Accelerometer und Gyroskop arbeiten

Accelerometer und ***Gyroskop*** sind bemerkenswerte und interessante Sensoren. Sie begegnen ihnen in vielen Lebensbereichen. So ist es der Haupteinsatzbereich eines Beschleunigungssensors (Accelerometers) und Gyroskops, die Lage eines sich bewegenden Objektes festzustellen. Vorzugsweise sind dies Flugzeuge, Drohnen, Game Controller, Handys und dergleichen. Aber auch die Robotik greift gerne auf diese Art Sensor zurück.

Häufig sind derartige Sensoren (MPU6050) in einem Modul verbaut (wie z.B. dem GY-521). Darüber hinaus gibt es Module, die zusätzlich mit einem Magnetometer ausgestattet sind (z.B. BNO055). Für die Beispiele dieses Kapitels kommt ein ***LSM6DS3*** zum Einsatz, für den es ebenfalls ein Breakout-Board gibt. Grund ist, dass der etwas verbreitetere MPU6050 nicht mit dem ESP32 harmoniert, wenn zusätzlich Servos gesteuert werden.

13.1 Der Sensor LSM6DS3

Der Sensor LSM6DS3 ist eine s.g. ***Trägheitsmesseinheit*** (***IMU***; engl.: Inertial Measurement Unit) und vereinigt ein 3-Achsen-Gyroskop (Kreiselinstrument) mit einem 3-Achsen-Beschleunigungssensor (Accelerometer). Damit sind sechs Freiheitsgrade (engl.: **DOF** (number of degrees of freedom), d.h. Anzahl frei variierbarer Werte in einer Berechnungsformel) gleichzeitig erkennbar. Zusätzlich kann das Modul noch die Umgebungstemperatur messen (in professionellen Anwendungen dient die Kenntnis der Temperatur zur Kompensation von temperaturbedingten Messabweichungen). Einige IMU's (z.B. der MPU6050) verfügen über einen ***DMP*** (Digital Motion Processor). Dieser setzt die Daten von Gyroskop und Beschleunigungssensor in eine (Wechsel-)Beziehung. Der LSM6DS3 hat diese Einheit bedauerlicherweise nicht, sodass diese Belange erforderlichenfalls eigenständig zu entwickeln sind. Dagegen kann der Betrieb über I2C oder SPI erfolgen. Er erlaubt auch den Anschluss weiterer Sensoren (z.B. eines Magnetometers). Abbildung 123 zeigt das Breakout-Board des LSM6DS3.

Abb. 123: Breakout-Board des LSM6DS3

Kenndaten

Tabelle 10 zeigt einige Kenndaten.

	LSM6DS3 Sensor
Sensortyp	3 Achs-Lage- und Beschleunigungssensor
Betriebsspannung	3,3 V / 5 V (LDO auf dem Modul)
Sensorspannung	1,8 - 3,6 V
Bus	I2C / SPI
Gyroskop-Bereich	±125°, 250°, 500°, 1000°, 2000°/s
Beschleunigungssensor-Bereich	±2, ±4, ±8, ±16g

Tabelle 10: Kenndaten LSM6DS3

Der Datenaustausch kann sowohl über einen I2C-Bus (Voreinstellung) als auch über den SPI-Bus erfolgen. Die I2C-Adresse ist 0x6B (default, AD0 = `HIGH`) bzw. 0x6A (AD0 = `LOW`). Diese Lösung erlaubt es, zwei verschiedene Trägheitsmodule mit demselben I2C-Bus zu adressieren.

Anschlüsse des LSM6DS3-Breakout-Boards

Tabelle 11 zeigt die Anschlüsse des Boards.

LSM6DS3 Sensor	Funktion
VCC	Stromversorgung 3.3 V - 5 V
GND	Masse / Ground
SCL	I2C Serial Clock
SDA	I2C Serial Data SPI MOSI
AD0	LOW: 0x6A / HIGH: 0x6B (default) SPI MISO
CS	SPI CS
INT2	programmierbarer Interrupt
INT1	programmierbarer Interrupt
OCS	Anschluss von Slave-I2C- und 3-Wire-Geräten für die FIFO-Datenerfassung
SCX	zweiter I2C Serial Clock
SDX	zweiter I2C Serial Data

Tabelle 11: LSM6DS3-Breakout-Board Anschlüsse

Die Schaltung

Abbildung 124 zeigt den Schaltplan mit ESP32. Aus Gründen der Übersichtlichkeit ist diese auch hier auf die beteiligten Komponenten beschränkt. Einnen Gesamtschaltplan finden Sie in der Anlage.

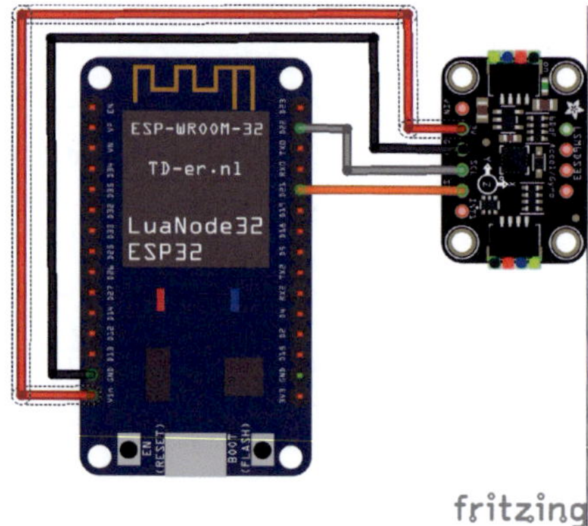

Abb. 124: LSM6DS3 ESP32NodeMCU

Pin-Verbindungen

Tabelle 12 zeigt die Pin-Verbindungen.

LSM6DS3 Sensor	Arduino	ESP32 I2C Master
VCC	VIN	3V3 / 5V
GND	GND	GND
SCL	A5	GPIO22
SDA	A4	GPIO21

Tabelle 12: Pin-Verbindungen

Benötigte Bibliotheken

Eine Bibliothek kann auch hier den Umgang mit dem LSM6DS3 erleichtern. Die Auswahl ist nicht so groß wie beim MPU6050 und qualitativ unterschiedlich. Eine gute Basis für den Start ist die *Sparkfun LSM6DS3 Breakout*.

13.2 Einfache Datenausgabe

Dieser Abschnitt befasst sich mit der Ausgabe von LSM6DS3-Daten und gibt einen Einstieg zu den theoretischen Hintergründen.

Der Sketch

Für ein erstes Kennenlernen soll die Ausgabe der Rohdaten im seriellen Monitor erfolgen. Der Code ergibt sich aus Listing 27. Er ist von ***Beispiele -> Sparkfun LSM6DS3 Breakout -> MinimalistExample*** abgeleitet.

```
#include <Arduino.h>
#include "SparkFunLSM6DS3.h"
#include "Wire.h"
#include "SPI.h"
LSM6DS3 myIMU;      // Konstructor I2C (default), 0x6B
void setup() {
  Serial.begin(115200);
```

```
    delay(10);
    // LSM6DS3 konfigurieren und starten
    if( myIMU.begin() != 0 ) {
      Serial.print("Init LSM6DS3 fehlgeschlagen!");
      while (1);
    }
    Serial.print("AccX");
    Serial.print(",");
    Serial.print("AccY");
    Serial.print(",");
    Serial.print("AccZ");
    Serial.print(",");
    Serial.print("GyroX");
    Serial.print(",");
    Serial.print("GyroY");
    Serial.print(",");
    Serial.print("GyroZ");
    Serial.print(",");
    Serial.print("Temp");
    Serial.println();
}
void loop() {
    Serial.print(myIMU.readFloatAccelX(), 4);
    Serial.print(",");
    Serial.print(myIMU.readFloatAccelY(), 4);
    Serial.print(",");
    Serial.print(myIMU.readFloatAccelZ(), 4);
    Serial.print(",");
    Serial.print(myIMU.readFloatGyroX(), 4);
    Serial.print(",");
    Serial.print(myIMU.readFloatGyroY(), 4);
    Serial.print(",");
    Serial.print(myIMU.readFloatGyroZ(), 4);
    Serial.print(",");
    Serial.print(myIMU.readTempC(), 2);
    Serial.println();
    delay(1000);
}
```

Listing 27: LSM6DS3 Rohdatenausgabe

Blick auf den Sketch und seinen Einsatz

Der Minimalsketch spricht eigentlich für sich selbst, sodass eine nähere Erörterung entbehrlich ist.

Laden Sie den Sketch also hoch und beobachten sehen Sie die Ausgabe der Daten im seriellen Monitor (vgl. Abbildung 125).

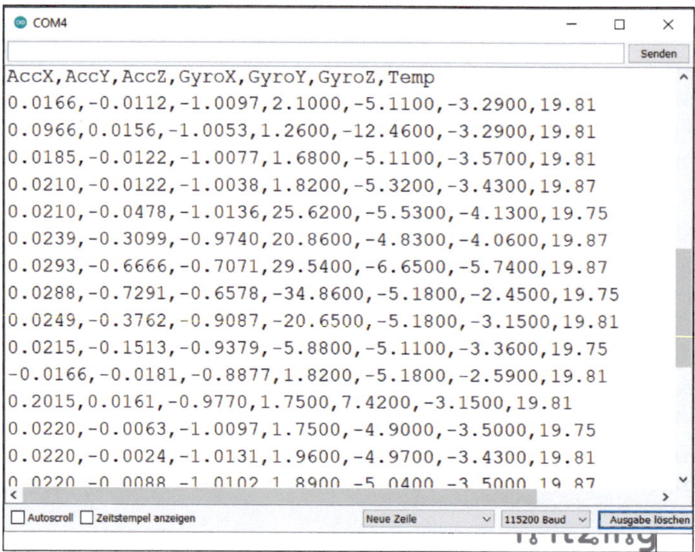

Abb. 125: LSM6DS3 Daten im seriellen Monitor

Die Darstellung ist – nicht nur, aber auch wegen der vielen Daten – recht unübersichtlich. Es lässt sich jedoch festhalten, dass

- sich die Werte des Accelerometers der X- und der Y-Achse im Ruhezustand in einem Bereich um +/- 0.02 bewegen, die der Z-Achse um 1.
- die Werte des Gyroskops um 0.00 bewegen
- die Temperatur ca 18 ° ist

Bei Annahme, dass der Sensor flach auf seiner x/y-Ebene liegt, sollten eigentlich die Ergebnisse von Accelerometer und Gyroskop Null ergeben. Das ist zwar nicht der Fall, dennoch ist es qualitativ kein schlechtes Ergebnis. Die Ausnahmen Accelerometer X- und Y-Achse sind auf Besonderheiten der Bibliothek zurück zu führen, die Werte der Z-Achse auf den Einfluss der Erdbeschleunigung (s.u.).

Verschieben Sie nun ruckartig das Modul horizontal entlang der X-Achse; Sie erhalten abhängig von der Bewegungsrichtung hohe bzw. niedrige Werte für AccX. Sobald das Modul zur Ruhe kommt, bewegt sich der Wert wieder auf 0 zu. Das gleiche Phänomen ergibt sich beim horizontalen Verschieben auf der Y-Achse mit den Werten von AccY.

Drehen Sie das Modul langsam im Uhrzeigersinn um 90 ° um die X-Achse; der Y-Wert des Accelerometers geht in Richtung -1. Drehen Sie langsam weiter; die Y Werte sind dann ungefähr 0 (180 °) und +1 (270 °). Das hat damit zu tun, dass nunmehr die Erdbeschleunigung als ständig präsente Kraft auf die Messwerte AccY einwirkt. Gleichzeitig ändern sich auch die Werte AccZ, da dort die Einwirkung der Erdbeschleunigung nachlässt.

Der serielle Monitor ist für das Datenlogging hier weniger hilfreich; besser ist der serielle Plotter der Arduino-IDE. Er zeigt die Daten als Graph an, wobei die Einzeldaten durch ein Trennzeichen (hier: ",") getrennt sein müssen. Öffnen Sie für eine graphische Darstellung den Seriellen Plotter (**Werkzeuge → Seriell Plotter**, vgl. Abbildung 126).

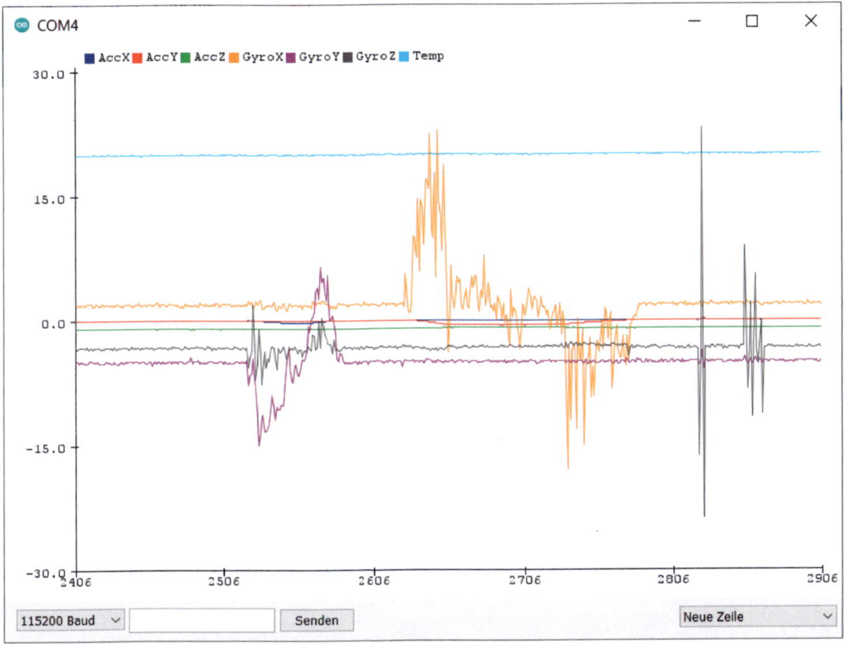

Abb. 126: Arduino serial Plotter-Ausgabe der Rohdaten

Was zeigt der Verlauf? Zuerst liegt das Modul horizontal und ruhig auf einer Ebene – alle Linien laufen parallel. Der erste Ausschlag ist eine Drehung um die Y-Achse. Der entsprechende Gyroskop-Graph (violett) schlägt aus. Dies gilt auch weniger ausgeprägt für den Gyroskop-Graph der Z-Achse (grau). Kehrt der Sensor in die Ursprungslage zurück, gilt das auch für die beiden genannten Graphen.

Die Accelerometer-Graphen sind hier etwas weniger augenfällig. Dies hat mit den niedrigen Werten und der automatischen Anpassung der Y-Achse zu tun. Ein kleines Beispiel beim Accelerometer-Y-Wert (rot) bei X-Achse 2.700 zu sehen.

Halten Sie sich die Kurven vor Augen; sie sind Basis der folgenden Erörterungen.

13.3 Das Roboterauto balanciert

Ein erstes Anwendungsbeispiel hat zum Ziel, eine Plattform in einer Achse der Waagerechten zu halten, wenn sich das Trägerobjekt (Chassis eines Autos) in Fahrtrichtung (pitch) hebt oder senkt. Ansatz ist eine näherungsweise Lagebestimmung, die sich aus den Rohwerten ableiten lässt. Maßgeblich sind die Daten des Accelerometers.

Messgegenstand

Ein Accelerometer misst die Beschleunigung in eine Richtung, also in Richtung der X-, Y- oder Z-Achse (siehe Abbildung 127). Die Beschleunigung ist eine vektorielle (gerichtete) Größe und beschreibt die Änderungsrate der Geschwindigkeit eines Objekts. Ein Objekt, das sich mit konstanter Geschwindigkeit bewegt, hat keine Beschleunigung. Ausnahme ist die Erdbeschleunigung *g* (***Normfallbeschleunigung***, ***Schwerkraft***), die in Richtung der Z-Achse wirkt. *g* ist eine Konstante und beträgt 9,80665 m/s^{2}..

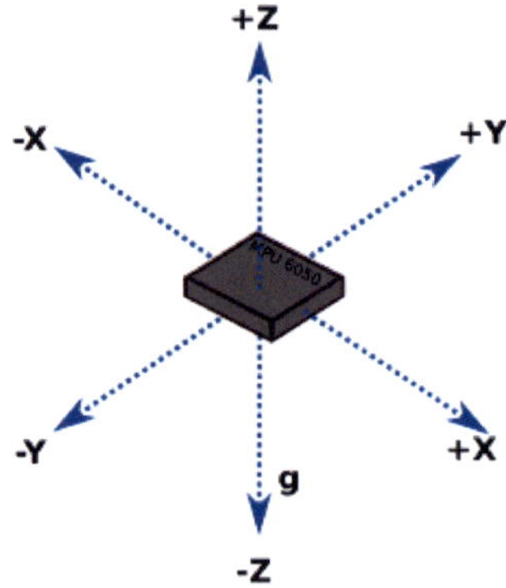

Abb. 127: Accelerometer Messgegenstand

Die Maßeinheit der Beschleunigung ist üblicherweise Meter je Quadratsekunde (m / s^{2}).

Schaltplan:

Abbildung 128 zeigt den Schaltplan mit einem ESP32-NodeMCU

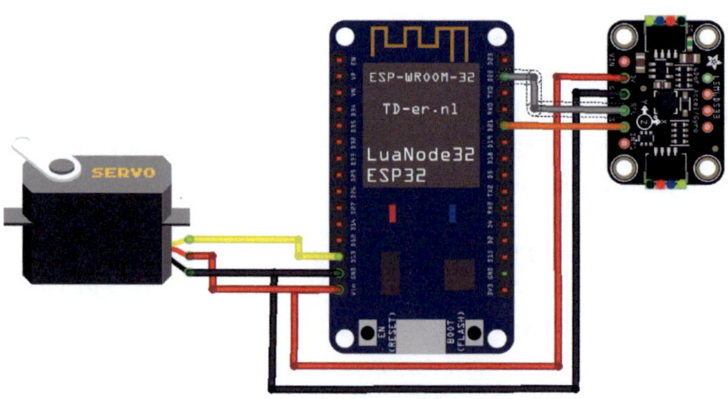

Abb. 128: LSM6DS3, ESP32-NodeMCU und Servo

Der Sketch

Der Sketch ist eine Ergänzung des vorherigen in der `loop()` um die für die Ansteuerung des Servos nötigen Anweisungen (vgl. Listing 28).

```
#include <Arduino.h>
#include "SparkFunLSM6DS3.h"
#include "Wire.h"
#include "SPI.h"
#include <Servo.h>                  // Servo-Bibliothek
#define SERVO_PIN           13     // GPIO13 -  Servo
#define SERVO_KANAL         3
#define SERVO_MINPW         520    // default 544
#define SERVO_MAXPW         2600   // default 2400
// für LSM6DS3-Sensor
LSM6DS3 myIMU;                      // Konstructor I2C
// fuer Servo
Servo myServo;                      // Servo-Objekt
void setup() {
  Serial.begin(115200);
  delay(10);
  // LSM6DS3 konfigurieren und starten
  if( myIMU.begin() != 0 ) {
    Serial.print("Init LSM6DS3 fehlgeschlagen!");
    while (1);
  }
  // Servo-Steuerung an SERVO_PIN
  myServo.attach(SERVO_PIN, SERVO_KANAL);
}
void loop() {
  float f, theta;
  // hängt von Montage des Moduls ab
  f =  map(myIMU.readFloatAccelX() * 1000, -1000, 1000, -90, 90);
  theta = constrain(f, -90, 90);
  Serial.print ("Winkel: ");
  Serial.print  (theta);
  // Servo positionieren
  myServo.write(theta);
  Serial.print ("   Servo-Position: ");
  // Position auslesen
  Serial.println(myServo.read() );
  delay(1000);
}
```

Listing 28: LSM6DS3, ESP32-NodeMCU und Servo

Blick auf den Sketch und seinen Einsatz

Die Anweisung `myServo.attach()` im `setup()` enthält hier einen weiteren Parameter: `SERVO_KANAL`. Dies ist dem Umstand geschuldet, dass die Bibliothek ohne den zusätzlichen Parameter den Kanal 0 nutzt. Dies aber führt zu Konflikten, wenn der Kanal schon durch andere Funktionen belegt ist. Eine explizierte Zuweisung vermeidet das.

Maßgeblich für die waagerechte Position ist die Y-Achse (das Auto bewegt sich in Richtung der X-Achse und hebt oder senkt die "Nase", Neigung, pitch). Was die Y-Achse des Moduls ist, ergibt sich aus dem Leiterplatten-Aufdruck (vgl. Abbildung 123). Die Auswahl des maßgeblichen Wertes richtet sich also nach dem Modul und dem bei der Montage gewählten Aufbau (vgl. Abbildung 129).

Jetzt geht es darum, den Accelerometerwert in einen Servopositionswert umzurechnen. Dies geschieht in zwei Schritten. Zunächst transferiert die Funktion `map()` den Messwert, der zwischen -1 und +1 liegen kann, in einen Winkelwert. Die `contrain`-Anweisung bewirkt, dass sich dieser Wert innerhalb des zulässigen Bereichs bewegt.

Abb. 129: LSM6DS3, ESP32-NodeMCU und Servo Probeaufbau

Hinweis: Genauigkeit des Winkels
Die Winkelberechnung nach Listing 28 ist schlicht und wenig präzise. Für den Einstieg ist dies jedoch völlig genügend. Genauere Ergebnisse erreichen Sie, wenn Sie eine zweite Achse in die Berechnung mit einbeziehen, einen Low-Pass-Filter setzen und / oder die Gyroskopwerte berücksichtigen. Darüber hinaus bedürfen die Sensoren der Kalibrierung.

13.4 LSM6DS3 Back Stage

Bibliotheken sind eine feine Sache, denn sie erleichtern einiges. Aber was passiert da eigentlich im Hintergrund? An dieser Stelle ist es Zeit, einen Blick hinter die Kulissen zu werfen. Ziel ist, Accelerometerwerte auf "herkömmliche" Art zu gewinnen.

Ausgangspunkt ist, dass die Speicherbereiche für Daten in Prozessoren in s.g. Register aufgeteilt sind. Sie enthalten die auszugebenden Daten, Parameter für die Steuerung und Statusinformationen. Ein Register ist ein Byte, also 8-Bit, groß. Die Nummerierung der Bits erfolgt von rechts nach links, beginnend bei 0, d.h. also: das Bit rechts außen ist Bit 0, das Bit links außen ist Bit 7.

Demnach sind folgende Fragen zu klären:

- Welcher Kommunikationsweg ist für den Datenaustausch maßgeblich?
- Welche Steuerungsinformationen sind in welche Register zu schreiben?
- In welchen Registern stehen die gelieferten Daten zur Verfügung?

Die Kommunikation soll auch hier über I2C erfolgen.

Als Steuerungsinformation benötigt der Sensor die Angaben, dass er aktiv sein und in welchem Bereich er arbeiten soll (±2, ±4, ±8 oder ±16g). Der Default-Wert ist ±2g; für dieses Beispiel soll jedoch entsprechend der Bibliothek ±16g gelten.

Da die Rohwerte der Beschleunigung als 16-Bit-Wert vorliegen, setzt sich der zu lesende Datenstrom aus 3 * 2 Werten, also sechs Registerinhalten zusammen.

Nehmen Sie den Sketch nach Listing 29.

```
#include <Arduino.h>
#include "Wire.h"
#define LSM6DS3_ADDR 0x6B
int16_t accRaw[3];
float accScal[3];
void printCharWithLeading(char c) {
  for (unsigned int mask = 0x80; mask; mask >>= 1) {
    Serial.print(mask&c ? '1':'0');
  }
  Serial.println();
}
char I2CreadRegister (char reg) {
  // read register reg (Format 0x00)
  byte error;
  char ret = 0XFF;
  // read register
  Wire.beginTransmission(LSM6DS3_ADDR);
  Wire.write(reg);
  error = Wire.endTransmission();
  if (error != 0) {
    Serial.print  ("error Wire.endTransmission - read Register: ");
    Serial.print  (reg);
    Serial.print  (", Error-Code: 0x");
    Serial.println(error, HEX);
  }
  Wire.requestFrom(LSM6DS3_ADDR, 1);
  if(1 == Wire.available()) {
    ret = Wire.read();
```

```
  }
  return ret;
}
char I2CwriteRegister (byte i2cAddr, byte regaddr, byte b) {
  byte error;
  Wire.beginTransmission(i2cAddr);          // open communication
  Wire.write(regaddr);                      // select Register (Hex)
  Wire.write(b);                            // write Byte
  error = Wire.endTransmission();
  return error;
}
void initLSM6DS3() {
  byte error;
  char c;
  // test I2C-Verbindung
  Wire.beginTransmission(LSM6DS3_ADDR);
  error = Wire.endTransmission();
  if (error != 0) {
    Serial.print  ("kein I2C-Gerät an Adresse 0x");
    Serial.println(LSM6DS3_ADDR, HEX);
    Serial.print  ("Error-Code 0x");
    Serial.println(error, HEX);
    while(1);
  }
  error = I2CwriteRegister(LSM6DS3_ADDR,0x10,0x66);
  if (error != 0) {
    Serial.print  ("error set Linear acceleration sensor control register 
1");
    Serial.print  ("Error-Code 0x");
    Serial.println(error, HEX);
    while(1);
  }
  printCharWithLeading(I2CreadRegister(0x10));
  error = I2CwriteRegister(LSM6DS3_ADDR,0x13,0x80);
  if (error != 0) {
    Serial.print  ("error set Control register 4");
    Serial.print  ("Error-Code 0x");
    Serial.println(error, HEX);
    while(1);
  }
  printCharWithLeading(I2CreadRegister(0x13));
  Serial.println();
}
void setup() {
  byte error;
```

```
    Serial.begin(115200);
    delay(10);
    Wire.begin();
    initLSM6DS3();
  }
  void loop() {
    Wire.beginTransmission(LSM6DS3_ADDR);
    Wire.write(0x28);
    Wire.endTransmission(false);
    Wire.requestFrom(LSM6DS3_ADDR, 6, true);
    for(int i=0; i<3; i++) {
      accRaw[i] = Wire.read() | Wire.read()<<8;
    }
    // normalisieren
    for(int i=0; i<3; i++) {
      accScal[i] =  (float)accRaw[i] * 16 / 32768;
    }
    Serial.print  ("Roh-Werte:        ");
    for(int i=0; i<3; i++) {
      Serial.print  (accRaw[i]);
      Serial.print  (",  ");
    }
    Serial.println();
    Serial.print  ("scalierte Werte: ");
    for(int i=0; i<3; i++) {
      Serial.print  (accScal[i]);
      Serial.print  (",  ");
    }
    Serial.println();
    Serial.println();
    delay(1000);
  }
```

Listing 29: LSM6DS3-Daten direkt auslesen

Blick auf den Sketch und seinen Einsatz
Der Sketch benötigt nunmehr nur noch die Bibliothek `Wire.h` für die entsprechenden I2C-Funktionen; ein `#define 0x6B` markiert die I2C- 7-Bit-Adresse des LSM6DS3.

Die Funktion `printCharWithLeading()` ist eine Helferfunktion, die das als Parameter übergebene Byte als Binärwert ausgibt. Anders als bei der vergleichbaren Arduino-print-Funktion mit dem Parameter `BIN` werden führende 0-Bits nicht unterdrückt, sondern angezeigt.

`I2CreadRegister()` liest den Inhalt eines Registers aus. Register verfügen über eine Adresse, deren Angabe üblicherweise als Hexadezimalwert erfolgt. Entsprechend ist der übergebene Parameter. Der Leseprozess erfolgt nach einem bestimmten Schema. Zu Beginn steht das Öffnen der Kommunikation mit dem I2C-Gerät (`Wire.beginTransmission();` Parameter ist die I2C-Adresse (hier über das `#define 0x6B`). Die Funktion `Wire.write(reg)` wählt das Register `reg` als das zu behandelnde Register (Start-Register) aus. Die Transaktion schließt `Wire.endTransmission()`. Der nächste Kommunikationsschritt verlangt von der angegebenen Geräteadresse (hier: 0X6B) genau ein Byte ab Startregister (`Wire.requestFrom(LSM6DS3_ADDR, 1)`). `Wire.read()` lädt dieses Byte Registerinhalt in der Variablen `ret` ab.

Ähnlich funktioniert das Schreiben von neuen Registerinhalten. Nach der Auswahl des Registers besorgt ein zweites `Wire.write()` die Übertragung des Inhalts auch hier als Hexa-Dezimalwert.

Mit der Funktion `initLSM6DS3()` erfolgt die Initialisierung des Sensors. Jetzt geht es ans Eingemachte, denn diese Schritte nimmt dem Programmierer üblicherweise eine gut strukturierte Bibliothek ab (z.B. die Methode `begin()` bei der Bibliothek *SparkFunLSM6DS3*). Zu Beginn steht hier das Anweisungspaar `Wire.beginTransmission()` / `Wire.endTransmission()`, das testet, ob überhaupt ein I2C-Gerät mit der entsprechenden Adresse am I2C-Bus hängt. Als nächstes geht es an das Festlegen der Steuerungsinformationen. Hier führt kein Weg am Studium des Datenblatts des Sensors vorbei (https://www.st.com/resource/en/datasheet/lsm6dsl.pdf). In diesem Beispiel sind für die Parameter zur Lieferung der Accelerometerdaten zwei Register maßgeblich: das Register *CTRL1_XL* und das Register *CTRL4_C*.

Das Register *CTRL1_XL* befasst sich mit den grundsätzlichen Accelerometer-Einstellungen Ausgabe-Datenrate, Accelerometerbereich, Filterbandbreite. Konkret verantwortlich sind die Bits nach folgendem Muster:

```
Bit: 7        6        5        4        3        2        1        0
     ODR_XL3  ODR_XL2  ODR_XL1  ODR_XL0  FS-XL1   FS_XL0   BW_XL1   BW_XL0
```

An dieser Stelle soll die Ausgabe-Datenrate 416 Hz, der Accelerometerbereich +- 16g und die Filterbandbreite 100 Hz betragen. Das Bitmuster ist dann:

```
Bit: 7        6        5        4        3        2        1        0
     ODR_XL3  ODR_XL2  ODR_XL1  ODR_XL0  FS-XL1   FS_XL0   BW_XL1   BW_XL0.
     0        1        1        0        0        1        1        0
```

Der Binärwert `0b01100110` entspricht dem Hexa-Wert `0x66`.

Analog verhält es sich mit dem Register *CTRL4_C* (Steuerungsregister 4). Es hat eine ganze Reihe von Steuerungsmöglichkeiten, von denen allerdings nur eine an dieser Stelle von Bedeutung ist: die Auswahl der Accelerometer Filterbandbreite. Das Bitmuster ist:

Bit:	7	6	5	4	3	2	1	0
	XL_BW SCAL_O	SLEEP_G	INT2_on INT	FIFO_ TEMP_EN	DRDY_ MASK	I2C_ disable	-	STOP_ON _FTH
	1	0	0	0	0	0	0	0

Der Binärwert `0b10000000` entspricht dem Hexa-Wert `0x80`.

Mit diesen Hintergrundkenntnissen ist auch die `loop()` schnell erklärt. Die Accelerometer-Sensorwerte beginnen an Registeradresse `0x28`. Der zu lesende Bereich umfasst sechs Register - für jede der drei Achsen zwei Register (X-Achse: OUTX_L_XL, OUTX_H_XL, Y-Achse: OUTY_L_XL, OUTY_H_XL und Z-Achse: OUTY_L_XL, OUTY_H_XL). Dabei beherbergt das Registerpaar einer Achse jeweils eine Hälfte des Sensorwertes; dieser hat eine Größe von zwei Byte. Nun gilt es, diese beiden Informationen zu einem Zahlenwert (Format `int16_t`) zusammenzufügen. Das übernimmt die Anweisung `Wire.read() | Wire.read()<<8`. Das erste Lesen überträgt den Inhalt des Registers für das rechte Byte (z.B. OUTX_L_XL). Es folgt ein zweites Registerlesen, das den Inhalt (z.B. OUTX_H_XL) für das linke Byte liest und um 8 Bits nach links verschoben in die Zieladresse schreibt. Damit liegen die Sensorrohwerte vor.

Es fehlt aber noch die Umrechnung in einen g-Wert. Dafür gilt die Formel

$$\text{g-Wert} = \frac{Rohwert*Accelerometerbereich}{AnzahlTeilschritte}$$

also

$$\text{g-Wert} = \frac{Rohwert*16}{32768}$$

All dies übernimmt üblicherweise die Bibliothek. Werfen Sie einen Blick auf die Ausgabe der Daten im seriellen Monitor (vgl. Abbildung 130).

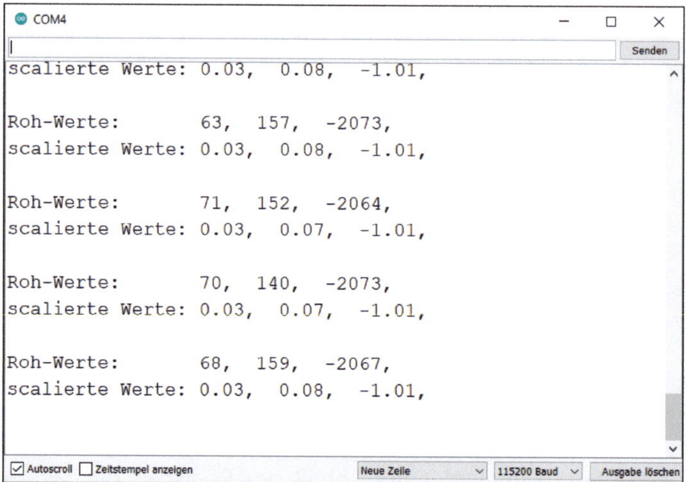

Abb. 130: LSM6DS3 Daten Registerauswertung im seriellen Monitor

Bislang haben Sie – ob mit oder ohne Bibliothek – nur auf einfache Weise die Accelerometer-Daten des LSM6DS3 ausgenutzt. Die Ergebnisse sind mit einigen Nachteilen behaftet:

- Eine genaue Bestimmung der Ausgangslage fehlt; in der Folge beruhen Berechnungen auf falschen Annahmen, wenn die Ausgangslage von einer streng horizontalen Primärposition abweicht.
- Erschütterungen machen sich als Zittern störend bemerkbar.
- Eine Winkelberechnung auf der Basis der Messwerte nur einer Achse ist häufig zu ungenau.

Nachfolgend möchte ich Ihnen vorstellen, wie es genauer geht. Damit ist allerdings einiges an Theorie verbunden. Ich versuche daher, soweit es geht Schritt für Schritt vorzugehen und Hintergrundinformationen mit konkreten Codeschnipseln zu belegen. Eine Bibliothek kommt nicht zum Zuge.

13.5 Kalibrierung

Üblicherweise kommen Accelerometer und Gyroskop nicht ohne Kalibrierung aus. Bei Annahme, dass es flach auf einer X- / Y-Ebene liegt, sollten eigentlich alle Accelerometer-Messdaten 0 sein (vgl. Abbildung 125). Ausnahme ist die Beschleunigung in Z-Richtung, denn hier wirkt sich die Schwerkraft der Erde aus. Deshalb sollte der Z-Wert nahe bei 9,8 m/s^2 (1 g) sein (Näheres im folgenden Abschnitt).

Darüber hinaus können weitere statische Beschleunigungen die Messergebnisse beeinflussen. Eine Methode, diese Einflüsse zu kompensieren, ist das ***Kalibrieren***. Dabei handelt es sich um eine vorgeschaltete Routine im `setup()`, die die 0-Lage ermittelt.

Eine andere Methode ist es, durch s.g. Offsets mit definierten Werten eine entsprechend Korrektur vornehmen.

Ziel ist also allgemein ein ruhender Punkt, aus dem sich dann bei Lageveränderungen positive und negative Werte ergeben.

Das Code-Schnipsel aus Listing 30 berücksichtigt beide Methoden.

```
// manuell vorgegebene Offsets
#define ACC_OFS_X        -50    // Accel. Offs. X-Achse
#define ACC_OFS_Y        150    // Accel. Offs. Y-Achse
#define ACC_OFS_Z        -4300  // Accel. Offs. Z-Achse
#define GYRO_OFS_X       -230   // Gyro. Offs. X-Achse
#define GYRO_OFS_Y       -200   // Gyro. Offs. Y-Achse
#define GYRO_OFS_Z       -83    // Gyro. Offs. Z-Achse
...
// Offsets; durch Vorg. oder Kalibrierung überschrieben
// Offsets; durch Vorgabe / Kalibrierung überschrieben
float accOfsX  = ACC_OFS_X,   accOfsY  = ACC_OFS_Y,   accOfsZ  = ACC_OFS_Z;
float gyroOfsX = GYRO_OFS_X,  gyroOfsY = GYRO_OFS_Y;
...
void kalibrierenLSM6DS3() {
  int readings = 100;
  // löschen möglicherweise manuell gesetzter Offsets
  accOfsX  = 0;
  accOfsY  = 0;
  accOfsZ  = 0;
  gyroOfsX = 0;
  gyroOfsY = 0;
  Serial.println("Beginn kalibrieren, das Modul nicht bewegen");
  for (int i = 0; i < readings; i++) {
    readLSM6DS3();
    accOfsX  += accRaw[0];
    accOfsY  += accRaw[1];
    accOfsZ  += accRaw[2];
    gyroOfsX += gyroRaw[0];
    gyroOfsY += gyroRaw[1];
    delay (5);
  }
  accOfsX  = accOfsX / readings;
  accOfsY  = accOfsY / readings;
  accOfsZ  = (accOfsZ / readings) - (32768 / 16);
  gyroOfsX = gyroOfsX / readings;
  gyroOfsY = gyroOfsY / readings;
}
```

Listing 30: LSM6DS3 Offset / Kalibrierung

Sinnvollerweise befindet sich dieser Part im `setup()` nach der Initialisierung des Sensors. Ziel ist, dass bei Eintritt in die Hauptroutine die Offsets feststehen. Entweder erfolgt dies durch manuelle Vorgabe (`#defines`) oder automatisiert durch die Funktion `kalibrierenLSM6DS3()`. Diese ermittelt anhand mehrerer Messungen einen Durchschnittswert von Messergebnissen im Ruhezustand des Sensors und überschreibt gesetzte manuelle Offsets.

13.6 Die LSM6DS3-Daten umfassend nutzen

In den vorherigen Abschnitten finden sich bereits ansatzweise Aussagen zum Messgegenstand des Sensors LSM6DS3. Hier geht es vertiefend um die Frage, was denn genau und wie gemessen wird. Wie verhält es sich genau mit Accelerometer und Gyroskop?

13.6.1 Messung mit dem Accelerometer

Messgegenstand

Ein Accelerometer misst die Beschleunigung in eine Richtung, also in Richtung der X-, Y- oder Z-Achse (siehe Abbildung 131 und Abschnitt 1.3 Das Roboterauto balanciert).

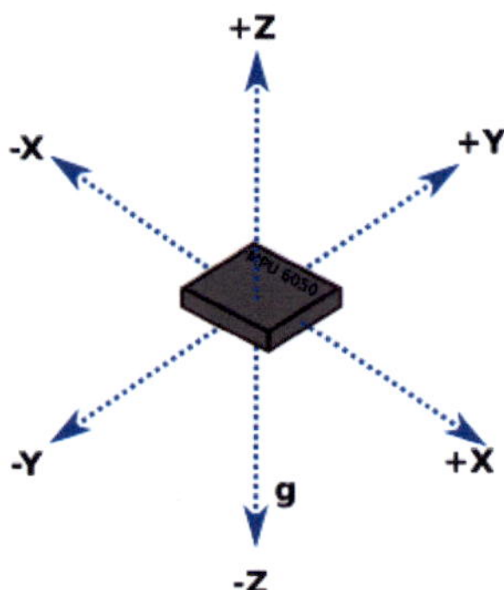

Abb. 131: Accelerometer Messgegenstand

Messverfahren

Rein physikalisch verwenden Beschleunigungsmesser die Parameter Kraft und Masse des Objekts. Im einfachsten Fall bestehen mechanische Messinstrumente aus einer sensitiven Achse, auf der die seismische Masse gefedert verschiebbar angeordnet ist und mit einem Schleifkontakt an einem Schiebewiderstand Messwerte erzeugt.

Ein drei-dimensionales Accelerometer lässt sich am Besten als ein Würfel in einem frei schwebenden Raum vorstellen (siehe Abbildung 133 als MEMS-Element), in dem sich der mittige Regler in dreidimensionale Richtung bewegen lässt.

Einwirkende Kräfte

Zunächst erzeugt jedes Bewegen eines Beschleunigungsmessers eine Kraft, die zu Messwerten führt. Aber auch in der Ruhelage – der Sensor liegt flach auf einer Unterlage – wirkt die Erdbeschleunigung *g* permanent in Richtung der Z-Achse (siehe Abbildung 131)

13.6.2 Messung mit dem Gyroskop

Messgegenstand

Das Gyroskop misst die Rotationsgeschwindigkeit (Winkeldrehung pro Zeiteinheit; rad/s). Dies ist die zeitliche Änderung der Winkelposition entlang der X-, Y- und Z-Achse (***Roll*** (rollen), ***pitch*** (nicken) und ***yaw*** (gieren)). Abbildung 132 versucht diese Begrifflichkeiten, die auch im Folgenden verwendet werden, anhand eines Flugzeugs zu illustrieren. Die X-Achse des LSM6DS3 ist üblicherweise durch einen Aufdruck auf dem Board gekennzeichnet (vgl. Abbildung 123).

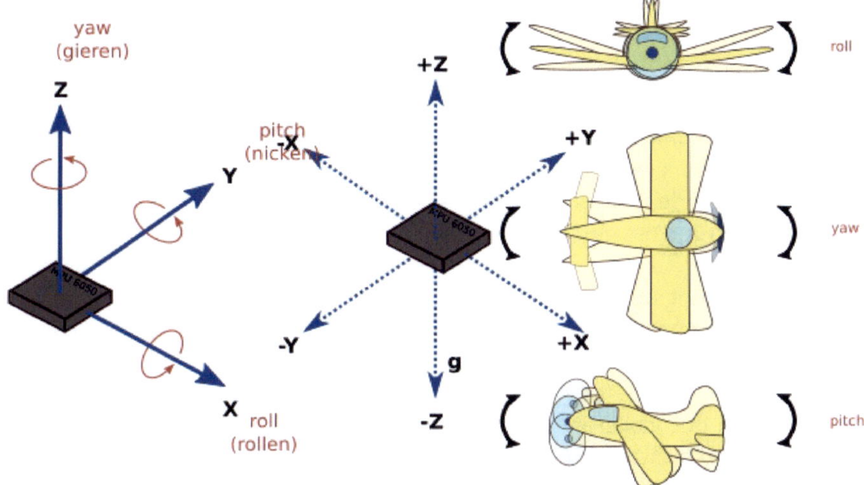

Abb. 132: Gyroskop Messgegenstand

Messverfahren

Ein mechanisches Gyroskop besteht üblicherweise aus einem sich schnell um eine Achse drehenden Rad (oder einer Scheibe), das sich in alle Richtungen bewegen kann.

13.6.3 Accelerometer und Gyroskop in der Elektronik

Accelerometer und Gyroskop benötigen für ihre Messvorgänge mechanische Komponenten (Schieberegler, Kreiselscheiben). Nun sind in dreidimensionaler Hinsicht derartige Messvorrichtung zu aufwändig und lassen sich auch kaum auf einem Chip integrieren. Einfacher ist es, andere elektrische Größen zu messen. Eine solche ist die Kapazität eines Kondensators. Abbildung 133 zeigt die schematische Darstellung eines solchen Kondensators mit einer frei im Raum beweglichen Kondensatorplatte in der Mitte und sechs festen Platten an den "Wänden" - für jede Richtung eine.

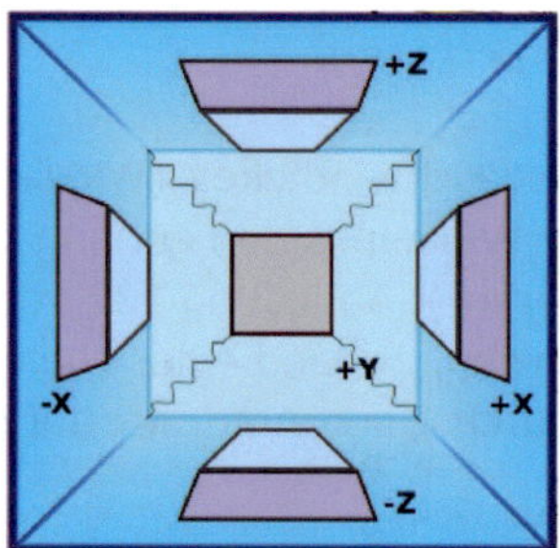

Abb. 133: Accelerometer Mechanik

In der Elektronik kommen dazu ***MEMS-Techniken*** (Micro Electro Mechanical Systems) zum Einsatz. Diese unterscheiden sich von herkömmlichen Techniken zur Herstellung elektronischer Chips, da ein MEMS mechanische Teile enthält, die physikalische Bewegungsänderungen messen können. Eine gute animierte Darstellung finden Sie unter https://lastminuteengineers.com/mpu6050-accel-gyro-arduino-tutorial/. Messgegenstand ist dann die Kapazität eines Kondensators; der gemessene Wert erlaubt einen Rückschluss auf den eigentlich gewünschten Messwert.

Ein Kondensator besteht aus zwei parallelen Platten, die durch eine Lücke (Isolator) mit dem Abstand *d* getrennt sind. Die Größe der Plattenoberfläche ergibt sich durch Breite und Tiefe (O = B * T).

Jedes Material, auch gut isolierendes, hat eine s.g. ***dielektrische Leitfähigkeit***. Dies ist eine Konstante (Dielektrizitätskonstante, ε) und drückt die elektrische Permeabilität eines Materials als Verhältnis zur elektrischen Permeabilität des Vakuums aus.

Dabei gilt für die Kapazität (*C*) eines Kondensators:

$$C = \frac{\varepsilon \times (B \times T)}{d}$$

Daher gilt: je größer die Kondensatorfläche, desto größer ist die Kapazität und je kleiner *d* (Isolatorhöhe), desto größer ist die Kapazität.

Der Trick eines 3D-Beschleunigungsmessers ist, dass der Würfel in der Mitte jeweils einen Kondensator mit den Platten an den Seitenwänden bildet (siehe Abbildung 133). Er ist mit Federn frei schwingend im Raum aufgehängt. Eine Beschleunigungskraft bringt den Würfel aus seiner Ruheposition mit der Folge, dass sich seine Kapazität in Richtung der Beschleunigungsachse ändert. Dies lässt sich messen. Daraus ergibt sich dann auch unmittelbar der Abstand *d*.

Die Kraft (*F*), die bei einer Beschleunigung wirkt, entspricht einer Konstanten (*k*), die sich aus der Feder ergibt multipliziert mit der Änderung des Abstands *d (Delta d)*.

$$F = k * \Delta d$$

Darüber hinaus gilt auch: Kraft = Masse (*m*) mal Beschleunigung (*A*):

$$F = m * A$$

Die beschleunigte Masse ist die des Würfels und damit bekannt. Somit ist:

$$A = \frac{F}{m}$$

und weiter:

$$A = \frac{k * \Delta d}{m}$$

Bezüglich des Gyroskops gilt dieser Ansatz entsprechend.

13.6.4 Die "fortgeschrittene" Lagebestimmung

Für die Lagebestimmung sind ein paar Festlegungen notwendig. Demnach befindet sich ein Körper in einem Raum zunächst in einer Ausgangslage (siehe Abbildung 134).

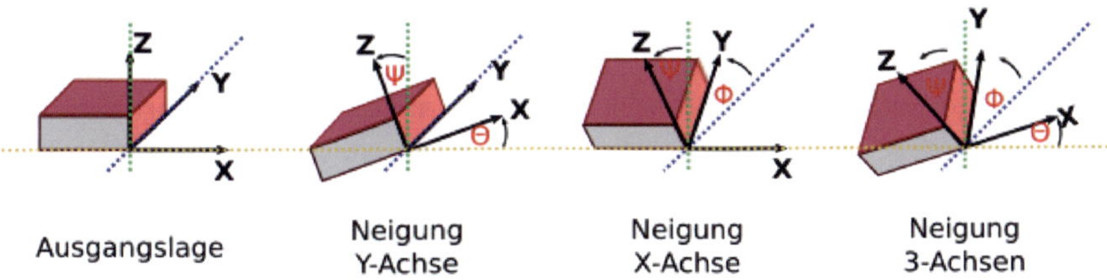

Abb. 134: verschiedene Neigungen eines Objektes

Entlang der Kanten des Körpers verlaufen drei Achsen: die X-Achse, die Y-Achse und die Z-Achse. Der Körper kann sich um eine oder mehrere Achsen neigen.

Definition (siehe auch Abbildung 132): die Bezeichnung einer Neigung um

- die Y-Achse heißt pitch (ein Flugzeug hebt die Nase)
- die X-Achse heißt roll (ein Flugzeug neigt / hebt die Flügel)
- die Z-Achse heißt yaw (ein Flugzeug dreht sich horizontal)

Die Neigung erzeugt einen Winkel zwischen der "Kante" des Objektes und der "Kante" der Ausgangslage.

Definition: die entstehenden Winkel heißen:

- Θ (theta) für pitch (Rotation um die Y-Achse)
- Φ (phi) für roll (Rotation um die X-Achse)
- Ψ (psi) für yaw (Rotation um die Z-Achse)

Die Lage eines Objektes hat wie bereits erwähnt etwas mit dessen Neigung (engl.: tilt) als Abweichung zur Ausgangslage und den sich daraus ergebenden Winkeln zu tun. Ein Winkel kann in verschiedenen Winkelmaßen bzw. Einheiten angegeben werden. Bekannt sind vor allem die beiden Einheiten Radiant (rad) und Grad (°). In der Einheit Grad wird eine volle Umdrehung als 360 Grad definiert. Ein rechter Winkel hat demnach 90 Grad.

Die Einheit Radiant wird mittels des Einheitskreises definiert (Kreis mit Radius der Länge Eins). Eine volle Umdrehung in Radiant ausgedrückt entspricht der Länge des Umfanges des Einheitskreises. Diese Länge beträgt genau 2π rad. Demnach ist:

$$2\pi \times rad = 360\,°$$

1 ° ist daher:

$$1\,° = \frac{2\pi \times rad}{360}$$

Bei der Winkelberechnung wirken Accelerometer und Gyroskop, denn beide haben ihre Vor- und Nachteile. Bei sensiblen Anwendungen (z.B. selbst steuernde Flugobjekte) be- oder verhindern sie für sich alleine sogar die angestrebte Funktionalität. Deshalb ist es zielführend, beide Komponenten zu kombinieren und u.U. um weitere Funktionen (im Extremfall sogar Sensoren wie einem Magnetometer) zu erweitern. Dieser Abschnitt zeigt, wie Sie aus den skalierten / normalisierten Messwerten eine Lagebestimmung vornehmen können.

13.6.5 "Fortgeschrittene" Lagebestimmung mit dem Accelerometer

Ausgangspunkt ist, dass Accelerometer die Beschleunigung unter dem Einfluss der Erdanziehung messen. Aus diesen Informationen lassen sich mit ein paar Grundlagen der Geometrie Winkel ermitteln. Im Folgenden geht es um die Berechnung auf Basis einer Achse.

Betrachten Sie Abbildung 135 (und vielleicht vorher noch einmal Abbildung 12). Sie zeigt eine X-Achse (gestrichelte Linie), die parallel zum Horizont verläuft. In der Senkrechten steht der Vektor für die Erdbeschleunigung *g*.

Das Accelerometer (gepunktete Linie) wird nach oben "geneigt" (nicken / pitch) . Es ergibt sich ein WinkelΘ zwischen der Ausgangslage (Horizontallage) und der aktuellen Position.

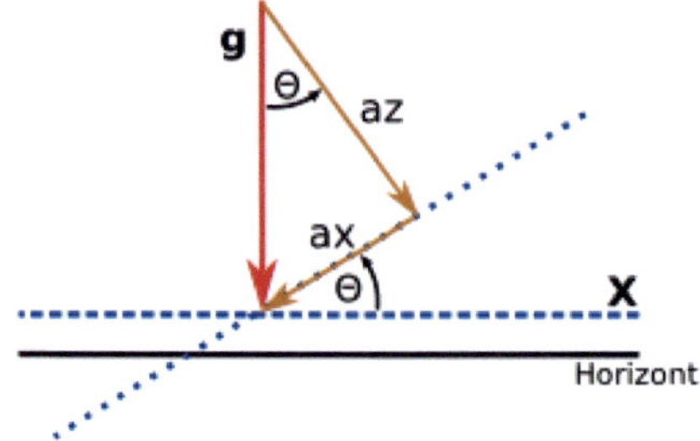

Abb. 135: Accelerometer Wirkungsweise geometrische Zusammenhänge

Jetzt steht der g-Vektor aber nicht mehr senkrecht zur X-Achse, er lässt sich nun in zwei Vektoren aufteilen. Ein Vektor *az* steht senkrecht auf der geneigten Accelerometer-X-Achse; ein Vektor *ax* führt zum Schnittpunkt des g-Vektors mit der X-Achse. *az* ist jetzt die neue Beschleunigung in Richtung Z. Sie können das experimentell nachvollziehen und werden feststellen, dass sich bei einem pitch nicht nur die Accelerometer Y-Werte ändern, sondern auch die Z-Werte.

Jetzt kommt ein wenig Geometrie ins Spiel. Da der g-Vektor senkrecht auf der horizontalen X-Achse steht (90 °), ist der Winkel zwischen g-Vektor und geneigter X-Achse 90 ° - Θ. Da die Seiten g-Vektor, *az* und *ax* ein rechtwinkliges Dreieck bilden, entspricht der Winkel zwischen g-Vektor und *az* ebenfalls Θ.

In einem rechtwinkligen Dreieck ist der Sinus eines Winkels das Verhältnis der Länge der Gegenkathete (Kathete, die dem Winkel gegenüberliegt) zur Länge der Hypotenuse (Seite gegenüber dem rechten Winkel). Der Kosinus ist das Verhältnis der Länge der Ankathete (das ist jene Kathete, die einen Schenkel des Winkels bildet) zur Länge der Hypotenuse. Der Tangens ist das Verhältnis von Gegenkathete zur Ankathete.

$$\sin = \frac{Gegenkathete}{Hypotenuse} \quad \cos = \frac{Ankathete}{Hypotenuse} \quad \tan = \frac{Gegenkathete}{Ankathete}$$

Also gilt bei einer Hypotenuse 1:

$$\sin \Theta = \frac{ax}{1} \quad \cos \Theta = \frac{az}{1} \quad \tan \Theta = \frac{ax}{az}$$

Die Werte *ax*, *ay* und *az* liefert das Accelerometer. Die Hypotenuse 1 ist g (9,80665 m/s, s.o.). Für die Berechnungen hat sich der Tangens etabliert, da er einfacher interpretierbare Ergebnisse liefert.

$$\tan \Theta = \frac{ax}{az}$$

Invertiert (Arcus-Tangens) ist dies:

$$\Theta = \tan^{-1} \frac{ax}{az}$$

Der Sensor liefert rad-Werte. Die Formel für die Berechnung des Winkels ist dann:

$$\Theta\,[°] = \tan^{-1} * \frac{ax}{az} * \frac{360}{2 \times \pi}$$

Dabei ist es rein rechnerisch unerheblich, ob *ax* bzw. *az* die Rohwerte, die skalierten oder die normalisierten Werte (m/s^2) sind. Der Code in Listing 31 geht einfachheitshalber von Rohwerten aus.

```
...
//pitch
thetaA = -atan2(accRaw[0] , accRaw[2]) / 2 /3.1415*360;
//roll
phiA =    atan2(accRaw[1] , accRaw[2]) / 2 /3.1415*360;
...
```

Listing 31: Accelerometerdaten in Winkelgrade umrechnen

Das Minus vor `atan2()` bewirkt ein Negieren der Werte und erlaubt so, auf die konkrete Einbausituation des Boards einzugehen. Abbildung 136 zeigt die Graphen.

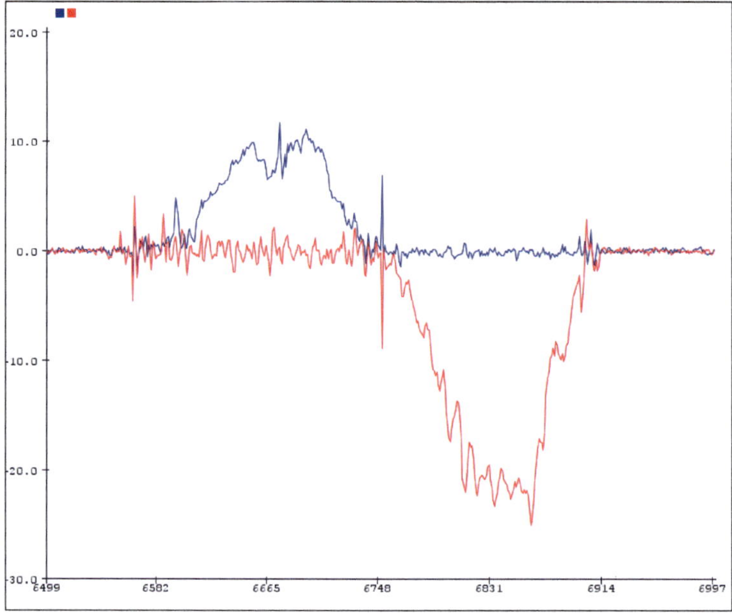

Abb. 136: Winkel mit Accelerometer-Daten

Das Ergebnis ist eine gute Basis. Es ist allerdings mit dem Nachteil behaftet, dass selbst geringste Bewegungen z.B. durch Erschütterungen voll durchschlagen. Zwar kann dieses Verhalten für manche Anwendungen willkommen sein (z.B. Sensorik im Zusammenhang mit Zusammenstößen), für die Bestimmung von Neigungen ist dies aber unerwünscht.

Abhilfe schafft ein s.g. Low-Pass-Filter. Er filtert schnelle Wertänderungen (hohe Frequenzen, das s.g. ***Rauschen***) aus und lässt nur "langsame" (tiefe Frequenzen) passieren.

Es gibt mehrere Ansätze, einen Low-Pass-Filter zu etablieren. Eine Möglichkeit möchte ich Ihnen vorstellen.

Ausgangspunkt ist, dass jeder Messvorgang einen Winkel liefert (z.B. Θ_A = theta-Accelerometer).

Die Idee eines gefilterten Winkels baut darauf auf, den alten gefilterten Winkel Θ_{AfAlt} (= theta-Accelerometer gefiltert alt) zu speichern. Der neue bzw. der gefilterte Winkel Θ_{AfNeu} ist dann:

$$\Theta_{AfNeu} = (\Theta_{AfAlt} * K1) + (\Theta_A * K2)$$

Der Trick ist, dass K1 und K2 in der Summe 1 ergeben müssen. Die Formel führt gewissermaßen zu einer Gewichtung der Messwerte; bei genügend hohem K1 erhalten alte Werte also ein höheres Gewicht.

Listing 32 zeigt einen Ansatz, dies programmtechnisch zu realisieren.

```
...
// Accelerometer durch Low-Pass-Filter gefilterte Werte
float thetaAfAlt = 0, phiAfAlt = 0, psiAfAlt = 0;
...
...
  float k1 = 0.98;
  float thetaAfNeu = (thetaAfAlt * k1) + (thetaA * (1 - k1) );
  float phiAfNeu   = (phiAfAlt   * k1) + (phiA   * (1 - k1) );
  thetaAfAlt = thetaAfNeu;
  phiAfAlt   = phiAfNeu;
...
```

Listing 32: Accelerometer Loww-Pass-Filter

Eine Ausgabe im seriellen Plotter verdeutlicht das Ergebnis (siehe Abbildung 137).

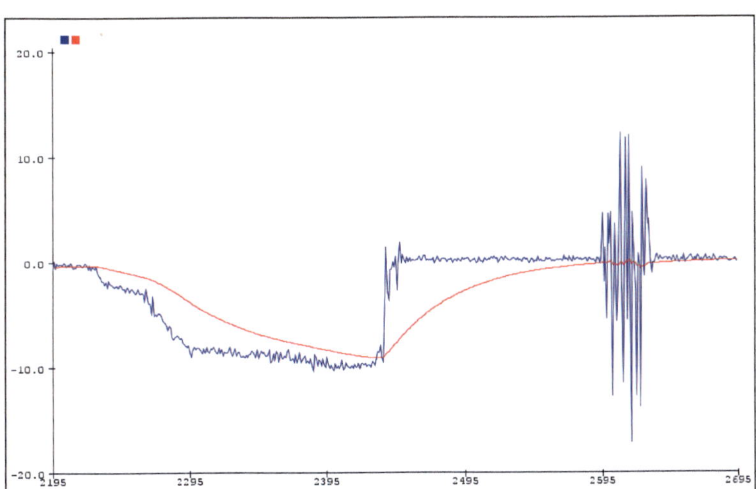

Abb. 137: ungefilterte und gefilterte Accelerometer-Daten

Die blaue Linie kennzeichnet die ungefilterten, die rote die gefilterten Daten. Es ist deutlich zu sehen, dass die gefilterten Werte erst mit einer zeitlichen Verzögerung die aktuellen

Daten erreichen. Ergebnis ist jedenfalls ein verstetigter Graf, der jedwede plötzliche Ausschläge der Messdaten kompensiert.

13.6.6 Lagebestimmung mit dem Gyroskop

Das Gyroskop misst die Winkelgeschwindigkeit (das ist wichtig: es misst nicht einen Winkel). Die Messwerte spiegeln daher die Situation im Augenblick der Messdatenerhebung wider, d.h. die Messergebnisse sind Null, sobald die Drehung abgeschlossen ist! Das hat zur Folge, dass Verzögerungen im Programmablauf gravierende Auswirkungen auf die Brauchbarkeit der Messdaten haben können; ein Monitoring der Daten mit `delay()` ist nahezu ausgeschlossen. Sinnvoller sind grafische Ausgaben wie z.B. über den Seriellen Plotter (vgl. Abbildung 138), Processing, Oszilloskop und dergleichen).

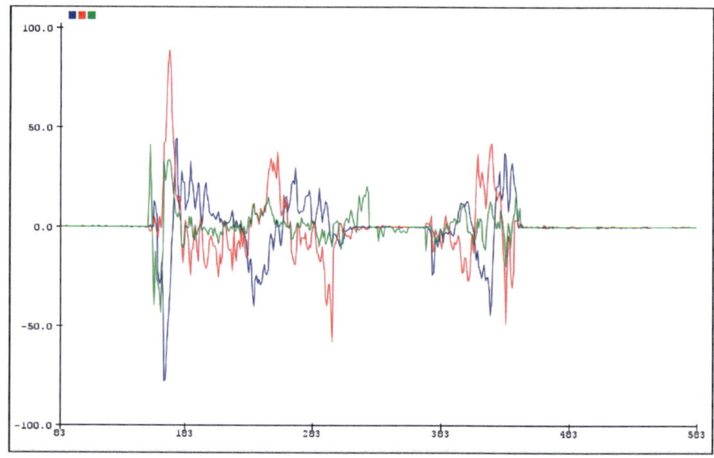

Abb. 138: Gyroskop-Daten Ausgaben im Seriellen Plotter

Dennoch lässt sich auch aus der Winkelgeschwindigkeit um die X-, Y- bzw. Z-Achse ein Winkel berechnen. Die Formel für einen Winkel Θ ist:

$$\Theta_{Gneu} = \Theta_{GAlt} + (\omega * dt)$$

ω ist die Winkelgeschwindigkeit und *dt* die verflossene Zeit (Delta Zeit).

ω liefert der LSM6DS3; für die Bewegung um die Y-Achse (pitch) ist dies dann ω_y.

$$\Theta_{Gneu} = \Theta_{GAlt} + (\omega_y * dt)$$

Für die Bewegung um die X-Achse (roll) gilt:

$$\Phi_{Gneu} = \Phi_{Galt} + (\omega_x * dt)$$

Den Sketch für diese Aufgabe zeigt Listing 33.

```
...
unsigned long t_now;
unsigned long t_last;
...
...
  t_now = millis()
  float dt =(t_now - t_last) / 1000.0;
  thetaG = thetaG + gyroScal[1] * dt;
  phiG   = phiG   + gyroScal[0] * dt;
  t_last = t_now;
...
```

Listing 33: Gyroskop Winkelbestimmung

Die Variablen `t_now` und `t_last` dienen der Berechnung des Zeitdeltas zwischen den Messvorgängen. Sie sind vom Typ unsigned long, weil `millis()` einen Wert als `unsigned long` zurück gibt. Die Division zur Berechnung des Zeitdeltas `dt` erfolgt mit `1000.0`, damit das Ergebnis auch ein `float`-Wert ist.

Eine grafisch aufbereitete Ausgabe verdeutlicht das Ergebnis (siehe Abbildung 139).

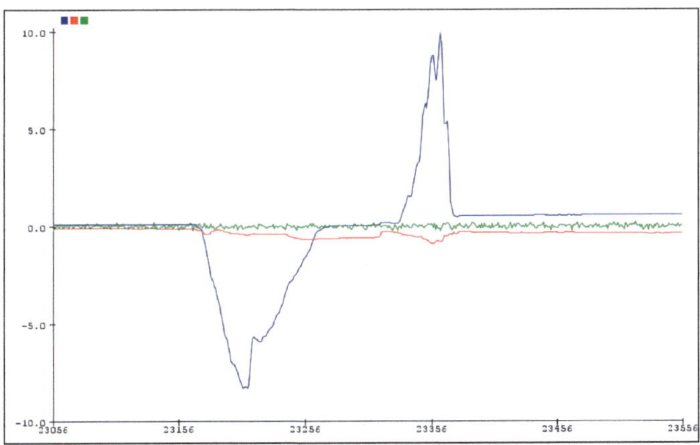

Abb. 139: Winkel mit Gyroskop-Daten

Der blaue Graph zeigt den mit dem Gyroskop ermittelten pitch.

Erkennbar ist aber auch, dass der angezeigte Winkel nicht mehr auf 0 ° zurück fällt, obwohl sich das Modul wieder in der Ausgangslage befindet. Dieses Phänomen trägt die Bezeichnung Drift.

Drift oder Kreiseldrift ist das langsame Auswandern der Drehachse eines Kreiselinstruments aus der ursprünglichen Lage. Das heißt, dass auf lange Sicht der Winkel stark vom tatsächlichen Winkel abweicht. Sie können dieses Phänomen beim LSM6DS3 beobachten, wenn Sie das Board mehrfach (z.B. über Nacht) um eine Achse und dann wieder in die Ausgangsposition bewegen.

Die gemessene Winkelgeschwindigkeit ist in der Ausgangsposition zwar wieder 0 rad / s. Der ermittelte Winkel geht jedoch nicht wieder auf 0 zurück. Diese Drift zu kompensieren ist nicht so einfach, zumindest wenn es fundiert sein soll. Deswegen regeln das manche Sensoren wie der BNO055 auch intern.

Insofern sind die Gyroskop-Daten hervorragende "Kurzfristwerte" während die Accelerometer Daten hervorragende "Langfristwerte" darstellen.

13.6.7 Der Komplementärfilter

Diese Probleme können durch die Kombination beider Sensoren gelöst werden, die als Sensorfusion bezeichnet wird, und es gibt viele Methoden, sie zu kombinieren (z.B. ***Kalman-Filter***, ***Komplementärfilter***). Der Kalman-Filter gilt als recht komplex. Deshalb möchte ich an dieser Stelle auf den Komplementärfilter (engl. Complementary Filter) eingehen.

Der Komplementärfilter versucht, das Beste aus beiden Welten zu kombinieren und damit schnelle, ohne durch Vibrationen verursachte Störungen aussagefähige Werte hinsichtlich Schnelligkeit und Stabilität zu erhalten. Idee ist, die Sensordaten passieren zu lassen, die in einem niedrigen Frequenzbereich verlässlich (***Low-Pass-Filter***) sowie solche, die in einem höheren Frequenzbereich verlässlich (***High-Pass-Filter***) sind (Schema siehe Abbildung 140).

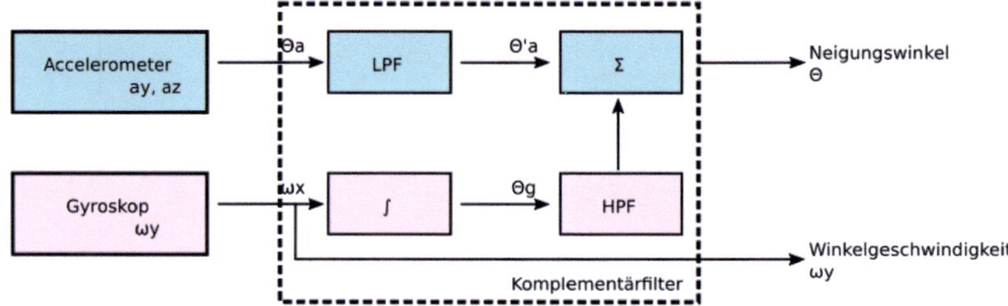

Abb. 140: Schema Komplementärfilter

Der gedankliche Ansatz ist:

- Gyroskopdaten sind für kurzfristige Veränderungen verlässlich
- Accelerometer Daten sind für langfristige Veränderungen verlässlich

Für einen Winkel Θ (pitch) lässt sich daraus folgende Formel ableiten:

$$\Theta_{SysNEU} = ((\Theta_{SysAlt} + (\omega_y * dt)) * 95\ \%) + (\Theta_A * 5\ \%)$$

Dies ergibt einen High-Pass-Filter bezogen auf das Gyroskop und einen Low-Pass-Filter bezogen auf das Accelerometer.

Den Sketch für diese Aufgabe zeigt Listing 34.

```
...
  float k2 = 0.95;
  float dt =(t_now - t_last) / 1000.0;
  theta = (theta+gyroScal[1]*dt)*k2 + thetaA*(1 - k2);
  phi   = (phi  +gyroScal[0]*dt)*k2 + phiA  *(1 - k2);
...
```

Listing 34: Komplementärfilter

Jetzt spielt die Drift keine Rolle mehr, sie wird insofern kompensiert, als die Gyroskop Werte unabhängig von kalibrierten Achsen auf lange Sicht gegen 0 tendieren.

Einfluss auf das Ergebnis haben die Gewichtung (*k2*), die Accelerometer Werte (gefiltert / ungefiltert) sowie *dt* (je kleiner *dt,* desto genauer die Messung: beachten Sie, dass der `Serial.print()` vergleichsweise viel Zeit in Anspruch nimmt.

13.6.8 Das Beispiel – eine selbst stabilisierende Plattform

Auf der dargestellten Basis lässt sich eine selbst stabilisierende Plattform für das Roboterauto bauen. Diese kann z.B. als Kameraträger fungieren, der die Kamera unabhängig von der Neigung des Autos immer in einer definierten horizontalen und vertikalen Lage hält. Für die mechanische Konstruktion benötigen Sie zwei Servos und zwei Winkel (siehe Abbildung 141).

Abb. 141: Modell einer selbst stabilisierenden Plattform

Der Sketch

Der Sketch (vgl. Listing 35) ist eine Zusammenfassung von bereits besprochenen Codeschnipseln. Er steht allerdings aus Gründen der Übersichtlichkeit für sich allein. Pflegen Sie ihn in den Code Ihres individuellen Roboterautos. Haben Sie dabei ein Augenmerk auf belegte GPIOs und LEDC-Ports.

```
#include <Arduino.h>
#include <Wire.h>                       // I2C-Bus
#include <Servo.h>                      // Servo-Bibliothek
#define LSM6DS3_ADDR 0x6B
#define SERVO_PIN_PITCH 23
#define SERVO_PIN_ROLL  15
#define SERVO_MINPW     520
#define SERVO_MAXPW     2600
// manuell vorgegebene Offsets
#define ACC_OFS_X       -50  // Accelero Offset X-Achse
#define ACC_OFS_Y       150  // Accelero Offset Y-Achse
#define ACC_OFS_Z       999  // Accelero Offset Z-Achse
#define GYRO_OFS_X      -10  // Gyroskop Offset X-Achse
#define GYRO_OFS_Y      50   // Gyroskop Offset Y-Achse
// Offsets; durch Vorgabe oder Kalibrierung überschrieben
float accOfsX  = ACC_OFS_X,   accOfsY  = ACC_OFS_Y,   accOfsZ  = ACC_OFS_Z;
float gyroOfsX = GYRO_OFS_X,  gyroOfsY = GYRO_OFS_Y;
// Accelerometer- und Gyroskop- Roh-Werte
int16_t accRaw[3], gyroRaw[3];
float   gyroScal[3];
// Winkel (theta = pitch, phi = roll, psi = yaw)
// Accelerometer
float thetaA  = 0, phiA  = 0, psiA  = 0;
// Accelerometer durch Low-Pass-Filter gefilterte Werte
float thetaAfAlt = 0, phiAfAlt = 0, psiAfAlt = 0;
// endgültige System Werte
float theta = 0, phi = 0, psi = 0;
// für die Berechnung des Deltas Zeit
unsigned long t_now;
unsigned long t_last;
// globale Variablen Servo
Servo myServoPitch;
Servo myServoRoll;
void printCharWithLeading(char c) {
  for (unsigned int mask = 0x80; mask; mask >>= 1) {
    Serial.print(mask&c ? ‚1‘:‘0‘);
  }
  Serial.println();
}
// lesen / schreiben LSM6DS3-Register
char I2CreadRegister (char reg) {
  // read register reg (Format 0x00)
  byte error;
  char ret = 0XFF;
  // read register
  Wire.beginTransmission(LSM6DS3_ADDR);
```

```
    Wire.write(reg);
    error = Wire.endTransmission();
    if (error != 0) {
      Serial.print  ("error Wire.endTransmission - read Register: ");
      Serial.print  (reg);
      Serial.print  (", Error-Code: 0x");
      Serial.println(error, HEX);
    }
    Wire.requestFrom(LSM6DS3_ADDR, 1);
    if(1 == Wire.available()) {
      ret = Wire.read();;
    }
    return ret;
  }
  char I2CwriteRegister (byte i2cAddr, byte regaddr, byte b) {
    byte error;
    Wire.beginTransmission(i2cAddr);
    Wire.write(regaddr);
    Wire.write(b);
    error = Wire.endTransmission();
    return error;
  }
  // lesen LSM6DS3-Daten
  void readLSM6DS3() {
    // Accelerometer
    Wire.beginTransmission(LSM6DS3_ADDR);
    Wire.write(0x28);
    Wire.endTransmission(false);
    Wire.requestFrom(LSM6DS3_ADDR, 6, true);
    // reading registers:
    for(int i=0; i<3; i++) {
      accRaw[i] = Wire.read() | Wire.read()<<8;
    }
    // Gyroskop
    Wire.beginTransmission(LSM6DS3_ADDR);
    Wire.write(0x22);
    Wire.endTransmission(false);
    Wire.requestFrom(LSM6DS3_ADDR, 4, true);
    // reading registers:
    for(int i=0; i<2; i++) {
      gyroRaw[i] = Wire.read() | Wire.read()<<8;
    }
  }
  // berechnen der Winkel von pitch und roll
  void berechnenWinkel() {
    float k1 = 0.98;
    float dt =(t_now - t_last) / 1000.0;
```

```
    // Schritt 1: Winkelberechnung Accelerometer
    //pitch
    thetaA = -atan2 (accRaw[0] , accRaw[2]) / 2 / 3.14159 *360;
    //roll
    phiA   =  atan2 (accRaw[1] , accRaw[2]) / 2 / 3.14159 *360;
    // Schritt 2: Gyroskopdaten skalieren
    gyroScal[0] = ((float)gyroRaw[0]) * 2000 / 32768;
    gyroScal[1] = ((float)gyroRaw[1]) * 2000 / 32768;
    // Schritt 3: Komplementärfilter
    // schnelle Bewegungen vom Gyroskop - langsame vom Accelerometer
    // LSM6DS3: gyro-pitch in gyroRaw[1]
    theta = (theta + gyroScal[1]*dt) * k1  +  thetaA * (1 - k1);
    phi   = (phi   + gyroScal[0]*dt) * k1  +  phiA   * (1 - k1);
  }
  // initialisieren LSM6DS3
  void initLSM6DS3() {
    byte error;
    char c;
    // test I2C-Verbindung
    Wire.beginTransmission(LSM6DS3_ADDR);
    error = Wire.endTransmission();
    if (error != 0) {
      Serial.print  ("kein I2C-Gerät an Adresse 0x");
      Serial.println(LSM6DS3_ADDR, HEX);
      Serial.print  ("Error-Code 0x");
      Serial.println(error, HEX);
      while(1);
    }
    // Register CTRL1_XL (0x10)
    error = I2CwriteRegister(LSM6DS3_ADDR,0x10,0x66);
    if (error != 0) {
      Serial.print  ("error set Linear acceleration sensor control register
  1");
      Serial.print  ("Error-Code 0x");
      Serial.println(error, HEX);
      while(1);
    }
    // Register CTRL4_C  (0x13)
    error = I2CwriteRegister(LSM6DS3_ADDR,0x13,0x80);
    if (error != 0) {
      Serial.print  ("error set Control register 4");
      Serial.print  ("Error-Code 0x");
      Serial.println(error, HEX);
      while(1);
    }
    // Register CTRL2_G  (0x11)
```

```
    error = I2CwriteRegister(LSM6DS3_ADDR,0x11,0x6C);
    if (error != 0) {
      Serial.print  ("error set Angular rate sensor control register 2");
      Serial.print  ("Error-Code 0x");
      Serial.println(error, HEX);
      while(1);
    }
    Serial.println();
  }
  // kalibrieren des LSM6DS3
  void kalibrierenLSM6DS3() {
    int readings = 100;
    // löschen möglicherweise manuell gesetzter Offsets
    accOfsX  = 0;
    accOfsY  = 0;
    accOfsZ  = 0;
    gyroOfsX = 0;
    gyroOfsY = 0;
    for (int i = 0; i < readings; i++) {
      readLSM6DS3();
      accOfsX  += accRaw[0];
      accOfsY  += accRaw[1];
      accOfsZ  += accRaw[2];
      gyroOfsX += gyroRaw[0];
      gyroOfsY += gyroRaw[1];
      delay (5);
    }
    accOfsX  = accOfsX / readings;
    accOfsY  = accOfsY / readings;
    accOfsZ  = (accOfsZ / readings) - (32768 / 16);
    gyroOfsX = gyroOfsX / readings;
    gyroOfsY = gyroOfsY / readings;
  }
  void setup() {
    Serial.begin(115200);
    Wire.begin();
    // Sensor initialisieren
    initLSM6DS3();
    // kalibrieren des LSM6DS3
    kalibrierenLSM6DS3();
    // Servos anbinden
    myServoPitch.attach(SERVO_PIN_PITCH);
    myServoRoll.attach(SERVO_PIN_ROLL);
    t_last = millis();
  }
  void loop() {
```

```
    // Read the raw values.
    readLSM6DS3();
    // Offset aus Kalibrierung / manueller Vorgabe
    accRaw[0]  -= accOfsX;
    accRaw[1]  -= accOfsY;
    accRaw[2]  -= accOfsZ;
    gyroRaw[0] -= gyroOfsX;
    gyroRaw[1] -= gyroOfsY;
    // Winkel berechnen mit Gyroskop und Kompl.-filter
    berechnenWinkel();
    //Servo positionieren
    float fPitch =  map(thetaA, -90, 90, 0, 180);
    float fRoll  =  map(phiA, -90, 90, 0, 180);
    // Zeit merken
    t_last = t_now;
    delay(5);
}
```

Listing 35: selbst stabilisierenden Plattform

Blick auf den Sketch und seinen Einsatz
Basis ist der Sketch aus Listing 29, der ohne eine Sensor-Bibliothek auskommt. Er ist um einige notwendige `#includes` und `#defines` erweitert. Sie finden auch eine Anzahl neuer globaler Variablen. Ich gehe davon aus, dass die Namensgebung für sich bzw. ihre Funktion spricht. Einzig die Deklaration von `t_now` als Datentyp unsigned long verdient einen Hinweis. Sie ist dem Umstand geschuldet, dass `millis()` einen Wert als `unsigned long` zurück gibt.

Die Funktion `readLSM6DS3()` präsentiert sich jetzt mit zusätzlichen Anweisungen für das Abrufen der Gyroskopdaten für die X- und Y-Achse. Inhaltlich entsprechen sie den Anweisungen für die Accelerometerdaten mit dem Unterschied, dass die Daten bei Register `0x22` beginnen.

Die eigentliche Neuerung ist `berechnenWinkel()`. Wobei - so ganz zutreffend ist dies auch wieder nicht:

- Schritt 1: Winkelberechnung Accelerometer. Der Code ist gemäß Listing 31 in Abschnitt 13.6.5 .
- Schritt 2: Gyroskopdaten skalieren: Hier gilt es die vom Sensor gelieferten Rohwerte in °/s umzurechnen. Der `initLSM6DS3()` legt einen Bereich von 2000dps (s.u.) fest.
- Schritt 3: Komplementärfilter: Hier finden sich die Ansätze aus Abschnitt 13.6.7.

Die Gyroskop-Parameter sind in Register *CTRL2_G* (Angular rate sensor control register 2).

Für einen Gyroskopbereich von 2000 dps ist das Bitmuster:

```
Bit: 7       6       5       4       3       2       1       0
     ODR_G3  ODR_G2  ODR_G1  ODR_G0  FS-G1   FS_G0   FS_125  -
     0       1       1       0       1       1       0       0
```

Der Binärwert `0b01101100` entspricht dann dem Hexa-Wert `0x6C`.

Die Routine kalibrieren() ist Abschnitt 13.5 entnommen. Der Sketch im Download-Bereich enthält noch eine Vielzahl serieller Ausgabe, die hier aus Gründen der Übersichtlichkeit nicht erscheinen. Die Graphen in Abbildung 142 beruhen darauf. Behalten Sie jedoch im Hinterkopf, dass serielle Ausgaben "Zeitfresser" sind und die Reaktionsgeschwindigkeit negativ beeinflussen.

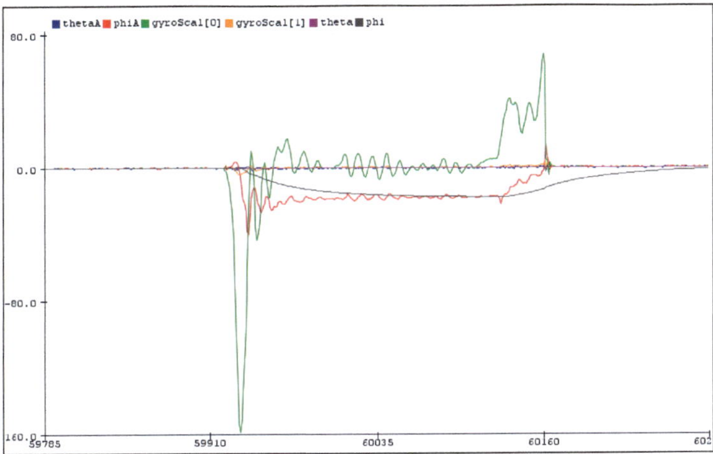

Abb. 142: Modell einer selbst stabilisierenden Plattform

Recht eindrucksvoll zeigen die Linien das Geschehen. Im Ruhezustand sind alle Werte nahe Null. Dann passiert eine Rollbewegung. Der zugehörige Gyroskopwert schlägt massiv aus. Auch das Accelerometer bringt rasant einen neuen Wert und behält diesen in einer Zitterbewegung bei, bis das Gerät wieder in Ruhelage ist. Interessant ist der phi-Graph, der den gefilterten Verlauf darstellt. Er steigt zügig aber vor allem gleichmäßig an und fällt ebenso ab. Durch Anpassen der Variablen `k1` beeinflussen Sie, wie steil er ist, d.h. wie schnell der geglättete Verlauf reagiert.

Kapitel 14 • Steuern mit dem PS3-Controller

In vielen Bastelkisten findet sich ein ausgedienter ***PS3-Controller***. Dabei handelt sich um ein feines Gerät, das zunächst für den Einsatz im Zusammenhang mit einer Playstation 3 von Sony gedacht ist und dort der Steuerung von Spielfiguren eines Spiels dient. Es ist viel zu schade, eine derart leistungsfähige Einheit nicht anderweitig zu nutzen. Was liegt aber näher, als den Game-Controller (vgl. Abbildung 143) auch für die Steuerung eines Roboterautos einzusetzen.

Abb. 143: PS3-Controller

14.1 Die Voraussetzungen schaffen

Für die Anbindung eines PS3-Controllers an einen ESP32 benötigen Sie zweierlei:

- die MAC-Adresse des Controllers
- und eine bestimmte Bibliothek.

14.1.1 Die MAC-Adresse ermitteln

Ein PS3-Controller kommuniziert mit einer Playstation-Konsole über Bluetooth. Allerdings verbinden sich die Playstation-Controller nicht wie ein normales Bluetooth-Gerät, sondern verlangen ein kabelgebundenes Pairing und akzeptieren dann auch nur Verbindungen mit der dabei übergebenen MAC-Adresse. Deshalb ist die Kenntnis der MAC-Adresse des PS3-Controllers Voraussetzung, um eine Nutzung mit dem ESP32 zu etablieren.

Schritt 1: Update-Tool für die MAC-Adresse besorgen

Besorgen Sie sich ein Tool für das Auslesen- bzw. Ändern der MAC-Adresse Ihres PS3-Controllers. Ein solches Tool ist beispielsweise das ***Sixaxis Pair Tool***. Sie finden den Windows-Installer u.a. unter https://sixaxispairtool.software.informer.com/Sicherer-download/.

Schritt 2: Tool installieren
Führen Sie den herunter geladenen Installer aus. Sie benötigen für die Installation wie nachher auch für die Ausführung Administratorrechte.

Schritt 3: Tool ausführen
Führen Sie Sixaxis Pair Tool aus. Beim ersten Mal müssen noch Treiber nachinstalliert werden (vgl. Abbildung 144).

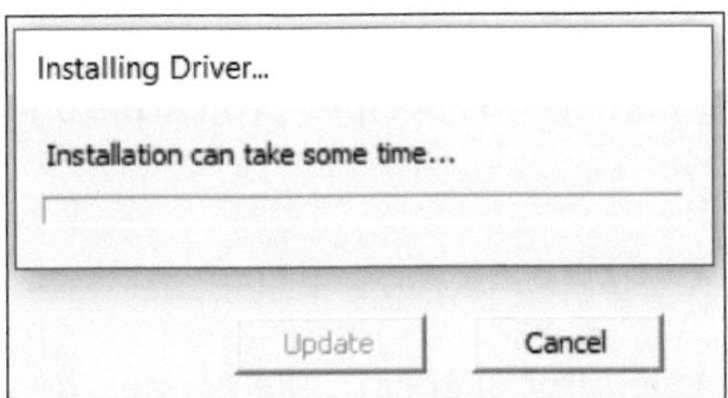

Abb. 144: SixaxisPairTool Treiber-Installation

Anschließend öffnet sich in einem kleinen Fenster das User-Interface (vgl. Abbildung 145).

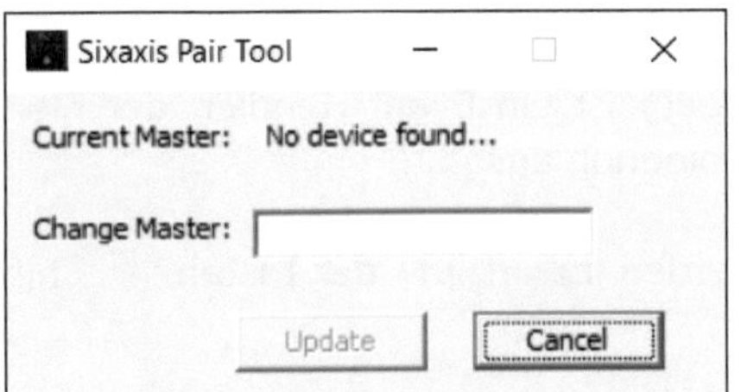

Abb. 145: SixaxisPairTool User-Interface

Schritt 4: MAC-Adresse ermitteln
Schließen Sie nun den PS3-Controller über USB an Ihren PC an. Das Fenster sollte nun die aktuelle MAC-Adresse Ihres PS3-Controllers anzeigen (vgl. Abbildung 146).

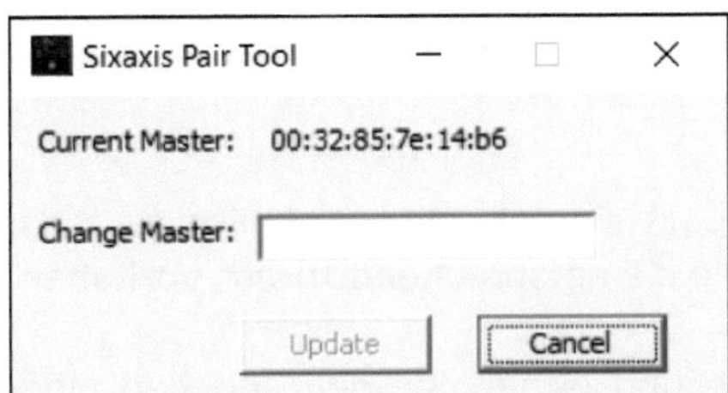

Abb. 146: SixaxisPairTool Ausgabe der MAC-Adresse

Notieren Sie sich die Adresse. Das Tool bietet auch eine Änderung der MAC-Adresse an. Dies soll hier aber nicht zum Zuge kommen.

14.1.2 Die Bibliothek besorgen

Besorgen Sie sich die Bibliothek esp32-ps3 entsprechen Ihrer eingesetzten Entwicklungs-software von https://github.com/jvpernis/esp32-ps3. Beim Arduino geht dies über den Bibliotheks-Verwalter und Einfügen der herunter geladenen .zip-Datei. Bei greifen Sie auf das Verfahren gemäß Kapitel 2.2.5 zurück.

14.2 Einfacher Funktionscheck

Für einen einfachen Funktionscheck reicht das in der Bibliothek enthaltene Demo-Beispiel aus. Arduino-Nutzer finden das Beispiel über ***Beispiele → PS3_Controller_Host → Ps3Demo***. Bei PlatformIO finden Sie das Beispiel projektbezogen in einem Unterordner der Bibliothek (vgl. Kapitel 2.2.5).

Auf den Code möchte ich nur in wenigen wesentlichen Punkten eingehen.

Hinter der Funktion `notify()` verbirgt sich ein . Sie kennen derartige Programm-Elemente bereits aus Kapitel 5. In dem vorliegenden Demo-Sketch führt das Betätigen von Bedienelementen der PS3-Console zu entsprechenden Ausgaben im seriellen Monitor. Ersetzen Sie die Ausgaben durch projektbezogene Anweisungen bzw. Funktionen (z.B. `rechts()`, `rueckwarts()`, o.dgl.).

Auch die Funktion `onConnect()` ist ein Event-Handler, der hier lediglich eine Information über eine eingerichtete Verbindung ausgibt.

Die beiden Eventhandler werden im `setup()` der Instanz `Ps3` hinzugefügt.

```
Ps3.attach(notify);
Ps3.attachOnConnect(onConnect);
```

Die wichtigste Anweisung ist die folgende:

```
Ps3.begin("00:32:85:7e:14:b6");
```

Tragen Sie hier die MAC-Adresse Ihres PS3-Controllers ein, die Sie im vorherigen Abschnitt ermittelt haben.

Die Anweisungen in der `loop()` sind ebenfalls lediglich als Beispiele zu verstehen. Passen Sie sie an oder entfernen Sie sie entsprechend Ihrem Vorhaben.

Laden Sie den Sketch hoch und öffnen Sie den seriellen Monitor. Es sollte die Ausgabe "Ready." erfolgen.

Betätigen Sie an Ihrer PS3-Console den P3-Knopf, um die Konsole in Betrieb zu nehmen und verfolgen Sie die Ausgaben im Seriellen Monitor (vgl. Abbildung 147).

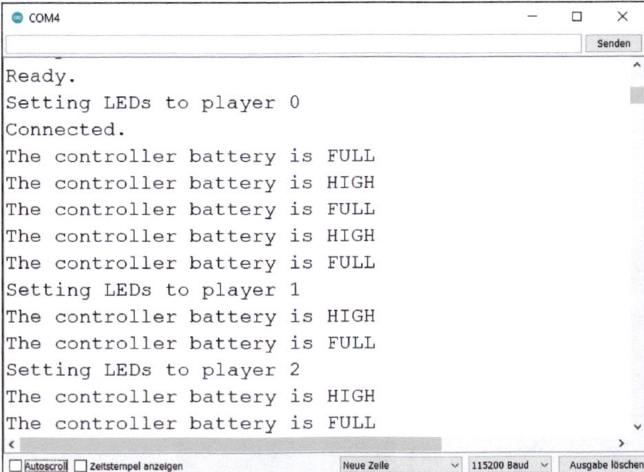

Abb. 147: PS3-Konsole Ausgabe im seriellen Monitor

Betätigen Sie andere Bedienelemente Ihrer Konsole, um entsprechende Ausgaben zu erhalten.

Der PS3-Controller verfügt auch über Sensoren wie z.B. ein Gyroskop oder ein Accelerometer (Beschleunigungsmesser). In der Datei ../includes/ps3h finden Sie die Datenstrukturen, mit denen Sie diese Werte auslesen können.

Tipp: PS4-Controller
Auch für einen PS4-Controller gibt es die Möglichkeit einer Anbindung an den ESP32. Nutzen Sie hierfür die Bibliothek PS4-esp32 (https://github.com/aed3/PS4-esp32/tree/d23311c8489f2538c8e49d6e39dc33b19e0edbcb).

Tipp für Gamer
PS3-Konsole und ESP32 können auch für kleine Spiele zusammen wirken. Ein Beispiel finden Sie auf https://www.hackster.io/tmamacos/arduboy-tv-on-esp32-with-ps3-remote-control-e4dd65.

14.3 Die PS3-Konsole steuert das Auto

Für das Steuern des Roboterautos sind nur wenige Elemente der PS3-Konsole nötig. An dieser Stelle sollen dies der linke Steuerknüppel für die Richtung und Start / Stop sowie die Ereignisknöpfe für die Funktion schneller / langsamer sein.

Die Schaltung

Die Schaltung (vgl. Abbildung 148) kennen Sie bereits aus Kapitel 6.

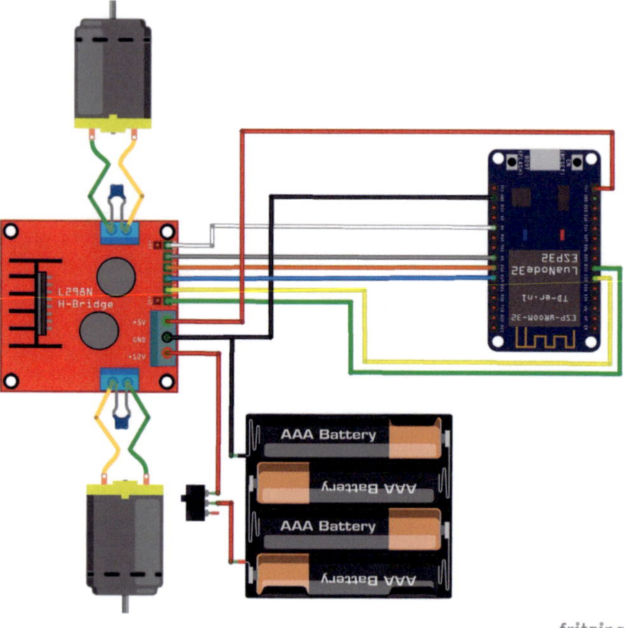

Abb. 148: Schaltung Roboterauto PS3-Controller

Selbstverständlich sind auch alle Sensoren aus den vorherigen Kapiteln weiter möglich. Der Übersichtlichkeit halber möchte ich jedoch an dieser Stelle auf eine Darstellung verzichten.

Der Sketch

Dies gilt auch für den Sketch (vgl. Listing 36). Er ist auf die Grundfunktion der Motorsteuerung aus Kapitel 6 reduziert und um den notwendigen Code für die PS3-Konsole ergänzt.

```
#include <Arduino.h>
#include <Ps3Controller.h>     // PS3-Controller
#include <Servo.h>             // Servo-Bibliothek
#define ENA             33     // GPIO33 = Pin D33 -  Motor-Treiber A EnableA
#define IN1             32     // GPIO32 = Pin D32 -  Motor-Treiber A IN1
#define IN2             19     // GPIO19 = Pin D19 -  Motor-Treiber A IN2
#define ENB             4      // GPIO04 = Pin D04 -  Motor-Treiber A EnableB
#define IN3             18     // GPIO18 = Pin D18 -  Motor-Treiber B IN3
#define IN4             5      // GPIO05 = Pin D05 -  Motor-Treiber B IN4
#define LEDC_KANAL_0    0      // Kanal 0; einer der 16-LEDC-Kanäle
#define LEDC_KANAL_1    1      // Kanal 1; einer der 16-LEDC-Kanäle
#define LEDC_AUFLOESUNG 10     // 10-Bit Tastverhältnisauflöung (0-1023)
#define LEDC_FREQ       30000  // 5.000 Hz Frequenz
#define SERVO_PIN       13     // GPIO13 -  Servo-Motor´
#define LEDC_KANAL_2    2      // Kanal 2; einer der 16-LEDC-Kanäle
#define SERVO_MINPW     520    // default 544
#define SERVO_MAXPW     2600   // default 2400
```

```
#define MINIMUMSPEED    510      // "Minimal-Geschindigkeit" damit der Mototr
läuft
// Funktions-Prototypen
void motorenStop ();             // Motorsteuerung
void rechts();
void links();
void vorwaerts();
void rueckwaerts();
Servo myServo;                   // Servo-Objekt erstellen
int servoPos = 90;
int servoPosSich = 90;
// fuer die Motorsteuerung
#define MINIMUMSPEED    723     // "Minimal-Geschindigkeit" damit der Mototr
läuft
int motorSpeed = 1023;          // fuer Geschwindigkeit (1023 = Maximum)
int lenkSpeed  = 850;           // fuer Lenkbewegungen / Richtungswechsel
bool motorRun = 0;              // 1 = true = Motor an
// Motoren Fahrt und Richtung schalten
void motorenStop () {
  Serial.println("stop");
  digitalWrite(IN1, LOW);
  digitalWrite(IN2, LOW);
  digitalWrite(IN3, LOW);
  digitalWrite(IN4, LOW);
  motorRun = false;
}
void vorwaerts () {
  Serial.println("vor");
  ledcWrite(LEDC_KANAL_0, motorSpeed);
  digitalWrite(IN1, HIGH);
  digitalWrite(IN2, LOW);
  ledcWrite(LEDC_KANAL_1, motorSpeed);
  digitalWrite(IN3, HIGH);
  digitalWrite(IN4, LOW);
  Serial.print  ("motorSpeed ");
  Serial.println(motorSpeed);
  motorRun = true;
}
void rueckwaerts () {
  Serial.println("rueck");
  ledcWrite(LEDC_KANAL_0, motorSpeed);
  digitalWrite(IN1, LOW);
  digitalWrite(IN2, HIGH);
  ledcWrite(LEDC_KANAL_1, motorSpeed);
  digitalWrite(IN3, LOW);
  digitalWrite(IN4, HIGH);
```

```
    Serial.print  ("motorSpeed ");
    Serial.println(motorSpeed);
    motorRun = true;
  }
  void links () {
    Serial.println("links");
    ledcWrite(LEDC_KANAL_0, lenkSpeed);
    digitalWrite(IN1, LOW);
    digitalWrite(IN2, HIGH);
    ledcWrite(LEDC_KANAL_1, lenkSpeed);
    digitalWrite(IN3, HIGH);
    digitalWrite(IN4, LOW);
    Serial.print  ("lenkSpeed ");
    Serial.println(lenkSpeed);
  }
  void rechts () {
    Serial.println("rechts");
    ledcWrite(LEDC_KANAL_0, lenkSpeed);
    digitalWrite(IN1, HIGH);
    digitalWrite(IN2, LOW);
    ledcWrite(LEDC_KANAL_1, lenkSpeed);
    digitalWrite(IN3, LOW);
    Serial.print  ("lenkSpeed ");
    Serial.println(lenkSpeed);
  }
  void langsamer () {
    Serial.println("langsamer");
    motorSpeed-=20;
    if (motorSpeed < MINIMUMSPEED) {
        motorSpeed = MINIMUMSPEED;
    }
    ledcWrite(LEDC_KANAL_0, motorSpeed);
    ledcWrite(LEDC_KANAL_1, motorSpeed);
  }
  void schneller () {
    Serial.println("schneller");
    motorSpeed+=20;
    if (motorSpeed > 1023) {
        motorSpeed = 1023;
    }
    ledcWrite(LEDC_KANAL_0, motorSpeed);
    ledcWrite(LEDC_KANAL_1, motorSpeed);
  }
  //  PS3-Steuerung
  int leftStickX = 0;
  void notify() {
```

```
  if (Ps3.event.button_down.circle) {
    Serial.println("Aufnahme:");
  }
  if (Ps3.event.button_down.up) {
    Serial.println("schneller");
    motorSpeed+=20;
    if (motorSpeed > 1023) {
      motorSpeed = 1023;
    }
    ledcWrite(LEDC_KANAL_0, motorSpeed);
  }
  if (Ps3.event.button_down.down) {
    Serial.println("langsamer");
    motorSpeed-=20;
    if (motorSpeed < MINIMUMSPEED) {
      motorSpeed = MINIMUMSPEED;
    }
    ledcWrite(LEDC_KANAL_0, motorSpeed);
  }
  if (Ps3.event.button_down.l3) {
    Serial.println("Position merken - left stick button");
    servoPosSich = map(leftStickX,-128,127,0,180);
  }
  if (Ps3.event.button_down.r3) {
    Serial.println("Motor Start / Stop right stick button");
    motorRun =! motorRun;
    Serial.print ("Motor ");
    Serial.println (motorRun);
    if (motorRun) {
    } else {
      motorenStop ();
    }
  }
  if (abs(Ps3.event.analog_changed.stick.lx) +
      abs(Ps3.event.analog_changed.stick.ly) > 2 ){
    //Serial.print("Moved the left stick:");
    //Serial.print(" x=");
    //Serial.print(Ps3.data.analog.stick.lx, DEC);
    //Serial.print(" y=");
    //Serial.print(Ps3.data.analog.stick.ly, DEC);
    //Serial.println();
    leftStickX = Ps3.data.analog.stick.lx;
  }
//                              -1 / -128
//                                 -
//                 -128 / -1    | 0 |    127 / -1
```

```
//                              -
//                           -1 / 127
  if (abs(Ps3.event.analog_changed.stick.rx) +
      abs(Ps3.event.analog_changed.stick.ry) > 2 ){
    //Serial.print("Moved the right stick:");
    //Serial.print(" x=");
    //Serial.print(Ps3.data.analog.stick.rx, DEC);
    //Serial.print(" y=");
    //Serial.print(Ps3.data.analog.stick.ry, DEC);
    int ix = Ps3.data.analog.stick.rx;
    int iy = Ps3.data.analog.stick.ry;
    if (ix == -128 && iy == -1) {
      links ();
    } else {
      if (ix == -1 && iy == -128) {
         vorwaerts ();
       } else {
         if (ix == 127 && iy == -1) {
           rechts ();
         } else {
           if (ix == -1 && iy == 127) {
             rueckwaerts ();
           }
         }
       }
     }
   }
}
void onConnect(){
    Serial.println("Connected.");
}
void setup() {
  Serial.begin(115200);
  // Motor-Control-Pins als Output öffnen
  pinMode(IN1, OUTPUT);
  pinMode(IN2, OUTPUT);
  pinMode(IN3, OUTPUT);
  pinMode(IN4, OUTPUT);
  // Vorwärtslauf
  digitalWrite(IN1, HIGH);
  digitalWrite(IN2, LOW);
  digitalWrite(IN3, HIGH);
  digitalWrite(IN4, LOW);
  ledcSetup(LEDC_KANAL_0, LEDC_FREQ, LEDC_AUFLOESUNG);
  ledcAttachPin(ENA, LEDC_KANAL_0);
  ledcSetup(LEDC_KANAL_1, LEDC_FREQ, LEDC_AUFLOESUNG);
```

```
    ledcAttachPin(ENB, LEDC_KANAL_1);
    myServo.attach(SERVO_PIN, LEDC_KANAL_2);
    Ps3.attach(notify);
    Ps3.attachOnConnect(onConnect);
    Ps3.begin("00:32:85:7e:14:b6");
    Serial.println("Start.");
}
void loop(){
  if(!Ps3.isConnected())
    return;
  if (servoPosSich != 90) {
    servoPos = servoPosSich;
  } else {
    servoPos = map(leftStickX,-128,127,0,180);
  }
  myServo.write(servoPos);
  delay(1000);
}
```

Listing 36: Roboterauto PS3-Controller

Blick auf den Sketch und seinen Einsatz
Der Sketch enthält einige Ausgaben an den seriellen Monitor. Sie dienen Testzwecken und haben im praktischen Betrieb keine Auswirkung. Entfernen Sie sie bei Bedarf.

Die Funktionen zur Motorsteuerung sind in Kapitel 6 erläutert, sodass hier nicht mehr darauf eingegangen werden muss.

Aus dem PS3-Demo-Sketch haben alle Anweisungen Eingang gefunden, die sich auf die Auswertung der PS3-Konsol-Kommandos beziehen, soweit sie zur Steuerung des Roboterautos relevant sind. Ergänzend zu der Ausgabe des Kommandos am seriellen Monitor (Test) kommt ein Aufruf der entsprechenden Funktion.

Die 360°-Steuerung durch Steuerknüppel bedarf jedoch ein paar erläuternder Worte. Der Stick liefert x- und y-Werte in einem Bereich von -128 bis 127. Abbildung 149 zeigt die Werte in der maximalen Auslenkung des Sticks in vier Positionen, die einer Uhrzeit von 3, 6, 9 und 12 Uhr entsprechen.

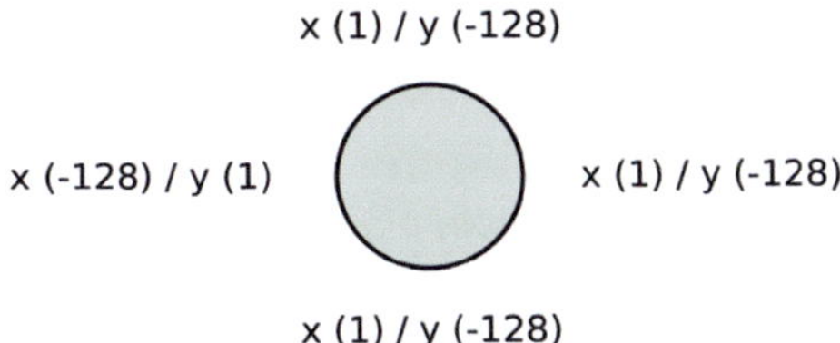

Abb. 149: Schaltung Roboterauto PS3-Controller

Bewegungen des Sticks von seiner senkrechten Ruheposition in diese Maximalpostionen zeigen Werte an, die in dem o.g. Wertebereich liegen. Dies gilt auch für Zwischenpositionen am Rande des Uhrkreises. Die Genauigkeit hängt ein wenig von der Qualität der PS3-Konsole ab; einfache Nachbauten sind mit der Genauigkeit der Werte etwas großzügiger. Dies ist dann auch der Grund dafür, dass der Beispielsketch nur die Maximalpositionen zu Steuerungszwecken heranzieht.

Experimentieren Sie und versuchen Sie, mit dem Stick eine genauere Richtung vorzugeben und / oder sogar die Geschwindigkeit zu steuern.

Das um einige Funktionen reduzierte Roboterauto veranschaulicht Abbildung 150. Gut zu erkennen, dass hier die Stromversorgung über eine Powerbank erfolgt.

Abb. 150: Roboterauto PS3-Controller mit SV durch Powerbank

Hinweis Bluetooth und WiFi
Leider benötigt Bluetooth recht viel Speicherplatz. Bei gleichzeitiger Nutzung von WiFi reichen die Kapazitäten eines ESP32 nicht aus. Deswegen kann es bedauerlicherweise nur "Einen" geben.

14.4 Die PS3-Konsole steuert einen Servo

Was liegt näher, als mit Hilfe der PS3-Konsole einen Servo zu steuern? Die Funktionen des linken Steuerknüppels sind noch nicht belegt und bieten sich für diese Aufgabe an. Auf einfache Weise lässt sich der Servo als Sensorträger benutzen, mit dem eine zielgenaue Ausrichtung eines Gerätes möglich ist.

Hinsichtlich der Schaltung geht der Abschnitt davon aus, dass der Servo an GPIO13 angeschlossen ist (vgl. Kapitel 10). Insofern muss der Code nur um wenige Schnipsel ergänzt werden (vgl. Listing 37).

```
...
#include <Servo.h>              // Servo-Bibliothek
...
#define SERVO_PIN       13      // GPIO13 -  Servo-Motor´
#define LEDC_KANAL_2    2       // Kanal 2; einer der 16-LEDC-Kanäle
...
Servo myServo;                  // Servo-Objekt erstellen
int servoPos = 90;
int servoPosSich = 90;
int leftStickX = 0;
...
  if (abs(Ps3.event.analog_changed.stick.lx) +
      abs(Ps3.event.analog_changed.stick.ly) > 2 ){
    leftStickX = Ps3.data.analog.stick.lx;
  }
...
  myServo.attach(SERVO_PIN, LEDC_KANAL_2);
...
void loop(){
  if(!Ps3.isConnected())
    return;
  if (servoPosSich != 90) {
    servoPos = servoPosSich;
  } else {
    servoPos = map(leftStickX,-128,127,0,180);
  }
  myServo.write(servoPos);
  delay(1000);
}
```

Listing 37: Roboterauto PS3-Controller mit Servo

Blick auf den Sketch und seinen Einsatz

Die Ergänzungen betreffen das Hinzufügen der Servo-Bibliothek, einige `defines` sowie ein paar globale Variablen - diese sind aus Kapitel 10 geläufig. Die Wertebelegung mit 90 sorgt bei den entsprechenden Variablen für den Start des Servos in seiner Neutralposition. In der Funktion `notify()` erfolgt zusätzlich die Auswertung der Daten des linken Steuerknüppels.

Die `loop()` besorgt die Auswertung der Position. Die Anweisung `map()` sorgt dort bei einer Steuerknüppelbewegung für das Umrechnen der PS3-Werte in Servo-Positionsgrade.

Kapitel 15 • Roboterauto und Kamera

Was bei einer Drohne nahezu Standard ist, sollte auch bei einem Roboterauto zur regelmäßigen Ausstattung gehören. Natürlich ist das prinzipiell möglich, aber, wie das im Bereich von Technik und Elektronik häufig so ist, an einschränkende Randbedingungen geknüpft.

So belegen Kameras i.d.R.wenigstens 14 GPIO-Pins. Da Aktoren und Sensoren des Roboterautos ebenfalls GPIO-Pins in Anspruch nehmen (in dem GPS-Beispielsketch sind es 15 GPIO-Pins) übersteigt die Anzahl der benötigten GPIO-Pins beim ESP32 tendenziell die Anzahl der maximal verfügbaren Anschlüsse. Hinzu kommt, dass die Kamerasoftware für sich alleine so viel Speicherplatz benötigt, dass OTA-Funktionalitäten nicht mehr möglich sind. Der Mikrocontroller ist insofern wesentlich schwächer aufgestellt, als z.B. ein Mikrocomputer wie der Raspberry Pi.

Wo ein Wille ist, ist aber auch ein Weg. Und dieser besteht darin, für die Kamera einen eigenen Mikrocontroller vorzusehen. Dies hat zwar den Nachteil zweier nebeneinander arbeitender Komponenten, mit den Konsequenzen von u.a. zweier IP-Adressen bei einer Anbindung über das Web. Es gibt aber auch Vorteile:

- OTA steht für den Bereich Steuerung des Roboterautos als dem am häufigsten Änderungen unterliegenden Part zur Verfügung.

- Das Kamera-Modul lässt sich als Ganzes ohne verwirrende Verdrahtung am geeignetsten Ort auf dem Roboterauto platzieren.

- Einsatz sowohl im Zusammenhang mit dem ESP32 als auch mit jedem anderen System ist möglich.

- Gegenüber einer Mikrocomputer-Lösung ist die 2-Mikrocontroller-Alternative immer noch deutlich preiswerter.

Aus diesem Grund möchte ich Ihnen in diesem Kapitel ein fertiges Kameraboard auf Basis eines ESP32-Moduls der Fa. Espressif vorstellen, das je nach Bezugsquelle für deutlich unter 10 € zu beziehen ist.

15.1 Das Board ESP32-CAM AI-Thinker

Das ***ESP32-CAM AI-Thinker*** ist ein sehr kleines ESP-Kameraboard mit dem ESP32-S-Modul (vgl. Abbildung 151). Es verfügt über 420 kB SRAM; auf dem Board sind zusätzliche 4 MB PSRAM verbaut. Neben der Kamera (meist ***OV2640-Kamera***, 2-Megapixel, angeschlossen über einen FPC-Connector) und mehreren GPIOs zum Anschließen von Peripheriegeräten verfügt es auf der Kameraseite auch über einen MicroSD-Kartensteckplatz zum Speichern von aufgenommene Bilder oder Dateien für eine spätere Verarbeitung. Ein Blitzlicht, eine On-Board-LED und ein IPEX-Anschluss für eine externe Antenne runden das Bauteil ab (vgl. Abbildung 151).

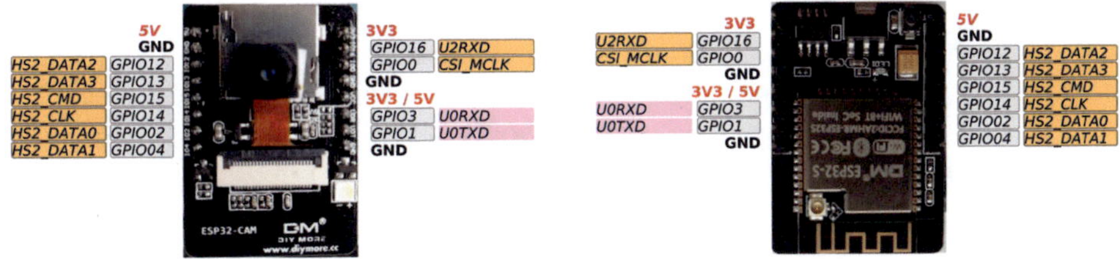

Abb. 151: ESP32-CAM AI-Thinker Pinout

Einige ESP32-Pins sind nicht nach außen geführt, sondern intern direkt mit dem SD-Karten-Modul und dem FPC-Connector für die Kamera verbunden. Damit ergibt sich folgendes GPIO-Schemata:

SD-Karten-Steckplatz (vgl. Tabelle 13)

MicroSD Karte	ESP32
CLK	GPIO14
CMD	GPIO15
DATA0	GPIO02
DATA1 / flashlight	GPIO04
DATA2	GPIO12
DATA3	GPIO13

Tabelle 13: GPIO-Nutzung ESP32-CAM AI-Thinker SD-Karte

Kamera-Anschlüsse (vgl. Tabelle 14)

OV2640 CAMERA	ESP32	Variablen-Name im Code
D0	GPIO05	Y2_GPIO_NUM
D1	GPIO18	Y3_GPIO_NUM
D2	GPIO19	Y4_GPIO_NUM
D3	GPIO21	Y5_GPIO_NUM
D4	GPIO36	Y6_GPIO_NUM
D5	GPIO39	Y7_GPIO_NUM
D6	GPIO34	Y8_GPIO_NUM
D7	GPIO35	Y9_GPIO_NUM
XCLK	GPIO00	XCLK_GPIO_NUM
PCLK	GPIO22	PCLK_GPIO_NUM
VSYNC	GPIO25	VSYNC_GPIO_NUM
HREF	GPIO23	HREF_GPIO_NUM
SDA	GPIO26	SIOD_GPIO_NUM
SCL	GPIO27	SIOC_GPIO_NUM
POWER PIN	GPIO32	PWDN_GPIO_NUM

Tabelle 14: GPIO-Nutzung ESP32-CAM AI-Thinker Kamera

Tipp: On-Board vs IPEX Antenne
Das Modul verfügt über eine On-Board-Antenne. Wenn Sie eine niedrige Bildrate oder einen schlechten Empfang haben, kann dies das Problem sein. Eine Option ist, eine IPEX-WLAN-Antenne anzuschließen, die das Signal verbessert. Setzen Sie dann den Jumper mit sehr vorsichtigem Löten um (vgl. Abbildung 152).

Abb. 152: WiFi-IPEX-Anschluß ESP32-CAM AI-Thinker

Programm-Upload
GPIO1 und GPIO3 sind die Serial-Pins für den Upload der Programme. GPIO0 versetzt den ESP32 in den , wenn er mit GND verbunden ist. Da das Modul über keinen USB-Anschluss verfügt, benötigen Sie zum Hochladen von Programmen einen ***FTDI-Adapter*** (vgl. Abbildung 153).

Abb. 153: FTDI-Adapter

Stromversorgung
Die ***Stromversorgung*** ist über 3V3 oder 5V möglich. Allerdings gibt es Hinweise, dass es bei einer Versorgung über 3V3 zu Fehlern kommen kann. Deshalb ist der 5V-Pin die bessere Wahl.

Auf der Platine ist der 3V3-/5V-Pin als VCC gekennzeichnet. Sie sollten diesen Pin nicht zur Stromversorgung des ESP32-CAM verwenden. Das ist ein Pin an dem entweder 5 V oder 3,3 V zur Verfügung stehen. In den meisten Fällen gibt das ESP32-CAM 3,3 V aus, unabhängig davon, ob die Betriebsspannung 5 V oder 3,3 V ist. Neben dem VCC-Pin befinden sich zwei Lötpunkte, die mit 3,3 V oder mit 5 V gekennzeichnet sind (vgl. Abbildung 154).

Abb. 154: ESP32-CAM AI-Thinker Lötstützpunkte

Hier besteht eine Lötbrücke (Jumper) bei 3V3. Löten Sie den Jumper um, wenn Sie 5 V am VCC-Pin wünschen,

Blitzlicht

Das ESP32-CAM hat eine recht gute Built-in-LED. Sie dient vornehmlich als Blitzlicht bei Fotoaufnahmen. Die interne Verbindung erfolgt über GPIO04. Da dieser GPIO auch für den SD-Karten-Steckplatz verwendet wird, kann es zu Problemen kommen, wenn beide zur gleichen Zeit angesprochen werden (Blitzlicht bei Schreiben auf die SD-Karte).

On-Board-LED rot

Diese LED ist intern mit GPIO33 verbunden und kann programmtechnisch interne Ereignisse anzeigen (vgl. Abbildung 155). Sie ist bei GPIO-Eingangspegel "LOW" aktiv.

Abb. 155: ESP32-CAM AI-Thinker rote On-Board-LED

Die Schaltung

Die Schaltung besteht aus FTDI-Adapter und ESP32-CAM AI-Thinker Board und zeigt die Verdrahtung für das Hochladen von Programmen (vgl. Abbildung 156, Achtung: das Pinout des FTDI-Adapters kann abweichen!). Verbinden Sie 5V und GND des Boards mit einer entsprechenden Spannungsquelle Ihres Roboterautos für den anschließenden Betrieb.

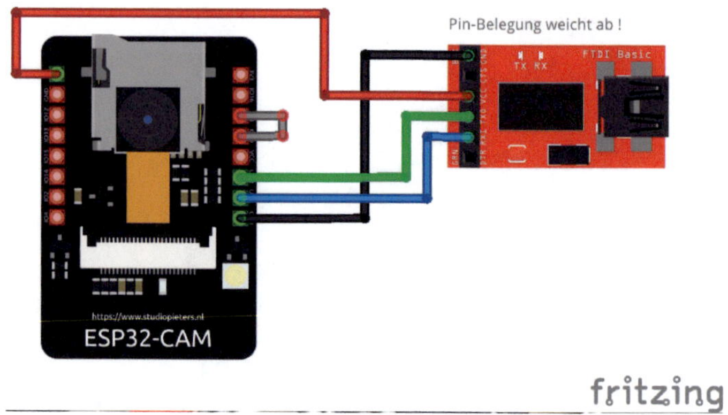

Abb. 156: ESP32-CAM AI-Thinker Schaltplan

Die Verdrahtung ist (vgl. Tabelle 15):

ESP32-CAM	Drahtfarbe	FTDI-Adapter
GND	schwarz	GND
5V	rot	VCC (5V)
U0R	grün	TX
U0T	blau	RX
GPIO00 → GND		

Tabelle 15: GPIO-Nutzung ESP32-CAM AI-Thinker SD-Karte

Projekte ESP32-CAM AI-Thinker aufsetzen

Nutzer der Arduino-IDE legen in gewohnter Weise ein neues Projekt an. Behalten Sie jedoch im Hinterkopf, spätestens für das Kompilieren das richtige Board auszuwählen (***Werkzeuge → Board → ESP32-CAM AI-Thinker***).

Bei PlatformIO erfolgt dies bereits bei Anlegen eines neuen Projektes (vgl. Abbildung 157).

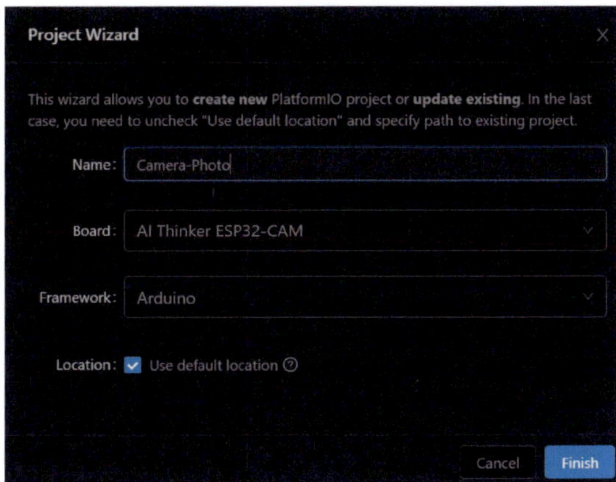

Abb. 157: Anlegen eines neues Projektes Camera-Photo

Achten Sie darauf, dass die Datei platformio.ini folgenden Inhalt hat:

```
[env:esp32cam]
platform = espressif32
board = esp32cam
framework = arduino
```

15.2 Mit der Kamera fotografieren

Ein erstes Beispiel soll das Aufnehmen von Fotos mit der Kamera zeigen. Die Fotos werden auf der SD-Karte gespeichert.

Der Sketch

Listing 38 zeigt den Sketch.

```
#include "esp_camera.h"
#include "FS.h"
#include "SD_MMC.h"
// Pin-Definition von CAMERA_MODEL_AI_THINKER
#define PWDN_GPIO_NUM     32
#define RESET_GPIO_NUM    -1
#define XCLK_GPIO_NUM      0
#define SIOD_GPIO_NUM     26
#define SIOC_GPIO_NUM     27
#define Y9_GPIO_NUM       35
#define Y8_GPIO_NUM       34
#define Y7_GPIO_NUM       39
#define Y6_GPIO_NUM       36
#define Y5_GPIO_NUM       21
#define Y4_GPIO_NUM       19
#define Y3_GPIO_NUM       18
#define Y2_GPIO_NUM        5
```

```
#define VSYNC_GPIO_NUM    25
#define HREF_GPIO_NUM     23
#define PCLK_GPIO_NUM     22
int imageNumber = 1;
char fileNumber[6];
void initCamera() {
 camera_config_t config;
 config.ledc_channel = LEDC_CHANNEL_0;
 config.ledc_timer = LEDC_TIMER_0;
 config.pin_d0 = Y2_GPIO_NUM;
 config.pin_d1 = Y3_GPIO_NUM;
 config.pin_d2 = Y4_GPIO_NUM;
 config.pin_d3 = Y5_GPIO_NUM;
 config.pin_d4 = Y6_GPIO_NUM;
 config.pin_d5 = Y7_GPIO_NUM;
 config.pin_d6 = Y8_GPIO_NUM;
 config.pin_d7 = Y9_GPIO_NUM;
 config.pin_xclk = XCLK_GPIO_NUM;
 config.pin_pclk = PCLK_GPIO_NUM;
 config.pin_vsync = VSYNC_GPIO_NUM;
 config.pin_href = HREF_GPIO_NUM;
 config.pin_sscb_sda = SIOD_GPIO_NUM;
 config.pin_sscb_scl = SIOC_GPIO_NUM;
 config.pin_pwdn = PWDN_GPIO_NUM;
 config.pin_reset = RESET_GPIO_NUM;
 config.xclk_freq_hz = 20000000;
 config.pixel_format = PIXFORMAT_JPEG;
 if (psramFound()) {
  config.frame_size = FRAMESIZE_UXGA;
  config.jpeg_quality = 10;
  config.fb_count = 2;
 } else {
  config.frame_size = FRAMESIZE_SVGA;
  config.jpeg_quality = 10;
  config.fb_count = 1;
 }
 Serial.println("initialisiere Kamera");
 esp_err_t err = esp_camera_init(&config);
 if (err != ESP_OK) {
  Serial.printf("error 0x%x", err);
  while (true) {}
 }
}
void initSDKarte() {
 Serial.println("initialisiere SD-Card");
 if (!SD_MMC.begin()) {
```

```
    Serial.println("SD-Card-Init fehlgeschlagen!");
    while (true) {}
  }
  uint8_t cardType = SD_MMC.cardType();
  if (cardType == CARD_MMC) {
    Serial.println("Typ: MMC");
  } else if (cardType == CARD_SD) {
    Serial.println("Typ: SDSC");
  } else if (cardType == CARD_SDHC) {
    Serial.println("Typ: SDHC");
  } else if (cardType == CARD_NONE) {
    Serial.println("No SD-Card attached!");
    while (true) {}
  } else {
    Serial.println("Typ: UNKNOWN");
    while (true) {}
  }
  uint64_t cardSize = SD_MMC.cardSize() / (1024 * 1024);
  Serial.printf("SD-Card Größe: %lluMB\n", cardSize);
  Serial.printf("Speicherplatz gesamt : %lluMB\n", SD_MMC.totalBytes() / (1024 *
1024));
  Serial.printf("Speicherplatz genutzt: %lluMB\n", SD_MMC.usedBytes() / (1024 *
1024));
}
void fotografieren () {
  camera_fb_t *frameBuffer = NULL;
  // Bild aufnehmen
  frameBuffer = esp_camera_fb_get();
  if (!frameBuffer) {
    Serial.println("fotografieren fehlgeschlagen");
    return;
  }
  // Bild speichern
  sprintf(fileNumber, "%05d", imageNumber++);
  String imageFilename = "/image"+String(fileNumber)+".jpg";
  fs::FS &fs = SD_MMC;
  File imgFile = fs.open(imageFilename.c_str(), FILE_WRITE);
  if (!imgFile) {
    Serial.println("Dateiöffnen im Schreibmodus fehlgeschlagen");
  } else {
    imgFile.write(frameBuffer->buf, frameBuffer->len);
    Serial.println("Bild gespeichert in Datei " + imageFilename);
  }
  imgFile.close();
  esp_camera_fb_return(frameBuffer);
}
```

```
void setup(){
 Serial.begin(115200);
 initCamera();
 initSDKarte ();
}
void loop() {
 fotografieren();
 delay(10000);
}
```

Listing 38: ESP32-Kamera Fotos aufnehmen

Blick auf den Sketch und seinen Einsatz

Einzige Aufgabe des Sketches ist, Fotos aufzunehmen und auf der SD-Karte zu speichern. Dabei kommt Initialisierungsroutinen eine besondere Bedeutung zu.

Eine dieser Routinen (`initCamera()`) kümmert sich um die Initialisierung der Kamera. Als erstes deklariert `camera_config_t config` ein Objekt, das die Kameraeinstellungen aufnimmt. Sie orientieren sich hier an den von Espressif bereit gestellten Beispielen.

Die Funktion `initSDKarte()` initialisiert das SD-Karten-Modul. Hierzu zählt auch eine Überprüfung, ob überhaupt eine SD-Karte angeschlossen ist bzw. welcher SD-Kartentyp vorliegt.

Das Fotografieren selbst erfolgt in der gleichnamigen Funktion. Dabei überträgt die Methode `esp_camera_fb_get()` das Bild an die Adresse `frameBuffer` des Objektes camera_fb_t. Danach erfolgt das Anlegen einer neuen Datei und das Speichern der in camera_fb_t enthaltenen Bilddaten.

Wichtig an dieser Stelle ist ein Blick auf die Schritte des Hochladens und Kompilierens:

- Überprüfen Sie die korrekte Verdrahtung.
- Klicken Sie auf das Hochladen-Icon der Arduino-IDE bzw. von PlatformIO, um den Sketch zu übersetzen und den Prozess für das Hochzuladen zu starten.
- Warten Sie, bis die IDE (hier die Arduino-IDE) versucht, mit dem Board eine Verbindung aufzubauen. Die Konsolausgabe zeigt "Connecting" (vgl. Abbildung 158). Üblicherweise erfolgt der Verbindungsaufbau automatisch. Schlägt dies fehl, drücken Sie kurz die RESET-Taste auf der Chipseite.

```
Camera-Photo | Arduino 1.8.12
Datei Bearbeiten Sketch Werkzeuge Hilfe
Camera-Photo
 9 #include "esp_camera.h"
10 #include "FS.h"
11 #include "SD_MMC.h"
12
13 // Pin-Definition von CAMERA_MODEL_AI_THINKER
14 #define PWDN_GPIO_NUM     32
15 #define RESET_GPIO_NUM    -1

Hochladen abgeschlossen.
Der Sketch verwendet 408634 Bytes (12%) des Programmspeicherplatzes.
Globale Variablen verwenden 18692 Bytes (5%) des dynamischen Speichers
esptool.py v3.0-dev
Serial port COM10
Connecting....
Chip is ESP32-D0WDQ6 (revision 1)
Features: WiFi, BT, Dual Core, 240MHz, VRef calibration in efuse, Cod
Crystal is 40MHz
MAC: 4c:11:ae:74:b1:50
Uploading stub...
Running stub...
Stub running...
Changing baud rate to 460800
Changed.
```

Abb. 158: *ESP32-CAM AI-Thinker flashen im seriellen Monitor*

- Trennen Sie nach dem Upload die Verbindung zwischen GPIO00 und GND.
- Starten Sie das Board neu, indem Sie die Versorgungsspannung unterbrechen und wieder neu anlegen bzw. die RESET-Taste drücken.

Nach dem Neustart dokumentiert der serielle Monitor die Ausgaben des Programmablaufs (vgl. Abbildung 159).

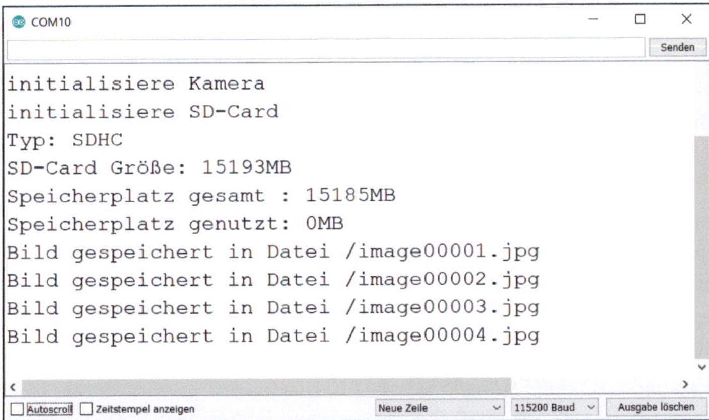

Abb. 159: ESP32-CAM AI-Thinker Fotos aufnehmen im seriellen Monitor

Abbildung 160 zeigt ein Beispielfoto. Dies ist mit Hilfe des Board-Blitzlichts entstanden, das automatisch bei zu geringer Helligkeit in Aktion tritt.

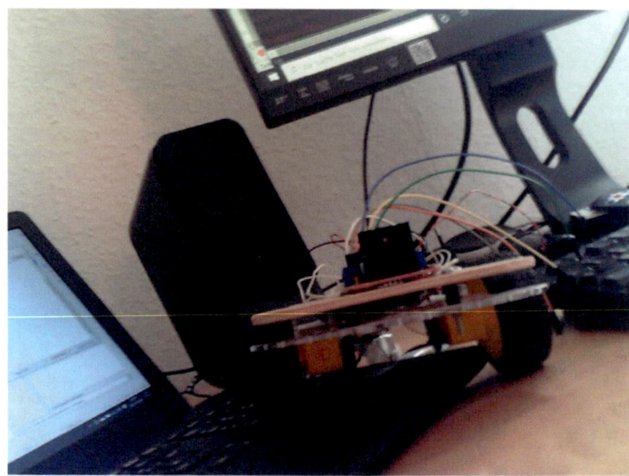

Abb. 160: ESP32-CAM AI-Thinker Fotos aufnehmen im seriellen Monitor

Achtung: SD-Karten Speicherplatz
Der Sketch verfügt nicht über Routinen, die ein Überfüllen des verfügbaren Speicherplatzes vermeiden. Ergänzen Sie diese oder überspielen Sie periodisch die gewonnenen Daten auf ein anderes Speichermedium.

Weitergehende Informationen zu den verschiedenen Optionen des ESP32-Kamera-Treibers finden Sie unter https://github.com/espressif/esp32-camera.

15.3 Mit der Kamera Videos streamen

Die ESP32-CAM kann nicht nur Photos aufnehmen; sie kann auch Videos aufzeichnen. Und bei Verzicht auf die SD-Kartenspeicherung eröffnen sich noch weitere Optionen. Ein paar Ansätze möchte ich Ihnen in diesem Abschnitt vorstellen.

15.3.1 ESP32-CAM als Webserver

Ein Beispielsketch bietet sich immer an, um sich mit neuen Funktionalitäten vertraut zu machen. Sie finden einen solchen unter ***Datei → Beispiele → ESP32 → Camera → CameraWebServer***. Allerdings bedarf er noch ein paar Anpassungen:

- Ändern Sie das `#define` für das Kamera-Modell:
  ```
  #define CAMERA_MODEL_AI_THINKER
  ```

- Setzen Sie auch die passenden Zugangsdaten für Ihr WLAN-Netz
  ```
  const char* ssid = "*********";
  const char* password = "*********";
  ```

Blick auf den Sketch und seinen Einsatz

Eine detaillierte Erläuterung des Sketches ist aus Platzgründen an dieser Stelle nicht möglich. Laden Sie das Programm hoch und starten Sie das Board neu. Nach dem Neustart erscheint im seriellen Monitor die Ausgabe der unter der der ESP32-Kamera-Web-Server erreichbar ist (vgl. Abbildung 161).

```
COM10
Senden
WiFi connected
Starting web server on port: '80'
Starting stream server on port: '81'
Camera Ready! Use 'http://192.168.2.133' to connect
Autoscroll  Zeitstempel anzeigen    Neue Zeile    115200 Baud    Ausgabe löschen
```

Abb. 161: ESP32-CAM AI-Thinker Ausgabe der IP-Adresse

Der Stream steht an Port 81 zur Verfügung. Mit dieser IP-Adresse geht es an den Browser (z.B. http://192.168.2.132:81). Mit ***Start Stream*** startet die Videoübertragung Abbildung 162).

Abb. 162: ESP32-CAM Video-Ausgabe

Am linken Rand befinden sich einige Einstellmöglichkeiten, insbesondere der Auflösung (Resolution). Die erreichbare Qualität hängt hier etwas von der Qualität der WLAN-Verbindung ab.

Allerdings kann nur ein Client vom Web-Server bedient werden.

Fallstricke und sonstiges

Bei Projekten mit der ESP32-Kamera lauern einige Fallstricke. Auf die Problematik der gemeinschaftlichen Nutzung von GPIO04 durch Blitzlicht und SD-Karte wurde bereits eingegangen.

Viel gravierender sind Schwierigkeiten, die sich aus einer unzureichenden Stromversorgung ergeben. Diese treten häufig bei WiFi-Betrieb und einer Stromversorgung über den FTDI-

Adapter auf. Hier ist der Adapter u.U. zu schwach, um den hier höheren Strombedarf zu decken. Kennzeichnend ist folgende Fehlermeldung:

Brownout detector was triggered

Manchmal hilft eine geänderte Registereinstellung

```
#include "soc/soc.h"
#include "soc/rtc_cntl_reg.h"
WRITE_PERI_REG(RTC_CNTL_BROWN_OUT_REG, 0);
```

Eine Garantie gibt es aber nicht.

Ein weiteres Problem kann durch den Eintrag `Serial.setDebugOutput(true)` verursacht werden. Setzen Sie ihn ggf. auf `false`.

Hinweis: Gesichtserkennung
Mit dem ESP32-CAM-Modul lässt sich auch eine rudimentäre Gesichtserkennung realisieren. Voraussetzung ist eine Auflösung kleiner CIF (400*296), da nun die Rechenkapazität anderweitig benötigt wird. Aktivieren Sie bei den Einstellungsmöglichkeiten ***Face Detection***. Ein gelbgrünes Rechteck kennzeichnet ein von der Kamera erkanntes Gesicht. Klicken Sie auf Enroll Face, um das festgestellte Gesichtsmuster zu speichern. Der ESP32 nimmt dann fünf Fotos für eine spätere Gesichtserkennung auf. Danach können Sie Face Recognition aktivieren. Wenn alles klappt, sollte bei einem erkannten Gesichtsmuster im Videostream eine Nachricht "Hello Subject 0" erscheinen.

Da das Ganze bei minimalsten Ressourcen stattfindet, ist das Gelingen nicht garantiert. Eine wesentliche Rolle spielt dabei die Ausleuchtung des Gesichtes. Ein weiterer Wermutstropfen ist, dass die antrainierten Gesichtsmuster mit einem Powerdown gelöscht sind.

15.3.2 Ein Fahrwagensystem für Inspektionen bauen

Unter dem etwas kruden Begriff versteht die Industrie ganz allgemein ein Objekt mit Rädern. Fahrwagensysteme sind dann Geräte mit erweiterten Funktionen (z.B. Kameras), wie sie für die Kanalinspektion zum Einsatz kommen. In diese Richtung geht auch dieses Anwendungsbeispiel auf Basis des ESP32-CAM AI-Thinker Boards.

Die Schaltung

Die in dem Beispiel 15.2 für den SD-Kartenslot reservierten GPIOs werden jetzt zugunsten der Motorsteuerung aufgegeben (vgl. Abbildung 163).

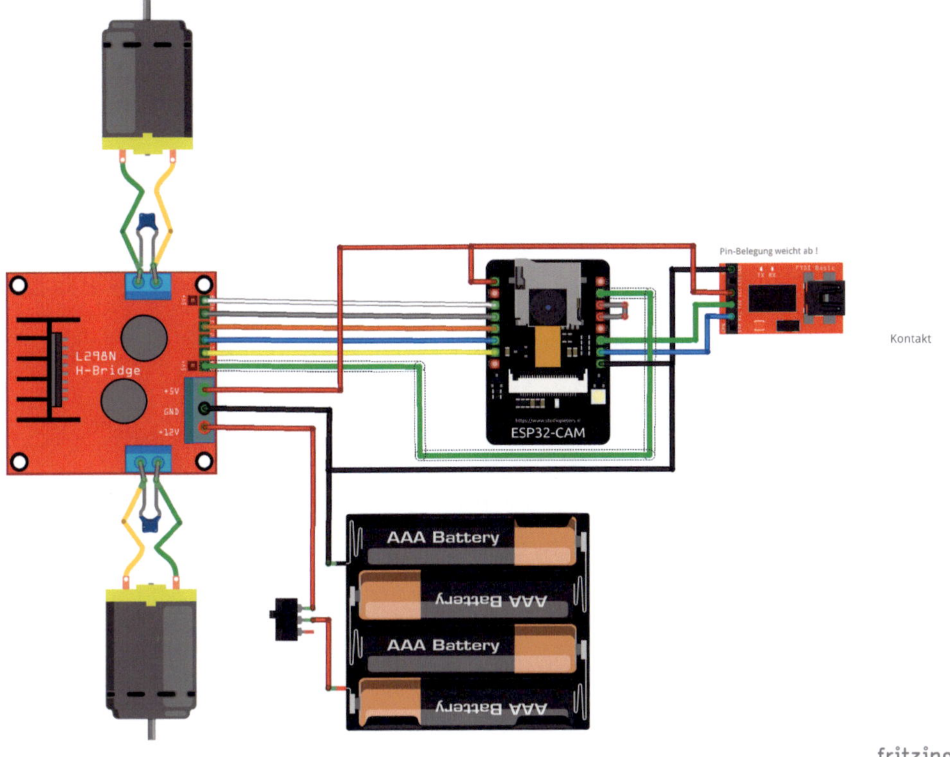

Abb. 163: ESP32-CAM Fahrwagen

Der Sketch

Listing 39 zeigt den Sketch. Er enthält nichts wesentlich Neues. Vielmehr ist es Verschnitt aus dem vereinfachten Code für das Roboterauto, wie sie ihn aus den ersten Kapiteln kennen und den ebenfalls reduzierten Teilen des Beispiels Camera-Webserver aus dem vorherigen Abschnitt. Die zusammenhängende Darstellung erleichtert es an dieser Stelle aber, die Übersicht zu behalten.

```
#include "esp_camera.h"
#include <WiFi.h>
#include "soc/soc.h"              // disable brownout problems
#include "soc/rtc_cntl_reg.h"     // disable brownout problems
#include "esp_http_server.h"
#define ENA             12    // GPIO12 = Pin D12 -  Motor-Treiber A EnableA
#define IN1             13    // GPIO13 = Pin D13 -  Motor-Treiber A IN1
#define IN2             15    // GPIO15 = Pin D15 -  Motor-Treiber A IN2
#define ENB             14    // GPIO14 = Pin D14 -  Motor-Treiber A EnableB
#define IN3             2     // GPIO02 = Pin D02 -  Motor-Treiber B IN3
#define IN4             16    // GPIO16 = Pin D16 -  Motor-Treiber B IN4
#define LEDC_KANAL_3    3     // Kanal 3; einer der 16-LEDC-Kanäle
#define LEDC_KANAL_4    4     // Kanal 4; einer der 16-LEDC-Kanäle
```

```
#define LEDC_AUFLOESUNG 10     // 10-Bit Tastverhältnisauflöung (0-1023)
#define LEDC_FREQ       30000  // 5.000 Hz Frequenz
// Funktions-Prototypen
void motorenStop ();           // Motorsteuerung
void rechts();
void links();
void vorwaerts();
void rueckwaerts();
// Definition von Router-Zugangsdaten (credentials)
const char* ssid     = "IhreSSID";
const char* password = "RouterPW";
//  fuer die Motorsteuerung
#define MINIMUMSPEED    723    // "Minimal-Geschindigkeit" damit der Mototr läuft
int motorSpeed = 1023;         // fuer Geschwindigkeit (1023 = Maximum)
int lenkSpeed  = 850;          // fuer Lenkbewegungen / Richtungswechsel
bool motorRun = 0;             // 1 = true = Motor an
// Motoren Fahrt und Richtung schalten
void motorenStop () {
 //Serial.println("stop");
 digitalWrite(IN1, LOW);
 digitalWrite(IN2, LOW);
 digitalWrite(IN3, LOW);
 digitalWrite(IN4, LOW);
 motorRun = false;
}
void vorwaerts () {
 //Serial.println("vor");
 ledcWrite(LEDC_KANAL_3, motorSpeed);
 digitalWrite(IN1, HIGH);
 digitalWrite(IN2, LOW);
 ledcWrite(LEDC_KANAL_4, motorSpeed);
 digitalWrite(IN3, HIGH);
 digitalWrite(IN4, LOW);
 //Serial.print  ("motorSpeed ");
 //Serial.println(motorSpeed);
 motorRun = true;
}
void rueckwaerts () {
 //Serial.println("rueck");
 ledcWrite(LEDC_KANAL_3, motorSpeed);
 digitalWrite(IN1, LOW);
 digitalWrite(IN2, HIGH);
 ledcWrite(LEDC_KANAL_4, motorSpeed);
 digitalWrite(IN3, LOW);
 digitalWrite(IN4, HIGH);
 //Serial.print  ("motorSpeed ");
```

```
  //Serial.println(motorSpeed);
  motorRun = true;
}
void links () {
  //Serial.println("links");
  ledcWrite(LEDC_KANAL_3, lenkSpeed);
  digitalWrite(IN1, LOW);
  digitalWrite(IN2, HIGH);
  ledcWrite(LEDC_KANAL_4, lenkSpeed);
  digitalWrite(IN3, HIGH);
  digitalWrite(IN4, LOW);
  //Serial.print  ("lenkSpeed ");
  //Serial.println(lenkSpeed);
}
void rechts () {
  //Serial.println("rechts");
  ledcWrite(LEDC_KANAL_3, lenkSpeed);
  digitalWrite(IN1, HIGH);
  digitalWrite(IN2, LOW);
  ledcWrite(LEDC_KANAL_4, lenkSpeed);
  digitalWrite(IN3, LOW);
  //Serial.print  ("lenkSpeed ");
  //Serial.println(lenkSpeed);
}
//  fuer die Kamera
#define PART_BOUNDARY "123456789000000000000987654321"
#define CAMERA_MODEL_AI_THINKER
#if defined(CAMERA_MODEL_WROVER_KIT)
  #define PWDN_GPIO_NUM     -1
  #define RESET_GPIO_NUM    -1
  #define XCLK_GPIO_NUM     21
  #define SIOD_GPIO_NUM     26
  #define SIOC_GPIO_NUM     27
  #define Y9_GPIO_NUM       35
  #define Y8_GPIO_NUM       34
  #define Y7_GPIO_NUM       39
  #define Y6_GPIO_NUM       36
  #define Y5_GPIO_NUM       19
  #define Y4_GPIO_NUM       18
  #define Y3_GPIO_NUM        5
  #define Y2_GPIO_NUM        4
  #define VSYNC_GPIO_NUM    25
  #define HREF_GPIO_NUM     23
  #define PCLK_GPIO_NUM     22
#elif defined(CAMERA_MODEL_M5STACK_PSRAM)
  #define PWDN_GPIO_NUM     -1
```

```
  #define RESET_GPIO_NUM    15
  #define XCLK_GPIO_NUM     27
  #define SIOD_GPIO_NUM     25
  #define SIOC_GPIO_NUM     23
  #define Y9_GPIO_NUM       19
  #define Y8_GPIO_NUM       36
  #define Y7_GPIO_NUM       18
  #define Y6_GPIO_NUM       39
  #define Y5_GPIO_NUM        5
  #define Y4_GPIO_NUM       34
  #define Y3_GPIO_NUM       35
  #define Y2_GPIO_NUM       32
  #define VSYNC_GPIO_NUM    22
  #define HREF_GPIO_NUM     26
  #define PCLK_GPIO_NUM     21
#elif defined(CAMERA_MODEL_M5STACK_WITHOUT_PSRAM)
  #define PWDN_GPIO_NUM     -1
  #define RESET_GPIO_NUM    15
  #define XCLK_GPIO_NUM     27
  #define SIOD_GPIO_NUM     25
  #define SIOC_GPIO_NUM     23
  #define Y9_GPIO_NUM       19
  #define Y8_GPIO_NUM       36
  #define Y7_GPIO_NUM       18
  #define Y6_GPIO_NUM       39
  #define Y5_GPIO_NUM        5
  #define Y4_GPIO_NUM       34
  #define Y3_GPIO_NUM       35
  #define Y2_GPIO_NUM       17
  #define VSYNC_GPIO_NUM    22
  #define HREF_GPIO_NUM     26
  #define PCLK_GPIO_NUM     21
#elif defined(CAMERA_MODEL_AI_THINKER)
  #define PWDN_GPIO_NUM     32
  #define RESET_GPIO_NUM    -1
  #define XCLK_GPIO_NUM      0
  #define SIOD_GPIO_NUM     26
  #define SIOC_GPIO_NUM     27

  #define Y9_GPIO_NUM       35
  #define Y8_GPIO_NUM       34
  #define Y7_GPIO_NUM       39
  #define Y6_GPIO_NUM       36
  #define Y5_GPIO_NUM       21
  #define Y4_GPIO_NUM       19
  #define Y3_GPIO_NUM       18
```

```
 #define Y2_GPIO_NUM        5
 #define VSYNC_GPIO_NUM    25
 #define HREF_GPIO_NUM     23
 #define PCLK_GPIO_NUM     22
#elif defined(CAMERA_MODEL_M5STACK_PSRAM_B)
 #define PWDN_GPIO_NUM     -1
 #define RESET_GPIO_NUM    15
 #define XCLK_GPIO_NUM     27
 #define SIOD_GPIO_NUM     22
 #define SIOC_GPIO_NUM     23
 #define Y9_GPIO_NUM       19
 #define Y8_GPIO_NUM       36
 #define Y7_GPIO_NUM       18
 #define Y6_GPIO_NUM       39
 #define Y5_GPIO_NUM        5
 #define Y4_GPIO_NUM       34
 #define Y3_GPIO_NUM       35
 #define Y2_GPIO_NUM       32
 #define VSYNC_GPIO_NUM    25
 #define HREF_GPIO_NUM     26
 #define PCLK_GPIO_NUM     21
#else
 #error "Camera model not selected"
#endif
static const char* _STREAM_CONTENT_TYPE = "multipart/x-mixed-replace;boundary="
PART_BOUNDARY;
static const char* _STREAM_BOUNDARY = "\r\n--" PART_BOUNDARY "\r\n";
static const char* _STREAM_PART = "Content-Type: image/jpeg\r\nContent-Length: %u\
r\n\r\n";
httpd_handle_t camera_httpd = NULL;
httpd_handle_t stream_httpd = NULL;
static const char PROGMEM INDEX_HTML[] = R"rawliteral(
<html>
 <head>
  <title>ESP32-CAM Robot</title>
  <meta name="viewport" content="width=device-width, initial-scale=1">
  <style>
   body {font-family: Arial; text-align: center;
      margin:0px auto; padding-top: 30px;}
   table {margin-left: auto; margin-right: auto;}
   td {padding: 8 px;}
   .button {
    background-color: #2f4468;
    border: none;
    color: white;
    width: 80px;                /* Elementbreite 80px */
```

```
        padding: 10px 20px;
        text-align: center;
        text-decoration: none;
        display: inline-block;
        font-size: 18px;
        margin: 6px 3px;
        cursor: pointer;
        -webkit-touch-callout: none;
        -webkit-user-select: none;
        -khtml-user-select: none;
        -moz-user-select: none;
        -ms-user-select: none;
        user-select: none;
        -webkit-tap-highlight-color: rgba(0,0,0,0);
       }
       img {width: auto ;
        max-width: 100% ;
        height: auto ;
       }
      </style>
     </head>
     <body>
      <h1>ESP32CAM Motorsteuerung</h1>
      <img src="" id="photo" >
      <table>
       <tr><td colspan="3" align="center">
          <button class="button" onmousedown="toggleCheckbox('vor');"
           ontouchstart="toggleCheckbox(‚vor‘);">vor</button>
         </td>
       </tr>
       <tr><td align="center">
          <button class="button" onmousedown="toggleCheckbox('li');"
           ontouchstart="toggleCheckbox(‚li‘);">links</button>
         </td>
         <td align="center">
           <button class="button" onmousedown="toggleCheckbox('stp');"
           ontouchstart="toggleCheckbox(‚stp‘);">stop</button>
         </td>
         <td align="center">
          <button class="button" onmousedown="toggleCheckbox('re');"
           ontouchstart="toggleCheckbox(‚re‘);">rechts</button>
         </td>
       </tr>
       <tr><td colspan="3" align="center">
          <button class="button" onmousedown="toggleCheckbox('rck');"
           ontouchstart="toggleCheckbox(‚rck‘);">rueck</button>
```

```
      </td>
    </tr>
   </table>
  <script>
  function toggleCheckbox(x) {
   var xhr = new XMLHttpRequest();
   xhr.open("GET", "/action?go=" + x, true);
   xhr.send();
  }
  window.onload = document.getElementById("photo").src = window.location.href.sli-
ce(0, -1) + ":81/stream";
 </script>
 </body>
</html>
)rawliteral";
static esp_err_t index_handler(httpd_req_t *req){
 httpd_resp_set_type(req, "text/html");
 return httpd_resp_send(req, (const char *)INDEX_HTML, strlen(INDEX_HTML));
}
static esp_err_t stream_handler(httpd_req_t *req){
 camera_fb_t * fb = NULL;
 esp_err_t res = ESP_OK;
 size_t _jpg_buf_len = 0;
 uint8_t * _jpg_buf = NULL;
 char * part_buf[64];
 res = httpd_resp_set_type(req, _STREAM_CONTENT_TYPE);
 if(res != ESP_OK){
  return res;
 }
 while(true){
  fb = esp_camera_fb_get();
  if (!fb) {
   //Serial.println("Camera capture failed");
   res = ESP_FAIL;
  } else {
   if(fb->width > 400){
    if(fb->format != PIXFORMAT_JPEG){
     bool jpeg_converted = frame2jpg(fb, 80, &_jpg_buf, &_jpg_buf_len);
     esp_camera_fb_return(fb);
     fb = NULL;
     if(!jpeg_converted){
      //Serial.println("JPEG compression failed");
      res = ESP_FAIL;
     }
    } else {
     _jpg_buf_len = fb->len;
```

```
          _jpg_buf = fb->buf;
        }
      }
    }
    if(res == ESP_OK){
     size_t hlen = snprintf((char *)part_buf, 64, _STREAM_PART, _jpg_buf_len);
     res = httpd_resp_send_chunk(req, (const char *)part_buf, hlen);
    }
    if(res == ESP_OK){
     res = httpd_resp_send_chunk(req, (const char *)_jpg_buf, _jpg_buf_len);
    }
    if(res == ESP_OK){
     res = httpd_resp_send_chunk(req, _STREAM_BOUNDARY, strlen(_STREAM_BOUNDARY));
    }
    if(fb){
     esp_camera_fb_return(fb);
     fb = NULL;
     _jpg_buf = NULL;
    } else if(_jpg_buf){
     free(_jpg_buf);
     _jpg_buf = NULL;
    }
    if(res != ESP_OK){
     break;
    }
    //Serial.printf("MJPG: %uB\n",(uint32_t)(_jpg_buf_len));
   }
   return res;
  }
  static esp_err_t cmd_handler(httpd_req_t *req){
   char*  buf;
   size_t buf_len;
   char variable[32] = {0,};
    buf_len = httpd_req_get_url_query_len(req) + 1;
   if (buf_len > 1) {
    buf = (char*)malloc(buf_len);
    if(!buf){
     httpd_resp_send_500(req);
     return ESP_FAIL;
    }
    if (httpd_req_get_url_query_str(req, buf, buf_len) == ESP_OK) {
     if (httpd_query_key_value(buf, "go", variable, sizeof(variable)) == ESP_OK) {
     } else {
      free(buf);
      httpd_resp_send_404(req);
      return ESP_FAIL;
```

```
      }
    } else {
      free(buf);
      httpd_resp_send_404(req);
      return ESP_FAIL;
    }
    free(buf);
  } else {
    httpd_resp_send_404(req);
    return ESP_FAIL;
  }
  sensor_t * s = esp_camera_sensor_get();
  int res = 0;
  if(!strcmp(variable, "vor")) {
    //vorwaerts();
    Serial.println("vor");
  }
  else if(!strcmp(variable, "li")) {
    //links();
    Serial.println("links");
  }
  else if(!strcmp(variable, "stp")) {
    //motorenStop ();
    Serial.println("stop");
  }
  else if(!strcmp(variable, "re")) {
    //rechts();
    Serial.println("rechts");
  }
  else if(!strcmp(variable, "rck")) {
    //rueckwaerts();
    Serial.println("rueck");
  }
  else {
    res = -1;
  }
  if(res){
    return httpd_resp_send_500(req);
  }
  httpd_resp_set_hdr(req, "Access-Control-Allow-Origin", "*");
  return httpd_resp_send(req, NULL, 0);
}
void startCameraServer(){
  httpd_config_t config = HTTPD_DEFAULT_CONFIG();
  config.server_port = 80;
  httpd_uri_t index_uri = {
```

```
    .uri        = "/",
    .method     = HTTP_GET,
    .handler    = index_handler,
    .user_ctx   = NULL
  };
  httpd_uri_t cmd_uri = {
    .uri        = "/action",
    .method     = HTTP_GET,
    .handler    = cmd_handler,
    .user_ctx   = NULL
  };
  httpd_uri_t stream_uri = {
    .uri        = "/stream",
    .method     = HTTP_GET,
    .handler    = stream_handler,
    .user_ctx   = NULL
  };
  if (httpd_start(&camera_httpd, &config) == ESP_OK) {
    httpd_register_uri_handler(camera_httpd, &index_uri);
    httpd_register_uri_handler(camera_httpd, &cmd_uri);
  }
  config.server_port += 1;
  config.ctrl_port += 1;
  if (httpd_start(&stream_httpd, &config) == ESP_OK) {
    httpd_register_uri_handler(stream_httpd, &stream_uri);
  }
}
void setup() {
  WRITE_PERI_REG(RTC_CNTL_BROWN_OUT_REG, 0); //disable brownout detector
  Serial.begin(115200);
  Serial.setDebugOutput(true);
  // Motor-Control-Pins als Output öffnen
  pinMode(IN1, OUTPUT);
  pinMode(IN2, OUTPUT);
  pinMode(IN3, OUTPUT);
  pinMode(IN4, OUTPUT);
  pinMode(ENA, OUTPUT);
  pinMode(ENA, OUTPUT);
  // Motor-Control-Pins auf LOW setzen
  digitalWrite(IN1, LOW);
  digitalWrite(IN2, LOW);
  digitalWrite(IN3, LOW);
  digitalWrite(IN4, LOW);
  ledcSetup(LEDC_KANAL_3, LEDC_FREQ, LEDC_AUFLOESUNG);
  ledcAttachPin(ENA, LEDC_KANAL_3);
  ledcSetup(LEDC_KANAL_4, LEDC_FREQ, LEDC_AUFLOESUNG);
```

```
ledcAttachPin(ENB, LEDC_KANAL_4);
camera_config_t config;
config.ledc_channel = LEDC_CHANNEL_0;
config.ledc_timer = LEDC_TIMER_0;
config.pin_d0 = Y2_GPIO_NUM;
config.pin_d1 = Y3_GPIO_NUM;
config.pin_d2 = Y4_GPIO_NUM;
config.pin_d3 = Y5_GPIO_NUM;
config.pin_d4 = Y6_GPIO_NUM;
config.pin_d5 = Y7_GPIO_NUM;
config.pin_d6 = Y8_GPIO_NUM;
config.pin_d7 = Y9_GPIO_NUM;
config.pin_xclk = XCLK_GPIO_NUM;
config.pin_pclk = PCLK_GPIO_NUM;
config.pin_vsync = VSYNC_GPIO_NUM;
config.pin_href = HREF_GPIO_NUM;
config.pin_sscb_sda = SIOD_GPIO_NUM;
config.pin_sscb_scl = SIOC_GPIO_NUM;
config.pin_pwdn = PWDN_GPIO_NUM;
config.pin_reset = RESET_GPIO_NUM;
config.xclk_freq_hz = 20000000;
config.pixel_format = PIXFORMAT_JPEG;
if(psramFound()){
 config.frame_size = FRAMESIZE_VGA;
 config.jpeg_quality = 10;
 config.fb_count = 2;
} else {
 config.frame_size = FRAMESIZE_SVGA;
 config.jpeg_quality = 12;
 config.fb_count = 1;
}
// Camera init
esp_err_t err = esp_camera_init(&config);
if (err != ESP_OK) {
 //Serial.printf("Camera init failed with error 0x%x", err);
 return;
}
// Wi-Fi connection
WiFi.begin(ssid, password);
while (WiFi.status() != WL_CONNECTED) {
 delay(500);
 Serial.print(".");
}
Serial.println("");
Serial.println("WiFi connected");
Serial.print("Camera Stream Ready! Go to: http://");
```

```
    Serial.println(WiFi.localIP());
    // Start streaming web server
    startCameraServer();
  }
  void loop() {
  }
```

Listing 39: ESP32-Kamera Fotos aufnehmen

Blick auf den Sketch und seinen Einsatz

Wie eingangs erwähnt, wurde der größte Teil des Codes aus der Beispielanwendung kopiert, die Espressif für die Arbeit mit dem ESP32CAM-Modul bereitstellt. In diesem vereinfachten Sketch sind auch die html-Anweisungen anders als in Kapitel 6 direkt in den Sketch integriert. Hier gilt eine Besonderheit:

Die Zuordnung der Motorsteuerung zu den LDC-Kanälen hat sich geändert. Das ist darauf zurück zu führen, dass die Kamera bereits die Kanäle 0 und 1 nutzt und diese somit nicht mehr zur Verfügung stehen.

Laden Sie den Sketch hoch und besorgen Sie sich die IP-Adresse, unter der der Webserver seine Dienste anbietet (vgl. Abbildung 164).

Abb. 164: ESP32-CAM Fahrwagen Webserver im Smartphone

Tipp: Erweiterungen

Eine kleine Schwierigkeit kann noch zu überwinden sein: das Erlangen der Kenntnis der IP-Adresse, unter der der Webserver zu erreichen ist. Die Ausgabe im seriellen Monitor dürfte im Echteinsatz entweder nicht zur Verfügung stehen oder aber als Wert aus dem Test trügerisch sein, da der Router unterschiedliche Adressen vergibt. Ein Workaround ist, sich die IP-Adresse vom Router zu besorgen; die meisten listen die angeschlossenen Geräte mit ihren IP-Adressen auf. Eine andere Option ist die Vergabe einer festen IP-Adresse, wie Sie es in Kapitel 9 kennen gelernt haben.

Eine zusätzliche Option ist, die integrierte Blitz-LED hinzuzufügen. Sehen Sie hierfür in analoger Weise Schaltflächen vor und steuern Sie die LED (GPIO04) in gewohnter Weise oder über PWM an.

Code:

```
ledcSetup(7, 5000, 8);
ledcAttachPin(4, 7);
```

Anlage

I. Roboterauto

Alle Software finden Sie zum Download im Elektor Store. Der Link ist www.elektor.de/20277. Den Code größerer Programme finden Sie auch in GitHub zum Download. Der Link ist https://github.com/wuppergit/ESP32-rbtr-cr.

Schaltplan

Hier ist der gesamte Schaltplan des Roboterautos (vgl. Abbildung 1).

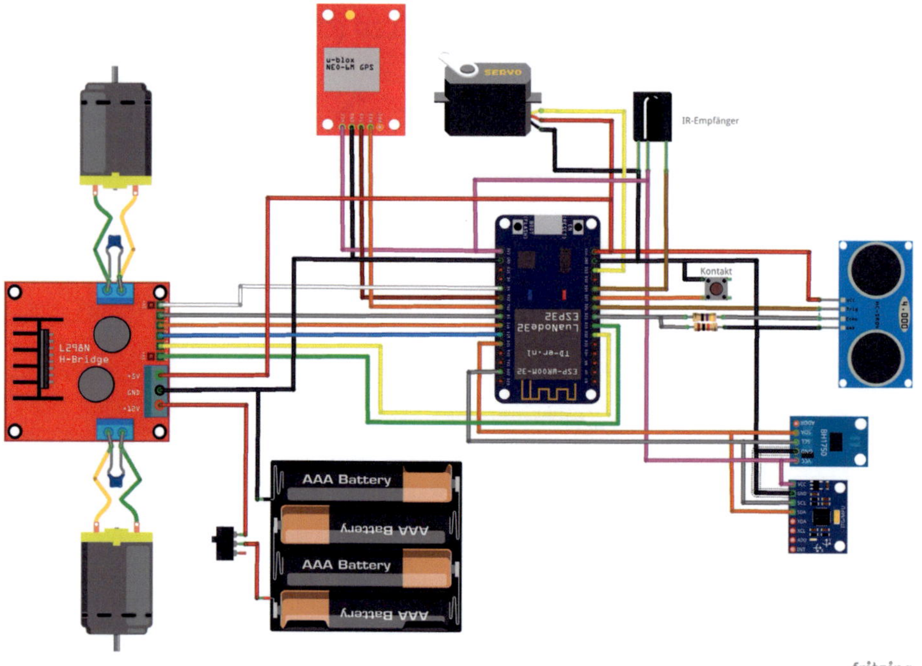

Abb. 1: Roboterauto Schaltplan

```
// folgende defines beziehen sich auf Eigenschaften des Roboter-Autos
// ist das define auskommentiert, verfügt das Roboter-Auto nicht über eine entspre-
chende Funktion
#define HAT_IR                  // hat Infrarot-Steuerung
#define HAT_SENSOREN            // hat einen US-Sensor und einen Kontaktsensor
#define HAT_AUTONOMES_FAHREN    // für autonomes Fahren
#define HAT_GPS                 // für GPS-Anbindung
#include <WiFi.h>
#include <WiFiClient.h>
#include <WiFiMulti.h>
#include <WebServer.h>
#include <WiFiUdp.h>             // User Datagram Protocol (UDP; minimales, verbin-
```

```
dungsloses Netzwerkprotokoll)
#include <ArduinoOTA.h>       // fuer OTA-Update
#include "htmlSeiten.h"
#if defined HAT_IR
 #include <IRrecv.h>
 #include <IRtext.h>
#endif
#if defined HAT_AUTONOMES_FAHREN
 #include <Servo.h>                    // Servo-Bibliothek
 #include <Wire.h>                     // I2C
 #include <BH1750.h>                   // für Lichtsensor BH1750
#endif
#if defined HAT_GPS
 #include <TinyGPS++.h>                // GPS-Bibliothek
#endif
#define ENA              33    // GPIO33 = Pin D33 -  Motor-Treiber A EnableA
#define IN1              32    // GPIO32 = Pin D32 -  Motor-Treiber A IN1
#define IN2              19    // GPIO19 = Pin D19 -  Motor-Treiber A IN2
#define ENB              4     // GPIO04 = Pin D04 -  Motor-Treiber A EnableB
#define IN3              18    // GPIO18 = Pin D18 -  Motor-Treiber B IN3
#define IN4              5     // GPIO05 = Pin D05 -  Motor-Treiber B IN4
#define LEDC_KANAL_0     0     // Kanal 0; einer der 16-LEDC-Kanäle
#define LEDC_KANAL_1     1     // Kanal 1; einer der 16-LEDC-Kanäle
#define LEDC_AUFLOESUNG 10     // 10-Bit Tastverhältnisauflöung (0-1023)
#define LEDC_FREQ        30000 // 5.000 Hz Frequenz
#define IR_RECV_PIN      14    // GPIO14 = Pin D14 - IR-Receiver
#define INTERR_PIN       27    // GPIO27 = Pin D27 - externer Interrupt
#define US_TRIG_PIN      26    // GPIO26 = Pin D26 - Trigger-Pin für den Ultrasch.-
Sensor
#define US_ECHO_PIN      25    // GPIO25 = Pin D25 - Echo-Pin für den Ultrasch.-Sen-
sor
#define SERVO_PIN        13    // GPIO13 - PIN D13 - Servo-Motor´
#define LEDC_KANAL_2     2     // Kanal 2; einer der 16-LEDC-Kanäle
#define SDA              21    // GPIO21 - Pin D21 - SDA I2C Kanal 1
#define SCL              22    // GPIO22 - Pin D22 - SCL I2C Kanal 1
#define RXD2             16    // RX-Anschluss fuer GPS-Modul (Achtung: Verbindungen
über Kreuz: RX an TX, TX an RX)
#define TXD2             17    // TX-Anschluss fuer GPS-Modul
// Funktions-Prototypen
void motorenStop ();          // Motorsteuerung
void rechts();
void links();
void vorwaerts();
void rueckwaerts();
void ausweichenRueck(int);
void ausweichenVor(int);
```

```
void controlMotors (String);  // WiFi
void checkIR();               // IR-Steuerung
void checkInterrupt();        // Sensoren
void IRAM_ATTR isrHandler();
void lesenHCSR04();
int lesenBH1750(int);         // autonomes Fahren
int findeLicht(bool);
void autonomFahren();
void lesenGPS();              // GPS
void displayGPS();
// für die WiFi-Anbindung
String wifiModus = "STA";    // STA = Staion, AP = Access-Point
// Definition von Router-Zugangsdaten (credentials)
const char* ssid1      = "IhreSSID";
const char* password1  = "IhrRouterPW";
IPAddress lclIP (192,168,178,207);
IPAddress gateway (192,168,178,1);
IPAddress subnet (255,255,255,0);
IPAddress primaryDNS (8, 8, 8, 8);          //optional
IPAddress secondaryDNS (8, 8, 4, 4);        //optional
// Definition der AP-Zugangsdaten (credentials)
const char *ssidAP     = "ESP_AP";
const char *passwordAP = "1234abcd";
WiFiMulti wifiMulti;
WebServer webServer(80);
// fuer die Motorsteuerung                              #####
#define MINIMUMSPEED    723   // "Minimal-Geschindigkeit" damit der Mototr läuft
int motorSpeed = 1023;        // fuer Geschwindigkeit (1023 = Maximum)
int lenkSpeed  = 850;         // fuer Lenkbewegungen / Richtungswechsel
bool motorRun = 0;            // 1 = true = Motor an
// Motoren Fahrt und Richtung schalten
void motorenStop () {
 Serial.println("stop");
 digitalWrite(IN1, LOW);
 digitalWrite(IN2, LOW);
 digitalWrite(IN3, LOW);
 digitalWrite(IN4, LOW);
 motorRun = false;
}
void vorwaerts () {
 Serial.println("vor");
 ledcWrite(LEDC_KANAL_0, motorSpeed);
 digitalWrite(IN1, HIGH);
 digitalWrite(IN2, LOW);
 ledcWrite(LEDC_KANAL_1, motorSpeed);
 digitalWrite(IN3, HIGH);
```

```
 digitalWrite(IN4, LOW);
 Serial.print  ("motorSpeed ");
 Serial.println(motorSpeed);
 motorRun = true;
}
void rueckwaerts () {
 Serial.println("rueck");
 ledcWrite(LEDC_KANAL_0, motorSpeed);
 digitalWrite(IN1, LOW);
 digitalWrite(IN2, HIGH);
 ledcWrite(LEDC_KANAL_1, motorSpeed);
 digitalWrite(IN3, LOW);
 digitalWrite(IN4, HIGH);
 Serial.print  ("motorSpeed ");
 Serial.println(motorSpeed);
 motorRun = true;
}
void links () {
 Serial.println("links");
 ledcWrite(LEDC_KANAL_0, lenkSpeed);
 digitalWrite(IN1, LOW);
 digitalWrite(IN2, HIGH);
 ledcWrite(LEDC_KANAL_1, lenkSpeed);
 digitalWrite(IN3, HIGH);
 digitalWrite(IN4, LOW);
 Serial.print  ("lenkSpeed ");
 Serial.println(lenkSpeed);
}
void rechts () {
 Serial.println("rechts");
 ledcWrite(LEDC_KANAL_0, lenkSpeed);
 digitalWrite(IN1, HIGH);
 digitalWrite(IN2, LOW);
 ledcWrite(LEDC_KANAL_1, lenkSpeed);
 digitalWrite(IN3, LOW);
 Serial.print  ("lenkSpeed ");
 Serial.println(lenkSpeed);
}
void langsamer () {
 Serial.println("langsamer");
 motorSpeed-=20;
 if (motorSpeed < MINIMUMSPEED) {
   motorSpeed = MINIMUMSPEED;
 }
 ledcWrite(LEDC_KANAL_0, motorSpeed);
 ledcWrite(LEDC_KANAL_1, motorSpeed);
```

```
}
void schneller () {
 Serial.println("schneller");
 motorSpeed+=20;
 if (motorSpeed > 1023) {
   motorSpeed = 1023;
 }
 ledcWrite(LEDC_KANAL_0, motorSpeed);
 ledcWrite(LEDC_KANAL_1, motorSpeed);
}
//  IR-Steuerung                                        #####
#if defined HAT_IR
const uint16_t kRecvPin = IR_RECV_PIN;          // GPIO13 = G13
const uint16_t kCaptureBufferSize = 1024;
const uint8_t  kTimeout = 50;
IRrecv irrecv(kRecvPin, kCaptureBufferSize, kTimeout, true);
decode_results results;                         // für die Ergebnisse
// wertet IR-Fernbedienungsbefehle aus
void checkIR (void) {
 if (irrecv.decode(&results)) {
  // Check if we got an IR message that was to big for our capture buffer.
  if (results.overflow) {
   Serial.printf(D_WARN_BUFFERFULL "\n", kCaptureBufferSize);
   return;
  }
  //Serial.println(results.command, HEX);
  if (results.command == 0x46) {
   vorwaerts ();
  } else
  if (results.command == 0x44) {
   links ();
  } else
  if (results.command == 0x40) {
   motorenStop ();
  } else
  if (results.command == 0x43) {
   rechts ();
  } else
  if (results.command == 0x15) {
   rueckwaerts ();
  } else
  if (results.command == 0x42) {
   langsamer ();
  } else
  if (results.command == 0x4A) {
   schneller ();
```

```
   }
  }
 }
 #endif
 // Sensoren
 #if defined HAT_SENSOREN
 //Kontaktsensor
 volatile bool interruptStatus;     // 1 = true = interrupt
 volatile int alteZeit = 0, debounceZeit = 500;
 portMUX_TYPE timerMux = portMUX_INITIALIZER_UNLOCKED;
 //Ultraschallsensor
 float entfernungUS;                // berechnete Entfernung Ultraschalls.
 // überprüfen, ob Stoßstangenkontakt (Interrupt) vorliegt und ggf. Ausweichmanöver
 durchführen
 void checkInterrupt() {
  if (interruptStatus == true) {
   Serial.println("interruptStatus = true");
   portENTER_CRITICAL_ISR(&timerMux);
   interruptStatus = false;
   portEXIT_CRITICAL_ISR(&timerMux);
   if (motorRun) {
    ausweichenVor(0);
   }
  }
 }
 // ISR-Routine
 void IRAM_ATTR isrHandler() {
  if  ( (millis() - alteZeit) > debounceZeit) {
   portENTER_CRITICAL_ISR(&timerMux);
   interruptStatus = true;
   portEXIT_CRITICAL_ISR(&timerMux);
   alteZeit = millis();                // letzte Zeit merken
  }
 }
 // lesen der HCSR04 Messwerte
 void lesenHCSR04() {
  float dauer;                         // Zeitspanne des Echos
  digitalWrite(US_TRIG_PIN, LOW);      // definierten Zustand schaffen
  delayMicroseconds(5);                // warten auf defin. PIN-Zustand
  digitalWrite(US_TRIG_PIN, HIGH);     // Trigger-Pin für 10 Microsk. an
  delayMicroseconds(10);
  digitalWrite(US_TRIG_PIN, LOW);
  dauer = pulseIn(US_ECHO_PIN, HIGH);  // Pulslänge in Microse. messen
  entfernungUS = dauer * 0.034 / 2;    // Entfernung berechnen
  //Serial.println("Entfernung (cm): " + String (entfernungUS));
  if (entfernungUS < 5.0) {
```

```
  Serial.println("Entfernung (cm) zu kurz: " + String (entfernungUS));
  ausweichenRueck(0);                        // nach rechts ausweeichen
 }
 delay(1);                                   // Selbstverwaltung ESP32
}
// Ausweichmanöver
// Hindernis bei Vorwärtsfahrt;
// => ausweichen durch temporäre Rückwärtsbewegeung
// @ri : Ausweichrichtung: 0 = rechts, 1 = links
void ausweichenRueck(int ri) {
 Serial.println("ausweichenRueck");
 rueckwaerts();
 delay (1000);                               // 1 sek. rueckwaerts fahren
 if (ri == 0) {
  links();
 } else {
  rechts ();
 }
 delay (500);                                // 0,5 sek. links fahren
 vorwaerts();
}
// // Hindernis bei Rückwärtsfahrt;
// => ausweichen durch temporäre Vorwärtsbewegeung
// @ri : Ausweichrichtung: 0 = rechts, 1 = links
void ausweichenVor(int ri) {
 Serial.println("ausweichenVor");
 vorwaerts();
 delay (1000);                               // 1 sek. rueckwaerts fahren
 if (ri == 0) {
  links();
 } else {
  rechts ();
 }
 delay (500);                                // 0,5 sek. links fahren
 rueckwaerts();
}
#endif
//  für autonomes Fahren                                           #####
#if defined HAT_AUTONOMES_FAHREN
#define SERVO_MINPW     520        // default 544
#define SERVO_MAXPW     2600       // default 2400
Servo myServo;                     // Servo-Objekt erstellen
bool rotation = true;              // Rotations-Richtung des Servoss
BH1750 luxMeter;
float messWertHelligkeit = 0;      // Messwert der Helligkeit BH1750
float messWertHelligkeitAlt = 0;
```

```
// positionieren des Servos und lesen der Lichtmesswerte
int lesenBH1750(int i) {
 int pos = 0;
 myServo.write(i);                    // Servo positionieren
 delay(500);
 messWertHelligkeit = luxMeter.readLightLevel();
 if (messWertHelligkeit > messWertHelligkeitAlt) {
  messWertHelligkeitAlt = messWertHelligkeit;
  pos = i;
 }
 return pos;
}
// suche nach grösster Lichtquelle
int findeLicht(bool rotation) {
 int i;
 int pos = 0, posX;
 messWertHelligkeitAlt = 0;
 if (rotation) {
  // geht von 0 Grad bis 180 Grad in 10 Grad-Schritten
  for (i = 0; i <= 180; i += 10) {
   posX = lesenBH1750(i);             // Servo positionieren und Helligkeissensor
lesen
   if (posX) {
    pos = posX;
   }
  }
 } else {
  // geht von 180 Grad bis 0 Grad in 10 Grad-Schritten
  for (i = 180; i >= 0; i -= 10) {
   posX = lesenBH1750(i);               // Servo positionieren und Helligkeissensor
lesen
   if (posX) {
    pos = posX;
   }
  }
 }
 return pos;
}
// autonomes Fahren
// Servowinkel 180: links / 0: rechts
void autonomFahren() {
 rotation = !rotation;                // Rotationsrichtung ändern
 int pos = findeLicht(rotation);
 Serial.println();
 Serial.print  ("groesste Helligkeit in Winkel: ");
 Serial.println(pos);
```

```
 if (pos < 61) {
  Serial.println("rechts");
  rechts();
  vorwaerts();
  delay (1000);
  motorenStop ();
 } else {
  if (pos < 121) {
   Serial.println("geradeaus");
   vorwaerts();
   delay (1000);
   motorenStop ();
  } else {
   Serial.println("links");
   links();
   vorwaerts();
   delay (1000);
   motorenStop ();
  }
 }
 delay (2000);
}
#endif
// für GPS-Anbindung
#if defined HAT_GPS
TinyGPSPlus gps;                    // TinyGPS++ Objekt
static const uint32_t GPSBaud = 9600;
// auslesen der Rohdaten und aufbereiten der GPS-Daten
void lesenGPS() {
 while (Serial2.available() > 0) {
  // Ausgabe der Position, wenn Datensatz fehlerfrei decodiert wurde
  if (gps.encode(Serial2.read()))  {
   displayGPS();
  }
 }
 if (millis() > 5000 && gps.charsProcessed() < 10)   {
  Serial.println("konnte kein GPS-Modul finden: Verkabelung überprüfen");
//    while(true) {}
 }
}
// nur für Ausgabe im Seriellen Monitor nötig
void displayGPS() {
 Serial.print(F("Location: "));
 if (gps.location.isValid()) {
  Serial.print(gps.location.lat(), 6);
  Serial.print(F(","));
```

```
    Serial.print(gps.location.lng(), 6);
   } else {
    Serial.print(F("INVALID"));
   }
   Serial.print(F("  Date/Time: "));
   if (gps.date.isValid())   {
    Serial.print(gps.date.month());
    Serial.print(F("/"));
    Serial.print(gps.date.day());
    Serial.print(F("/"));
    Serial.print(gps.date.year());
   } else {
    Serial.print(F("INVALID"));
   }
   Serial.print(F(" "));
   if (gps.time.isValid())   {
    if (gps.time.hour() < 10) Serial.print(F("0"));
    Serial.print(gps.time.hour());
    Serial.print(F(":"));
    if (gps.time.minute() < 10) Serial.print(F("0"));
    Serial.print(gps.time.minute());
    Serial.print(F(":"));
    if (gps.time.second() < 10) Serial.print(F("0"));
    Serial.print(gps.time.second());
    Serial.print(F("."));
    if (gps.time.centisecond() < 10) Serial.print(F("0"));
    Serial.print(gps.time.centisecond());
   } else   {
    Serial.print(F("INVALID"));
   }
   Serial.println();
  }
  #endif
  //  WiFi                                             #####
  void handleRoot() {
   Serial.println("handleRoot");
   String htmlPage;
   float f;
   char latChr[15], longChr [15]; ;
   htmlPage.concat(motorHTML_Seite1);             // HTML-Seite aufbauen
   String s = (String("width: ") + String((motorSpeed*100)/1023) + String("%;"));
   htmlPage.concat(s);
   htmlPage.concat(motorHTML_Seite2);
   s = "";
  #if defined HAT_GPS
   if (gps.location.isValid()) {
```

```
    f = gps.location.lat(), 6;
    dtostrf(f, 8, 6, latChr);
    f = gps.location.lng(), 6;
    dtostrf(f, 7, 6, longChr);
    s = (String("GPS:  Breite:  ") + String(latChr) +
      String(" / Länge: ") + String(longChr) );
  } else {
    s  = "keine GPS-Daten";
  }
#endif
  htmlPage.concat(s);
  htmlPage.concat(motorHTML_Seite3);
  webServer.send(200, "text/html", htmlPage);    // HTML-Seite senden
}
// Auswertung einer HTML-Anfrage einem URI ‚/motor‘
void handleMotor() {
  Serial.println("handleMotor");
  controlMotors(webServer.arg("fahr"));
  handleRoot();
}
// Auswertung einer HTML-Anfrage einem URI ‚/motorAI‘
void handleMotorAI() {
  Serial.println("handleMotorAI");
  controlMotors(webServer.arg("fahr"));
  String s = String ((motorSpeed*100)/1023) ;
  webServer.send(200, "text/plain", s);
}
// Steuerung der Motoren
void controlMotors (String fahrAuftrag) {
  Serial.println("controlMotors");
  if(webServer.arg("fahr") == "langsamer") {
    Serial.println("langsamer");
    motorSpeed-=20;
    if (motorSpeed < MINIMUMSPEED) {
      motorSpeed = MINIMUMSPEED;
    }
    ledcWrite(LEDC_KANAL_0, motorSpeed);
  }
  if(webServer.arg("fahr") == "schneller") {
    Serial.println("schneller");
    motorSpeed+=20;
    if (motorSpeed > 1023) {
      motorSpeed = 1023;
    }
    ledcWrite(LEDC_KANAL_0, motorSpeed);
  }
```

```
  if(webServer.arg("fahr") == "stop") {
   motorenStop ();
  }
  if(webServer.arg("fahr") == "vor") {
   vorwaerts ();
  }
  if(webServer.arg("fahr") == "rueck") {
   rueckwaerts ();
  }
  if(webServer.arg("fahr") == "links") {
   links ();
  }
  if(webServer.arg("fahr") == "rechts") {
   rechts ();
  }
}
// sendet HTTP status 404 (Not Found)
// wenn es keinen Handler fuer den URI im HTTP-Request gibt
void handleNotFound(){
 Serial.println("handleNotFound");
 webServer.send(404, "text/plain", "404: Not found");
}
//  setup                                                   #####
void setup(void){
 Serial.begin(115200);
#if defined HAT_GPS
 Serial2.begin(GPSBaud, SERIAL_8N1, RXD2, TXD2);   // für GPS
#endif
 delay(10);
 // Motor-Control-Pins als Output öffnen
 pinMode(IN1, OUTPUT);
 pinMode(IN2, OUTPUT);
 pinMode(IN3, OUTPUT);
 pinMode(IN4, OUTPUT);
 pinMode(ENA, OUTPUT);
 pinMode(ENA, OUTPUT);
#if defined HAT_SENSOREN
 // Interrupt-Pins als Input öffnen und ISR-Handler aktivieren
 pinMode(INTERR_PIN, INPUT_PULLUP);
 attachInterrupt(digitalPinToInterrupt(INTERR_PIN), isrHandler, FALLING);
 // Ultraschall-Pins als Input / Output öffnen
 pinMode(US_TRIG_PIN, OUTPUT);
 pinMode(US_ECHO_PIN, INPUT);
#endif
 // Motor-Control-Pins auf LOW setzen
 digitalWrite(IN1, LOW);
```

```
digitalWrite(IN2, LOW);
digitalWrite(IN3, LOW);
digitalWrite(IN4, LOW);
ledcSetup(LEDC_KANAL_0, LEDC_FREQ, LEDC_AUFLOESUNG);
ledcAttachPin(ENA, LEDC_KANAL_0);
ledcWrite(LEDC_KANAL_0, motorSpeed);          // Tastverhältnis
ledcSetup(LEDC_KANAL_1, LEDC_FREQ, LEDC_AUFLOESUNG);
ledcAttachPin(ENB, LEDC_KANAL_1);
ledcWrite(LEDC_KANAL_1, motorSpeed);
if (wifiModus.equals ("STA")) {
 // WiFi-Netzwerke hinzufügen, mit denen eine Verbindung aufgebaut werden soll
 wifiMulti.addAP(ssid1, password1);
 wifiMulti.addAP("ssid_from_AP_2", "your_password_for_AP_2");
 wifiMulti.addAP("ssid_from_AP_3", "your_password_for_AP_3");
 WiFi.mode(WIFI_STA);
 Serial.println("WiFi Station-Modus Verbindungsaufbau ");
 if (!WiFi.config(lclIP, gateway, subnet, primaryDNS, secondaryDNS)) {
  Serial.println("STA konnte nicht konfiguriert werden");
  while(1);
 }
 // auf WiFi-Verbindung warten: d.h. scan WiFi-Netzwerke und verbinden
 while (wifiMulti.run() != WL_CONNECTED) {
  delay(250);
  Serial.print(‚.‘);
 }
 Serial.println(‚\n‘);
 Serial.print("verbunden mit ");
 Serial.println(WiFi.SSID());
 Serial.print("IP-Adresse:\t");
 Serial.println(WiFi.localIP());
} else {
 Serial.println("WiFi Access-Point-Modus ");
 WiFi.softAP(ssidAP, passwordAP);
 Serial.print("Access Point \"");
 Serial.print(ssidAP);
 Serial.println("\" gestartet");
 Serial.print("IP Addresse:\t");
 Serial.println(WiFi.softAPIP());                // ESP32
 delay (500);
}
ArduinoOTA.onStart([]() {
 String type;
 if (ArduinoOTA.getCommand() == U_FLASH) {
  type = "sketch";
 } else { // U_FS
  type = "filesystem";
```

```
    }
    // NOTE: if updating FS this would be the place to unmount FS using FS.end()
    Serial.println("Start updating " + type);
  });
  ArduinoOTA.onEnd([]() {
    Serial.println("\nEnd");
  });
  ArduinoOTA.onProgress([](unsigned int progress, unsigned int total) {
    Serial.printf("Progress: %u%%\r", (progress / (total / 100)));
  });
  ArduinoOTA.onError([](ota_error_t error) {
    Serial.printf("Error[%u]: ", error);
    if (error == OTA_AUTH_ERROR) {
      Serial.println("Auth Failed");
    } else if (error == OTA_BEGIN_ERROR) {
      Serial.println("Begin Failed");
    } else if (error == OTA_CONNECT_ERROR) {
      Serial.println("Connect Failed");
    } else if (error == OTA_RECEIVE_ERROR) {
      Serial.println("Receive Failed");
    } else if (error == OTA_END_ERROR) {
      Serial.println("End Failed");
    }
  });
  ArduinoOTA.begin();
  // Call der ‚handleRoot‘ Funktion bei einer Client-Amforderung URI "/"
  webServer.on("/", HTTP_GET, handleRoot);
  // Call der ‚handleRoot‘ Funktion bei einer Client-Amforderung URI "/"
  webServer.on("/motor", HTTP_GET, handleMotor);
  // Call der ‚handleMotorAI‘ Funktion bei einer Client-Amforderung URI "/motorAI"
  webServer.on("/motorAI", HTTP_GET, handleMotorAI);
  webServer.onNotFound(handleNotFound);          // bei einem unbekannten URI
  webServer.begin();                             // Start des Webservers
  Serial.println("HTTP server gestartet");

#if defined HAT_IR
  irrecv.enableIRIn();                           // Start IR-Receiver
#endif
#if defined HAT_AUTONOMES_FAHREN
  myServo.attach(SERVO_PIN, LEDC_KANAL_2);       // Servo-Steuerung an SERVO_PIN
  // I2C-Bus initialisieren (nicht automatisch durch BH1750 Bibliothek)
  Wire.begin();
  luxMeter.begin();
#endif
}
//  loop
```

```
void loop(void){
 ArduinoOTA.handle();
 webServer.handleClient();                    // horchen auf HTTP-Anfragen von Clients
#if defined HAT_IR
 checkIR();
#endif
#if defined HAT_SENSOREN
 checkInterrupt();
 lesenHCSR04();
#endif
#if defined HAT_AUTONOMES_FAHREN
 autonomFahren();
#endif
#if defined HAT_GPS
 lesenGPS();
#endif
 delay (10);
}
```

Bauteile

Tabelle 1 listet die verwendeten Bauteile auf.

Bauteil	Bezeichnung
Mikrocontroller-Board	ESp32NodeMcu
Steckbrett	
Jumperkabel	
Lochstreifenplatine	
Motor	2 Stück CYT1037 DC Getriebemotor
Motortreiber	L298N
Batteriefach	
IR-Empfänger / IR-Fernbedienung	
Ultraschallsensor	HC-SR04
Servo	Longruner SG90
Lichtsensor	BH1750
GPS-Modul	GY-GPS6MV2 mit NEO-6M
Accelerometer / Gyroskop	GY-521 (MPU6055)
PS3-Konsole	

Tabelle 1: Bauteile Roboterauto

II. Umgang mit LiPo-Akkus

LiPos werden bei der Herstellung mit einer speziellen Chemikalie (Reaktionsinhibitoren) versehen, die als Reaktionsbremse dient. Dies hat zum Ziel, dass die elektro-chemischen Prozesse im Akku gehemmt werden und ein neuer LiPo dadurch länger lagerfähig ist. Ein zusätzlicher Effekt ist, dass die Zellen anfangs hochohmiger sind und somit nicht ihre volle Leistung bringen. Bei den ersten 3 - 5 Zyklen wird dieser Zusatz restlos abgebaut und der Akku erreicht erst dann seine volle Leistungsfähigkeit.

Eine häufige Empfehlung ist:

- Erste Ladung mit 0,5 C bis 100 %
- Erste Entladung mit 0,5 C auf 3,7 V / Zelle
- Zweite Ladung mit 0,5 C auf 100 %
- Zweite Entladung mit 0,5 C auf 3,6 V / Zelle
- Dritte Ladung mit 1 C auf 100 %
- Dritte Entladung mit 1 C auf 3,6 V / Zelle
- Vierte Ladung mit 1 C auf 100 %
- Erster Einsatz mit gemäßigten Strömen, also sanfte Nutzung, Entnahme auf ca. 50 - 60 % Entladung beschränken
- Fünfte Ladung mit 1 C auf 100 %
- Zweiter Einsatz mit Entnahme von 70 - 80 % der Kapazität mit sanfter Nutzung

Beachten Sie auch die passenden Einstellungen am Ladegerät:

- Ladeschlussspannung pro Zelle: 4,19 V (um Überladung auszuschließen)
- Entladeschlussspannung pro Zelle: 3,1 V (um Tiefentladung auszuschließen)
- unbedingt mit aktivem Balancer laden
- Ladestrom: 0,7C (Beispiel: bei einem 2200mAh Akku würde dies einem Ladestrom von ca. 1,5 A entsprechen)
- Entladestrom: 3 - 4C

Wenn Sie LiPo Akkus längere Zeit nicht benutzen, sollten sie unbedingt in den Lagerzustand versetzt werden. Dies gilt auch wenn LiPos nur einige Tage unbenutzt sind. Grund ist der sehr hohe Energielevel, der die Potenziale zur ständigen Reaktion animiert, tatsächlich jedoch ein solcher Vorgang nicht statt findet. Dies ist schädlich für den LiPo und kann ihn im schlimmsten Fall unbrauchbar machen.Die optimale Lagerspannung von LiPo Zellen beträgt ca. 3,85 V.

Lagern Sie LiPo Akkus in einer warmen Umgebung. Zimmertemperatur ist perfekt. Keinesfalls sollten Sie sie im Freien bei Temperaturen unter dem Nullpunkt belassen.

Vermeiden Sie unbedingt eine Tiefentladung. Eine LiPo Zelle sollte nie eine Spannung von unter 3,3 V haben. Vorsichtige ziehen bei 3,6 V ihre Grenze.

Stichwortverzeichnis